放電プラズマ工学

八坂保能 著

森北出版株式会社

- 本書のサポート情報を当社Webサイトに掲載する場合があります．下記のURLにアクセスし，サポートの案内をご覧ください．

    https://www.morikita.co.jp/support/

- 本書の内容に関するご質問は，森北出版 出版部「(書名を明記)」係宛に書面にて，もしくは下記のe-mailアドレスまでお願いします．なお，電話でのご質問には応じかねますので，あらかじめご了承ください．

    editor@morikita.co.jp

- 本書により得られた情報の使用から生じるいかなる損害についても，当社および本書の著者は責任を負わないものとします．

■ 本書に記載している製品名，商標および登録商標は，各権利者に帰属します．

■ 本書を無断で複写複製（電子化を含む）することは，著作権法上での例外を除き，禁じられています．複写される場合は，そのつど事前に(一社)出版者著作権管理機構（電話03-5244-5088, FAX03-5244-5089, e-mail：info@jcopy.or.jp）の許諾を得てください．また本書を代行業者等の第三者に依頼してスキャンやデジタル化することは，たとえ個人や家庭内での利用であっても一切認められておりません．

まえがき

　物質に高電圧を加えたときの放電現象を取り扱う放電工学や，放電により発生したプラズマの物性の解明と応用に関するプラズマ工学は長い歴史をもつ学問分野である．と同時に，現在も進化し，応用範囲をさらに拡大しつつある新規性に富んだ分野であるともいえる．放電により生まれたプラズマは，荷電粒子と中性粒子の混合した自由度の高い導電性流体であり，物質の第4の状態とよばれる．

　このプラズマは，発光性，導電性，高温性を特徴とし，それぞれの性質に対応して数多くの応用が広がっている．本書は，これらの高電圧，放電，プラズマの関わる諸現象の物理過程を理解し，その性質を利用して人類に役立つ工学技術を進展させるための基礎を学ぶためのものである．プラズマの三つの性質は，それぞれ独立のものではなく，互いに関連したり，共通の物理機構によるものであったりする．本書では，この分野の知識の解説に終わるのではなく，一見異なる現象の背後にある共通の物理機構を理論的に解釈しながら，プラズマの多様な工学的応用が理解でき，それをさらに発展させる能力が身に付くように記述することを心がけている．ただし，核融合関連の高温プラズマに関する内容は，紙面の都合で含まれていないので，他書を参照していただきたい．

　物理機構の理論的解釈と書いたが，それにはやはり数式の使用という手段が最良の道である．数式を用いることにより，曖昧さを排除し，しかも普遍性と応用性を与えることができる．読者は数式を敬遠することなく親しみをもって利用することを心がけてほしい．本書では，できるかぎり，式の展開を省略せずに説明したり，例題や演習問題で説明を補うことで必ず理解できるようにすることを目標に記述した．特に，第1章は，数式の展開に必要な数学や電磁気学の基礎事項をまとめてあり，必要に応じて利用していただくように構成されている．

　本書により，いわゆる弱電離プラズマの基礎，その生成と測定法，そして応用に関する一連の学問的基礎が先達のエレガントな理論とともに身に付くと期待される．

　本書では，多くの優れた成書の内容を引用したり転載したりさせていただいており，それらの文献を巻末にまとめるとともに，ここに感謝の意を表させていただく．

　また，神戸大学大学院博士前期課程辻晃弘君には，数式や図の作成と推敲を手助けしていただいた．本書の出版の機会を与えていただいた石井智也氏，編集にご尽力いただいた山崎まゆ氏はじめ森北出版株式会社の各位に厚くお礼申し上げる．

2007年8月

八坂保能

もくじ

序章　プラズマを学ぶ前に　……………………………………… 1

　　0.1　自然界のプラズマ現象　*1*
　　0.2　近世におけるプラズマの研究と利用　*2*
　　0.3　プラズマとは　*3*
　　0.4　現代のプラズマの応用例　*4*
　　0.5　本書の構成　*8*

第1章　放電プラズマ工学の基礎事項　……………………………… 9

　　1.1　ベクトル公式　*9*
　　1.2　微分と積分　*12*
　　1.3　電磁気学　*17*
　　1.4　特殊関数　*20*
　　1.5　次元と単位系　*23*
　　演習問題1　*26*
　　補足　勾配，発散，回転の式　*27*

第2章　電離気体中の衝突現象　……………………………………… 28

　　2.1　速度分布関数　*28*
　　2.2　衝突過程　*36*
　　2.3　原子の電子状態と分光記号　*45*
　　2.4　分子衝突　*50*
　　2.5　速度分布に関する平均　*54*
　　2.6　クーロン衝突　*55*
　　演習問題2　*57*

第3章　放電の開始と定常状態 ・・・・・・・・・・・・・・・・・・・・・・・・・・・・・ 58

3.1　直流放電　58
3.2　高周波・マイクロ波放電　70
演習問題 3　75

第4章　放電用高電圧の発生と計測 ・・・・・・・・・・・・・・・・・・・・・・・・・ 76

4.1　直流高電圧　76
4.2　パルス電圧　78
4.3　高周波高電圧　85
4.4　大電力マイクロ波　86
4.5　高電圧・大電力の計測　89
演習問題 4　98

第5章　プラズマの性質 ・・・・・・・・・・・・・・・・・・・・・・・・・・・・・・・・・ 99

5.1　プラズマの定義　99
5.2　流体方程式　102
5.3　輸送係数　105
5.4　デバイ遮へい　107
5.5　プラズマの密度，温度　110
5.6　シース　115
演習問題 5　120

第6章　プラズマ中の振動と波動 ・・・・・・・・・・・・・・・・・・・・・・・・・・ 121

6.1　プラズマ振動　121
6.2　プラズマの比誘電率　123
6.3　プラズマ中の電磁波　124
6.4　外部磁場の方向に伝わる電磁波　128
6.5　体積波と表面波　132
演習問題 6　136

第7章　プラズマの生成と測定 ……………………………… 137

7.1　直流放電によるプラズマ生成　*137*
7.2　高周波放電によるプラズマ生成　*138*
7.3　マイクロ波放電によるプラズマ生成　*150*
7.4　粒子バランスとパワーバランス　*161*
7.5　プローブ測定　*163*
7.6　分光測定　*166*
7.7　電磁波干渉計測　*171*
7.8　質量分析　*173*
演習問題 7　*175*

第8章　放電プラズマの応用 ……………………………… 177

8.1　プラズマ TV―プラズマディスプレイパネル　*177*
8.2　ガスレーザー　*180*
8.3　プラズマによるシリコン膜の微細加工　*184*
演習問題 8　*191*

引用・参考文献 ………………………………………………………… *192*
演習問題解答 …………………………………………………………… *193*
さくいん ………………………………………………………………… *210*

本書でよく使う記号一覧

記号	意味		
$\boldsymbol{v}$	速度（ベクトル）	$\boldsymbol{v}_\parallel$	磁場に平行方向の速度成分
		$\boldsymbol{v}_\perp$	磁場に垂直方向の速度成分
		$\boldsymbol{v}_E$	$\boldsymbol{E} \times \boldsymbol{B}$ ドリフト速度
c	光速		
q	電荷		
e	素電荷，電子の電荷の大きさ		
	起電力		
ω_c	電子サイクロトロン（角）周波数		
Ω_c	イオンサイクロトロン（角）周波数		
r_L	ラーマー半径		
$\boldsymbol{E}$	電界（ベクトル）	E	電界（スカラ）
$\boldsymbol{B}$	磁束密度（ベクトル）	B	磁束密度（スカラ）
$\boldsymbol{D}$	電束密度（ベクトル）	D	電束密度（スカラ）
$\boldsymbol{J}$	電流密度（ベクトル）	J	電流密度（スカラ）
ε	誘電率	ε_0	真空の誘電率
		ε_r	比誘電率
μ	透磁率	μ_0	真空の透磁率
$\boldsymbol{k}$	波数（ベクトル）	k	波数（スカラ）
$\boldsymbol{H}$	磁界（ベクトル）	H	磁界（スカラ）
Φ	磁束		
f_s F_s	s 種* の粒子の速度分布関数	$\hat{f}_s$ $\hat{F}_s$	規格化された速度分布関数
m_s	s 種* の粒子の質量	m_e	電子の質量
		m_i	イオンの質量
		m_N	中性粒子の質量
n_s	s 種* の粒子の密度	n_e	電子の密度
		n_i	イオンの密度
		n_N, N	中性粒子の密度

* m_s, n_s, T_s, u_s などは s を省略して記述する場合も多い．

本書でよく使う記号一覧

T_s	s 種*の粒子の温度	T_e	電子温度
		T_i	イオン温度
		T_N	中性粒子の温度
k_B	ボルツマン定数		
v_{Ts}	s 種*の粒子の熱速度		
p_s	s 種*の粒子の圧力		
$\boldsymbol{\Gamma}_s$	s 種*の粒子束（ベクトル）	$\boldsymbol{\Gamma}_e$	電子の粒子束
		$\boldsymbol{\Gamma}_i$	イオンの粒子束
		Γ	粒子束（スカラ）
E	エネルギー		
V	エネルギー（電圧単位，eV で J 単位）	V_i	電離電圧，電離エネルギー
		V_j	j 種の非弾性衝突のしきい値エネルギー
σ	衝突断面積	σ_m	運動量移行衝突断面積
		σ_j	j 種の衝突の衝突断面積
ν	衝突周波数	ν_j	j 種の衝突の衝突周波数
		ν_{ei}	電子-イオン間の衝突周波数
	光の振動数		
h	プランク定数		
λ	波長		
	平均自由行程		
K	速度定数		
	運動エネルギー		
n	主量子数		
l	方位量子数		
s	スピン量子数		
m_l	軌道角運動量		
m_s	スピン角運動量		
m_j	全角運動量		
R	リュードベリ定数		
	気体定数		
	抵抗	回路記号 ─\/\/\─**	
v	分子の振動励起準位		
α	タウンゼントの電離係数		
γ	2次電子放出係数		
	伝搬定数（複素数）		
P_{abs}	電子の電力吸収		
C	容量（キャパシタンス）	─┤├─	

** 抵抗の JIS 記号は ─□─ であるが，本書では ─\/\/\─ を用いる．

L	インダクタンス			
G	コンダクタンス			
X	リアクタンス			
Z	インピーダンス		Z_0	特性インピーダンス
Y	アドミタンス		Y_0	特性アドミタンス
Γ	電圧反射係数	Γ	電圧反射係数	
		Γ_{rv}	電圧反射係数	
		Γ_{tv}	電圧透過係数	
		Γ_{ri}	電流反射係数	
		Γ_{ti}	電流透過係数	
λ_D	デバイ長			
ω_p	プラズマ（角）周波数			
$\boldsymbol{u}_s$	s 種*の粒子の平均速度（流体速度）（ベクトル）	$\boldsymbol{u}_e$	電子の速度	
		$\boldsymbol{u}_i$	イオンの速度	
μ_s	s 種*の粒子の移動度			
D_s	s 種*の粒子の拡散係数			

また，主な物理量の値を次に示す．

物理量	記号	値
素電荷，電子の電荷の大きさ	e	1.602×10^{-19} C
電子の質量	m_e	9.109×10^{-31} kg
陽子の質量	m_p	1.673×10^{-27} kg
陽子と電子の質量比	m_p/m_e	1836
ボルツマン定数	k_B	1.380×10^{-23} J/K
光速	c	2.998×10^8 m/s
真空の誘電率	ε_0	8.854×10^{-12} F/m
真空の透磁率	μ_0	$4\pi \times 10^{-7}$ H/m
アボガドロ数	N_A	6.022×10^{23} mol^{-1}
気体定数	R	8.314 J/(K·mol)

序章 プラズマを学ぶ前に

　プラズマという言葉はよく耳にするものの，具体的なイメージが湧きにくいと感じる読者も多いのではないだろうか．本章では本論に入る前に，歴史や実例を示しながら，プラズマとは何か，また，いかにプラズマが我々の暮らしと密接に関わっているかを紹介する．

0.1 自然界のプラズマ現象

　人類が古来，地球上や大気圏での放電プラズマ現象を眼にしたのは，自然現象である雷やオーロラであろう．一方，物質を燃やして高温にすると，ごく一部ではあるが気体が電離してプラズマになっており，この意味では，人類は火を用いるようになって以来，プラズマの人工的生成を行ってきたことになる．

　また，航海中の帆船のマストの上などに，まれに火のようなものが輝くことがある．ヨーロッパでは，これをセントエルモの火と名付け，航海の守護神の現れとして有難がった（図 0.1）．この正体は，プラズマである．雷雲が発生すると，そこに帯電した

図 0.1　セントエルモの火

粒子が蓄積し，地表との間に強い電界をつくる．それがとがったものの先端では特に強くなるため，大気が部分的に絶縁破壊して放電しプラズマ化することによるもので，コロナ放電の一形態である．このような現象は山の上でも見られる．

流星雨も，プラズマ現象の一つである．彗星が太陽付近で放出した塵は，彗星の通過後もその軌道上に残る．その軌道と地球の公転軌道が交差していると，毎年，同じ時期に塵が地球大気と高速で衝突してプラズマ化し発光したものが流星雨として観測される．特に強い発光があったときなどは歴史に記録されている．人類は毎夜星々を眺めていたであろうが，近世紀にいたるまで，宇宙の大部分（99%以上といわれている）がプラズマであり，太陽を筆頭としてすべての恒星がプラズマの核融合反応により輝いていることに気付かなかった．

0.2　近世におけるプラズマの研究と利用

放電プラズマ現象がはじめて科学者の眼で捉えられるようになったのは，フランクリン (B. Franklin) により雷の原因が電気であることが証明されたときであろう．18世紀の半ば，彼は雷雲に向って凧を上げ，雷雲中の電荷を，当時発明されたばかりのライデンびん（一種の高圧キャパシタ）に蓄えたとのことである．

19世紀になってすぐに，デービー (H. Davy) は2本の炭素棒の先端を10 cm程度離しておき，両者の間に電圧を加えた．この電圧はボルタ (A. Volta) の電池を数千個つないでつくり出したとされている．炭素棒の先端にはアーチ状の強い発光が生じ，彼はこれをアーク（放電）と名付けた（**図 0.2**）．すぐに，これを照明に用いようという動きがあったが，棒の間隔の調整が難しいことや電源としての電池が高価であったことにより，しばらく注目を得ることはなかった．その後数十年を経て，放電用電極の改良と，安価な電源が発明されたことによって，19世紀後半からアーク灯の普及が始

図 0.2　アーク放電

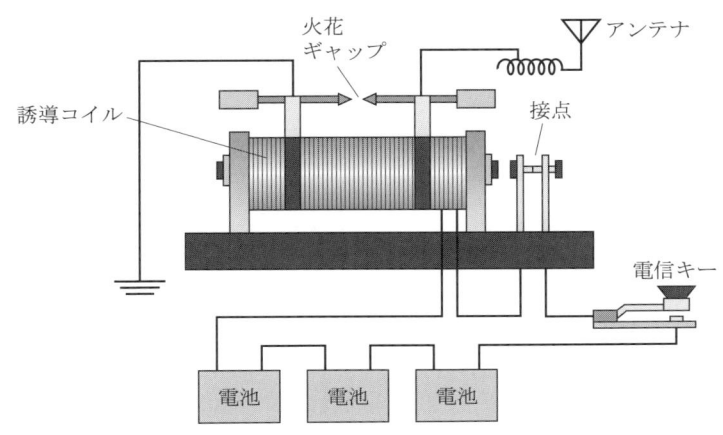

図 0.3 火花ギャップ送信器

まり，20世紀初頭にはヨーロッパの各都市で屋外照明として定着した．これは，放電プラズマ現象が応用され，社会の役に立ち，しかも経済効果を生んだ最初の事業の一つと考えられる．しかし，アーク灯はまもなくエジソン (T. Edison) の白熱灯に置き換えられてしまう．アーク放電は，また，温度が大変高いことでも知られている．強い発光の部分は数千度以上の温度になっており，金属を溶かすことができるため，現在では溶接に利用されている．

アーク灯の時代で，プラズマ現象の応用製品として広まった他のものに，火花ギャップ送信器がある．初期の無線通信では，図 0.3 に示すように，テスラ (N. Tesla) の原理に基づく方法によって，キーを押すと火花ギャップに高電圧が発生しアーク放電がおき，アンテナ回路に断続電流が流れる．これによって電磁波が発生するので無線符号通信が実現された．19世紀末から20世紀にかけてのことである．あのタイタニック号には，5 kW の電源で動作する火花ギャップ送信器が装備され，約 800 km 以上の距離で無線通信が可能であった．1912年の悲劇的な沈没事故の重大さから，各国はそれ以後ある程度以上の船舶に無線送信器を装備することを義務付けた．

0.3 プラズマとは

このように自然現象に見られたり，人工的につくられるプラズマとはどのようなものであろうか．物質は原子から構成されており，その並び方によって状態が異なる．

図 0.4 に示されているように，固体は原子が規則正しく格子状に並んでおり，はっきりした形状をもっている．一般に固体に熱エネルギーを加えて温度を上げると，液

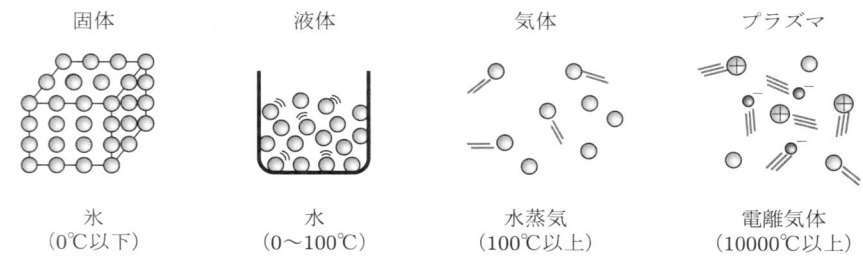

図 0.4 物質の状態

体とよばれる形の定まらない状態になり原子はもはや格子に固定されずある程度は動くことができる．物質を構成する単位は，原子である場合も分子である場合もある．氷が溶けて水になる変化はなじみの深い固体から液体への状態変化である．同様に水を加熱すると蒸気になるが，これが気体の状態であり H_2O 分子が個々に単独で自由に動き回っている．気体では原子や分子は互いに衝突を繰り返しながら，さまざまな速度をもって運動しており，その速度広がりは，気体の温度によって決まる．このような三つの状態が物質の基本であり，物質の3態という．

　気体に対してさらにエネルギーを加えると，気体を構成する各分子や原子[1]から最外殻電子が遊離し，負の電荷をもつ自由電子と正に帯電したイオンが生じる．これらの荷電粒子がもとの気体の原子や分子（中性粒子）とともに自由に運動している状態が，プラズマ状態である．荷電粒子が中性粒子に比べて非常に少ない場合も多い場合もある．この状態を物質の第4の状態とよぶが，この言葉は，1880年頃にクルックス (W. Crookes) が言及している．

　物質の第4の状態を表すプラズマという言葉は，1928年にラングミュア (I. Langmuir) が初めて用いたものである．この言葉は，もともとはギリシャ語の $\pi\lambda\alpha\sigma\mu\alpha$（型にはめてつくられたもの）に由来するといわれており，Langmuir が用いた理由として，放電の発光がガラス管一杯に広がる様子，あるいは，すぐに明らかにされるシースとよばれる薄い膜で外界から守られている様子，を表現するためと伝えられている．

0.4　現代のプラズマの応用例

　これまで見てきたように，プラズマは，弱い光または，**強い光を放つ**（セントエルモの火，アーク灯），**大きな電流を流す**（火花ギャップ送信器），さらに，物質を溶かす

---

[1] 分子が解離した原子を含む．

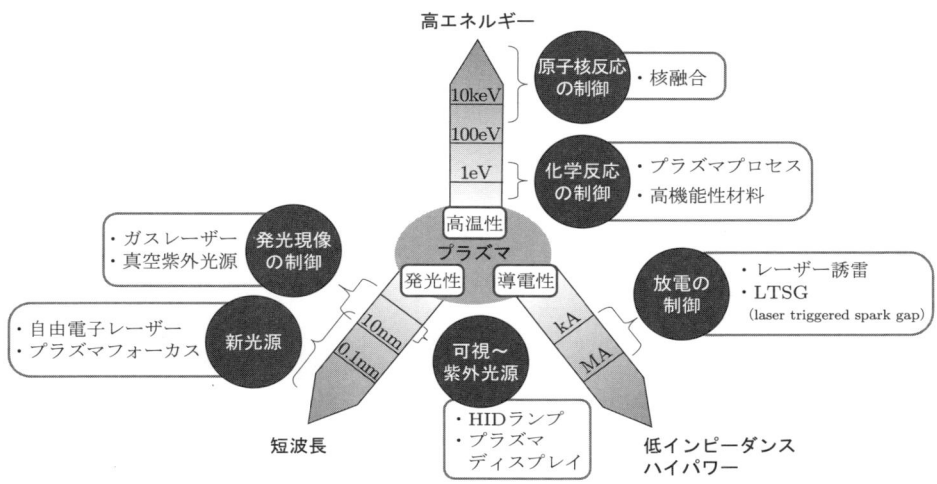

図 0.5 プラズマの性質と応用

ほど**温度が高くなることがある**（アーク放電），などの性質をもっている．現代では，プラズマのもつ発光性，導電性，高温性の性質に対する理解が進み，その応用はとどまるところを知らない．特に，**図 0.5** に示すように，各性質に対応して数多くの応用が広がっている．

たとえば，プラズマからの広範な波長をもつ発光は，蛍光灯やプロジェクタの光源，ガスレーザーメス（**図 0.6**），そしてプラズマテレビ（**図 0.7**）に使われるなど生活に密着したものになっている．

高い導電性は，高電圧機器の大電流を導くギャップスイッチや，大気中にプラズマによる導電性通路を設けて雷放電を誘発し雷害を未然に防ぐ誘雷（**図 0.8**）の研究を支えている．さらに，プラズマのもつ高温，高エネルギー性を利用して，物質の化学結合の切り離しや接合を行い，シリコン基板上に LSI（**図 0.9**）を作製するプラズマプロセスが，現在の ICT 社会を支えているといっても過言ではない．

高温性をさらに押し進めると，別々の原子核どうしを一つに結合させることも可能になる．これを核融合といい，余剰の結合エネルギーに相当する膨大なエネルギーが放出される．超高温プラズマを磁場により閉じ込めることで，熱核融合反応を制御された形で実現し，人類の究極のエネルギー源を得ようとする研究が大規模に行われている．**図 0.10** は，それらの多くの研究のうちの一つを示す．

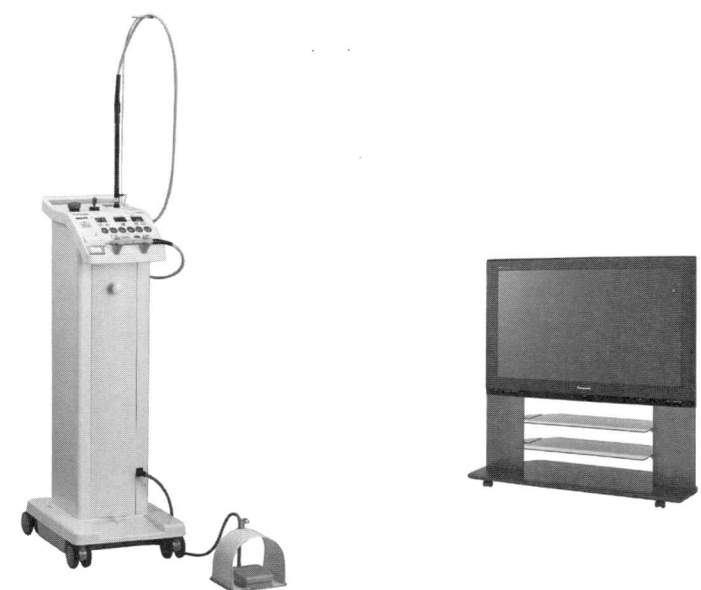

図 0.6　医療用炭酸ガスレーザーメス
（パナソニックデンタル提供）

図 0.7　プラズマ TV
（松下電器産業提供）

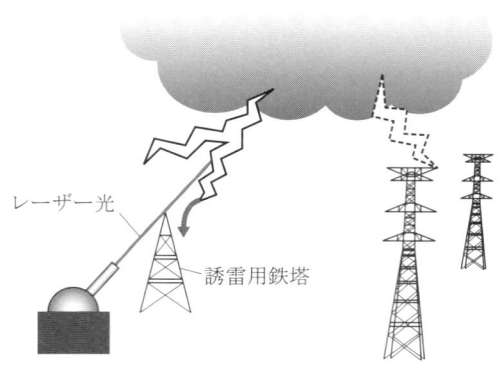

図 0.8　レーザー誘雷

雷雲に向けて強力な炭酸ガスレーザー光を照射すると，その経路の空気を構成する分子が電離されて部分的にプラズマ化し，導電性をもつ．その導電性通路に沿って放電が誘発され，雷電流は誘雷用鉄塔に流れるので送電系統に害をおよぼさない．

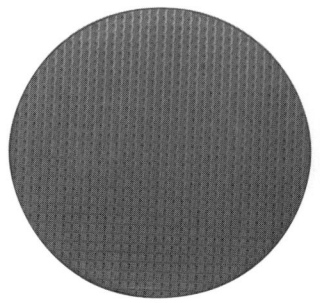 

（a）シリコンウェハ　　　　　　　　（b）LSI

図 0.9　シリコンウェハにつくられた LSI
（NEC エレクトロニクス提供）

シリコン単結晶でできた直径 30 cm 程度の円板をプラズマ中におき，反応性ガスを導入して表面に堆積やエッチング処理を行い，微細な電子回路を数百個同時に作成し，個々に切り離して IC チップ，すなわち LSI を大量生産する．

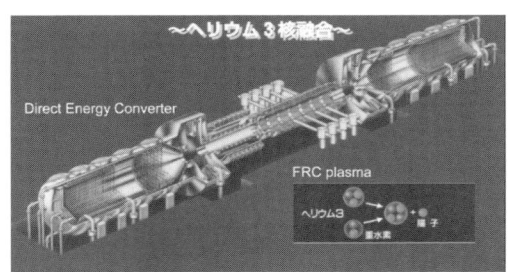

図 0.10　重水素-ヘリウム 3 燃料核融合炉の概念
（核融合科学研究所提供）

直線状の装置の中央部で重水素とヘリウム 3 の核融合を起こし，発生した高エネルギーの荷電粒子が両端へ導かれて電磁界と相互作用することにより高効率に直接電気エネルギーを発生するように設計されている．

0.5 本書の構成

プラズマ工学の基礎となる放電プラズマ現象を理解し使いこなすため，本書のアプローチについて述べる．

第1章 本書はプラズマを物理現象として解説することを目的としている．したがって，プラズマの理解には物理および数学の基礎知識が欠かせない．本章では，数学，電磁気学の復習をする．

第2章 本章ではプラズマの性質およびその調べ方について述べる．まず，プラズマ状態では粒子が自由に運動しており，気体に似た性質をもっている．2.1節では，気体分子がいろいろな速度で運動する様子を統計的に取り扱う方法，すなわち速度分布関数を用いた気体運動論を理解する．プラズマ状態は，外部電圧などを用いて気体にエネルギーが加えられたとき，原子分子から電子が遊離してつくられるものである．2.2節以降では，その電離現象やそれに関連する衝突過程を考察する．

第3章 第2章で学んだ基礎事項に基づいて，直流高電圧を加えて放電を開始しプラズマを発生させるときや，直流以外の電源を用いる場合の物理機構について考える．

第4章 高電圧や大電力を発生する方法，およびそれらの測定法を述べる．

第5章 気体粒子群に対して速度分布の重み付け平均を施すことにより，気体の振る舞いを，粒子性を消し去った連続的な流体として記述する流体力学は，プラズマの記述にも特に有効である．ただし，プラズマでは気体と異なり，荷電粒子が電磁界による力を受け運動が変化することを考慮しなければならない．これを電磁流体力学といい，本章で詳しく述べ，プラズマの様々な特性を導く．

第6章 大気中や真空中で伝わる電磁波が，プラズマではどのように性質が変わるか，また，プラズマに外部磁場が加えられたときや，誘電体と接しておかれているときに現れる新しいタイプの電磁波はどのようなものかを考察する．

第7章 本書の目標の一つは，これらの物理を基礎に，読者が放電を利用してプラズマをつくり出せるようになることである．そこで本章では各種の電源，特に高周波とマイクロ波領域の電源を使い，電極などによる電界や，プラズマを伝搬可能な電磁波を利用してプラズマを生成する方法を詳しく考察する．さらに，生成されたプラズマの特性や性質を調べるためのプラズマ計測について理解する．

第8章 放電プラズマ現象の具体的応用例について，本書で得た放電プラズマ工学の知識を総動員して物理機構を解釈する．

第1章 放電プラズマ工学の基礎事項

　放電プラズマ工学では，3次元空間における個々の粒子の運動や粒子集団としての流体の挙動，それらに対する電界，磁界の作用，さらにはプラズマ中での電磁波の伝搬など，数学や電磁気学の基礎に立って解析する物理現象が多い．そのため，放電プラズマ工学を学ぶには，ある程度の数学的知識や電磁気学の基礎知識が必要である．ここではそれらの一部を掲載し，読者の勉学の一助としたい．

1.1　ベクトル公式

　ベクトル (vector) は，速度などのように，大きさと方向をもつ物理量を表すときに用いられる．任意のベクトルは，図 1.1 の3次元直角座標系において，$\boldsymbol{A} = A_x\boldsymbol{i} + A_y\boldsymbol{j} + A_z\boldsymbol{k}$ と表され，$\boldsymbol{i}$, $\boldsymbol{j}$, $\boldsymbol{k}$ は，それぞれ，x, y, z 方向の単位ベクトル，A_x, A_y, A_z はそれぞれの方向の成分であり，$\boldsymbol{A}$ の大きさ A は，$A = |\boldsymbol{A}| = (A_x{}^2 + A_y{}^2 + A_z{}^2)^{1/2}$ である．$\boldsymbol{A}$ を成分に分けて (A_x, A_y, A_z) と書くこともある．

　二つのベクトル $\boldsymbol{A} = (A_x, A_y, A_z)$ と $\boldsymbol{B} = (B_x, B_y, B_z)$ の内積は，

$$\boldsymbol{A} \cdot \boldsymbol{B} = |\boldsymbol{A}| \cdot |\boldsymbol{B}| \cos\theta \quad (\theta は \boldsymbol{A}, \boldsymbol{B} のなす角度) \tag{1.1}$$

$$= A_x B_x + A_y B_y + A_z B_z \tag{1.1\ensuremath{'}}$$

である．また，交換法則が成り立つ．

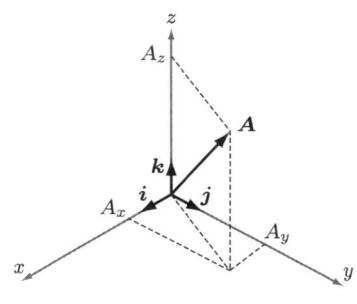

図 1.1　ベクトル

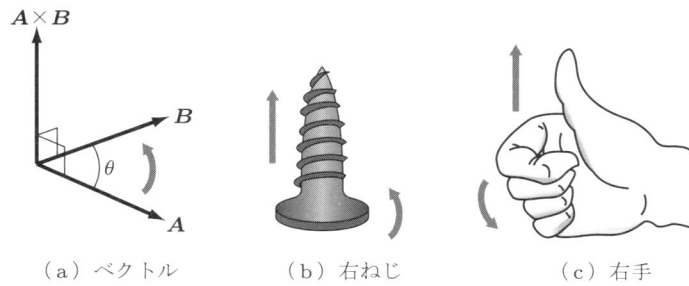

(a) ベクトル　　（b) 右ねじ　　（c) 右手

図 1.2　ベクトルの外積

$$A \cdot B = B \cdot A \tag{1.2}$$

A と B の外積 $A \times B$ は，大きさが $|A \times B| = |A| \cdot |B| \sin\theta$ $(0 \leq \theta \leq \pi)$ で，向きは A を B の方向に回したとき右ねじの進む方向であり，右手をにぎったときに，親指の向く方向である（図 1.2）．成分で表すと，

$$A \times B = (A_y B_z - A_z B_y)\mathbf{i} + (A_z B_x - A_x B_z)\mathbf{j} \\ + (A_x B_y - A_y B_x)\mathbf{k} \tag{1.3}$$

となる．また，

$$A \times B = -B \times A \tag{1.4}$$

である．外積を行列式の形で書くと，次のようになる．

$$A \times B = \begin{vmatrix} \mathbf{i} & \mathbf{j} & \mathbf{k} \\ A_x & A_y & A_z \\ B_x & B_y & B_z \end{vmatrix} \tag{1.3}'$$

三つのベクトルの積の計算に便利な式を示すと，

$$A \cdot (B \times C) = B \cdot (C \times A) = C \cdot (A \times B) \tag{1.5}$$

$$A \times (B \times C) = (C \cdot A)B - (B \cdot A)C \tag{1.6}$$

例題 1.1

単位ベクトル間の内積と外積の値を求めよ．

$$\mathbf{i} \cdot \mathbf{i} = \mathbf{j} \cdot \mathbf{j} = \mathbf{k} \cdot \mathbf{k} = 1$$

$$i \cdot j = j \cdot k = k \cdot i = 0$$
$$i \times j = k, \quad j \times k = i, \quad k \times i = j$$
$$i \times i = j \times j = k \times k = 0$$

例題 1.2

$(1.1)'$ 式および $(1.3)'$ 式を証明せよ．

解答

例題 1.1 の結果を用いると，

$$\begin{aligned}
\boldsymbol{A} \cdot \boldsymbol{B} &= (A_x \boldsymbol{i} + A_y \boldsymbol{j} + A_z \boldsymbol{k}) \cdot (B_x \boldsymbol{i} + B_y \boldsymbol{j} + B_z \boldsymbol{k}) \\
&= A_x B_x \boldsymbol{i} \cdot \boldsymbol{i} + A_x B_y \boldsymbol{i} \cdot \boldsymbol{j} + A_x B_z \boldsymbol{i} \cdot \boldsymbol{k} + A_y B_x \boldsymbol{j} \cdot \boldsymbol{i} + A_y B_y \boldsymbol{j} \cdot \boldsymbol{j} \\
&\quad + A_y B_z \boldsymbol{j} \cdot \boldsymbol{k} + A_z B_x \boldsymbol{k} \cdot \boldsymbol{i} + A_z B_y \boldsymbol{k} \cdot \boldsymbol{j} + A_z B_z \boldsymbol{k} \cdot \boldsymbol{k} \\
&= A_x B_x + A_y B_y + A_z B_z \\
\boldsymbol{A} \times \boldsymbol{B} &= (A_x \boldsymbol{i} + A_y \boldsymbol{j} + A_z \boldsymbol{k}) \times (B_x \boldsymbol{i} + B_y \boldsymbol{j} + B_z \boldsymbol{k}) \\
&= A_x B_x \boldsymbol{i} \times \boldsymbol{i} + A_x B_y \boldsymbol{i} \times \boldsymbol{j} + A_x B_z \boldsymbol{i} \times \boldsymbol{k} + A_y B_x \boldsymbol{j} \times \boldsymbol{i} \\
&\quad + A_y B_y \boldsymbol{j} \times \boldsymbol{j} + A_y B_z \boldsymbol{j} \times \boldsymbol{k} + A_z B_x \boldsymbol{k} \times \boldsymbol{i} + A_z B_y \boldsymbol{k} \times \boldsymbol{j} \\
&\quad + A_z B_z \boldsymbol{k} \times \boldsymbol{k} \\
&= A_x B_y \boldsymbol{k} - A_x B_z \boldsymbol{j} - A_y B_x \boldsymbol{k} + A_y B_z \boldsymbol{i} + A_z B_x \boldsymbol{j} - A_z B_y \boldsymbol{i} \\
&= (A_y B_z - A_z B_y) \boldsymbol{i} + (A_z B_x - A_x B_z) \boldsymbol{j} + (A_x B_y - A_y B_x) \boldsymbol{k} \\
&= \begin{vmatrix} \boldsymbol{i} & \boldsymbol{j} & \boldsymbol{k} \\ A_x & A_y & A_z \\ B_x & B_y & B_z \end{vmatrix}
\end{aligned}$$

となる．

例題 1.3

$\boldsymbol{A} \cdot (\boldsymbol{B} \times \boldsymbol{C})$ を行列式の形で表し，(1.5) 式を証明せよ．

解答

$$\boldsymbol{B} \times \boldsymbol{C} = \begin{vmatrix} \boldsymbol{i} & \boldsymbol{j} & \boldsymbol{k} \\ B_x & B_y & B_z \\ C_x & C_y & C_z \end{vmatrix}$$

$$= (B_y C_z - B_z C_y)\boldsymbol{i} + (B_z C_x - B_x C_z)\boldsymbol{j} + (B_x C_y - B_y C_x)\boldsymbol{k}$$
$$\boldsymbol{A} \cdot (\boldsymbol{B} \times \boldsymbol{C}) = A_x(B_y C_z - B_z C_y) + A_y(B_z C_x - B_x C_z)$$
$$+ A_z(B_x C_y - B_y C_x)$$
$$= \begin{vmatrix} A_x & A_y & A_z \\ B_x & B_y & B_z \\ C_x & C_y & C_z \end{vmatrix}$$

これは $\boldsymbol{A}$, $\boldsymbol{B}$, $\boldsymbol{C}$ がつくる平行 6 面体の体積である.また,この行列式の形より,明らかに,

$$\boldsymbol{A} \cdot (\boldsymbol{B} \times \boldsymbol{C}) = \boldsymbol{B} \cdot (\boldsymbol{C} \times \boldsymbol{A}) = \boldsymbol{C} \cdot (\boldsymbol{A} \times \boldsymbol{B})$$

である.

1.2 微分と積分

◆ **勾配と発散** あるスカラ (scalar) 値 ϕ が,ベクトルたとえば位置ベクトル $\boldsymbol{r} = (x, y, z)$ の関数であるとき,それを $\phi(\boldsymbol{r})$ と書く.もちろん,$\phi(x, y, z)$ としてもよい.$\boldsymbol{r}$ に関する微分演算子を $\boldsymbol{\nabla}$ と書く.この記号はナブラとよむ.成分を示すと

$$\boldsymbol{\nabla} \equiv \frac{\partial}{\partial \boldsymbol{r}} = \boldsymbol{i}\frac{\partial}{\partial x} + \boldsymbol{j}\frac{\partial}{\partial y} + \boldsymbol{k}\frac{\partial}{\partial z} \tag{1.7}$$

となる.
ϕ の勾配 (gradient) は

$$\boldsymbol{\nabla}\phi = \mathrm{grad}\,\phi = \boldsymbol{i}\frac{\partial \phi}{\partial x} + \boldsymbol{j}\frac{\partial \phi}{\partial y} + \boldsymbol{k}\frac{\partial \phi}{\partial z} \tag{1.8}$$

となる.また,$d\phi = \frac{\partial \phi}{\partial x} dx + \frac{\partial \phi}{\partial y} dy + \frac{\partial \phi}{\partial z} dz$ であるから,$d\phi = \boldsymbol{\nabla}\phi \cdot d\boldsymbol{r}$ である.
$\boldsymbol{\nabla}$ と,$\boldsymbol{r}$ の関数であるベクトル $\boldsymbol{A}(\boldsymbol{r})$ との内積を $\boldsymbol{A}$ の発散 (divergence) といい,

$$\boldsymbol{\nabla} \cdot \boldsymbol{A} = \mathrm{div}\,\boldsymbol{A} = \frac{\partial A_x}{\partial x} + \frac{\partial A_y}{\partial y} + \frac{\partial A_z}{\partial z} \tag{1.9}$$

のようにスカラとなる.
ラプラシアン (Laplacian) は $\Delta \equiv \boldsymbol{\nabla} \cdot \boldsymbol{\nabla} = \boldsymbol{\nabla}^2$ で定義され,

$$\Delta\phi = \mathrm{div}(\mathrm{grad}\,\phi) = \frac{\partial^2 \phi}{\partial x^2} + \frac{\partial^2 \phi}{\partial y^2} + \frac{\partial^2 \phi}{\partial z^2} \tag{1.10}$$

$\boldsymbol{\nabla}$ とベクトル $\boldsymbol{A}(\boldsymbol{r})$ の外積は,$\boldsymbol{A}$ の回転 (rotation) とよび,

$$\nabla \times \boldsymbol{A} = \begin{vmatrix} \boldsymbol{i} & \boldsymbol{j} & \boldsymbol{k} \\ \dfrac{\partial}{\partial x} & \dfrac{\partial}{\partial y} & \dfrac{\partial}{\partial z} \\ A_x & A_y & A_z \end{vmatrix} \tag{1.11}$$

であり，rot $\boldsymbol{A}$ または curl $\boldsymbol{A}$ などとも書く．

これらの演算に関する有用な式を次に示す．ϕ や ψ をスカラー，$\boldsymbol{A}$ や $\boldsymbol{B}$ をベクトルとする．

$$\begin{aligned}
&\nabla(\phi\psi) = \psi\nabla\phi + \phi\nabla\psi \\
&\nabla \cdot (\phi\boldsymbol{A}) = \nabla\phi \cdot \boldsymbol{A} + \phi\nabla \cdot \boldsymbol{A} \\
&\nabla \times (\phi\boldsymbol{A}) = \nabla\phi \times \boldsymbol{A} + \phi\nabla \times \boldsymbol{A} \\
&\nabla \cdot (\boldsymbol{A} \times \boldsymbol{B}) = \boldsymbol{B} \cdot (\nabla \times \boldsymbol{A}) - \boldsymbol{A} \cdot (\nabla \times \boldsymbol{B}) \\
&\nabla \times (\nabla \times \boldsymbol{A}) = \nabla(\nabla \cdot \boldsymbol{A}) - \nabla^2 \boldsymbol{A}
\end{aligned} \tag{1.12}$$

例題 1.4

$\Delta \left(\dfrac{1}{r} \right)$ の値を求めよ．

解答

$r = \left(x^2 + y^2 + z^2 \right)^{\frac{1}{2}}$ の関係より，x について微分すると

$$\dfrac{\partial}{\partial x} \left(x^2 + y^2 + z^2 \right)^{-\frac{1}{2}} = -x \left(x^2 + y^2 + z^2 \right)^{-\frac{3}{2}}$$

$$\dfrac{\partial}{\partial x} \left\{ -x \left(x^2 + y^2 + z^2 \right)^{-\frac{3}{2}} \right\}$$

$$= - \left(x^2 + y^2 + z^2 \right)^{-\frac{3}{2}} + 3x^2 \left(x^2 + y^2 + z^2 \right)^{-\frac{5}{2}}$$

となる．y, z についての微分も同様であるから，

$$\begin{aligned}
\Delta \left(\dfrac{1}{r} \right) &= \left(\dfrac{\partial^2}{\partial x^2} + \dfrac{\partial^2}{\partial y^2} + \dfrac{\partial^2}{\partial z^2} \right) \left(x^2 + y^2 + z^2 \right)^{-\frac{1}{2}} \\
&= -3 \left(x^2 + y^2 + z^2 \right)^{-\frac{3}{2}} + 3 \left(x^2 + y^2 + z^2 \right) \left(x^2 + y^2 + z^2 \right)^{-\frac{5}{2}} \\
&= 0
\end{aligned}$$

となる．

◆ **ガウスの定理**　図 1.3 に示すような曲面 S の表面の，ある点の微小要素 $d\boldsymbol{S}$（方向は S の外向き法線の方向）と，その点のベクトル関数 $\boldsymbol{B}$ の値との内積を S 全体で積分すると，S をつらぬく $\boldsymbol{B}$ のフラックス (flux) が得られる．

$$\phi = \iint_S \boldsymbol{B} \cdot d\boldsymbol{S} = \iint (B_x\, dS_x + B_y\, dS_y + B_z\, dS_z) \tag{1.13}$$

ある体積を V，それの表面を S とすると，ガウス (Gauss) の定理は

$$\iiint_V (\boldsymbol{\nabla} \cdot \boldsymbol{B})\, dV = \iint_S \boldsymbol{B} \cdot d\boldsymbol{S} \tag{1.14}$$

であり，$\boldsymbol{B}$ の発散を V で積分したものは，その表面をつらぬく $\boldsymbol{B}$ のフラックスに等しいことを示す．

証明は以下のようになる．(1.14) 式の左辺は，$\iiint_V \left(\dfrac{\partial B_x}{\partial x} + \dfrac{\partial B_y}{\partial y} + \dfrac{\partial B_z}{\partial z}\right) dx\, dy\, dz$ であるが，その第 3 項目を計算してみる．図 1.4 において，Δ_{xy} は V の xy 面への射影，S_2, S_1 は Δ_{xy} の周に対応する S 上の曲線により分割される S の上下部分である．図 1.4 を参照して，

$$\begin{aligned}
&\iiint_V \frac{\partial B_z}{\partial z} dx\, dy\, dz \\
&= \iint_{\Delta_{xy}} dx\, dy \int_{z_1}^{z_2} \frac{\partial B_z}{\partial z} dz \\
&= \iint_{\Delta_{xy}} B_z(x, y, z_2)\, dx\, dy - \iint_{\Delta_{xy}} B_z(x, y, z_1)\, dx\, dy \\
&= \iint_{S_2} B_z(x, y, z)\, dx\, dy + \iint_{S_1} B_z(x, y, z)\, dx\, dy
\end{aligned}$$

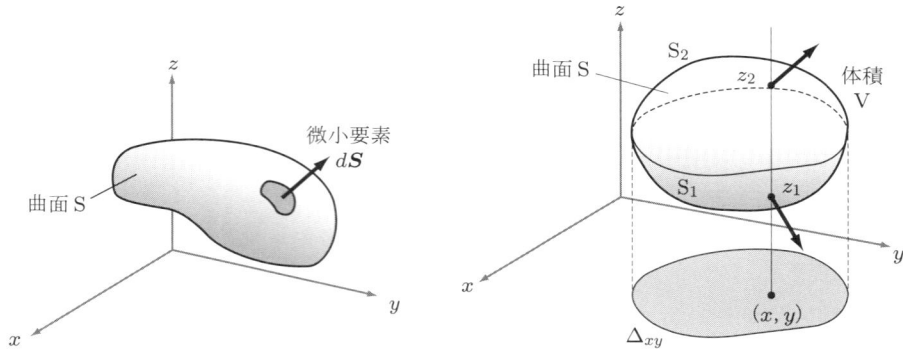

図 1.3　曲面の要素　　　　　　図 1.4　積分の方法

$$= \iint_S B_z(x,y,z)\,dx\,dy$$

となる．他の項も同様であるので，(1.14) 式が証明された．

◆ **ストークスの定理** 曲面上の閉曲線 C で囲まれた領域 S において，ベクトル関数 $\boldsymbol{B}(\boldsymbol{r})$ に対して，

$$\iint_S (\boldsymbol{\nabla} \times \boldsymbol{B}) \cdot d\boldsymbol{S} = \int_C \boldsymbol{B} \cdot d\boldsymbol{s} \tag{1.15}$$

が成り立つ．ここで $d\boldsymbol{s}$ は C の線要素である．すなわち，閉曲線に沿う $\boldsymbol{B}$ の線積分は，$\boldsymbol{B}$ の回転を閉曲線が囲む曲面上で面積分したものに等しい．これをストークス (Stokes) の定理という．

直角座標系以外によく使われる座標系として円筒座標系と球座標系がある．これらの座標系での微分に関する式を本章末尾にまとめておく．

例題 1.5

原点 O から閉曲面 S の上の点 P へのベクトルを $\boldsymbol{r}$，S の要素を $d\boldsymbol{S}$ とするとき，

$$\int_S \frac{\boldsymbol{r} \cdot d\boldsymbol{S}}{r^3} = \begin{cases} 0 & \text{O が S の外部} \\ 4\pi & \text{O が S の内部} \end{cases}$$

を証明せよ．

解答

$\boldsymbol{u} = \boldsymbol{\nabla}\left(\dfrac{1}{r}\right)$ とおくと，$\dfrac{d}{dx}\left(\dfrac{1}{r}\right) = -\dfrac{x}{r^3}$ などにより，$\boldsymbol{u} = -\dfrac{\boldsymbol{r}}{r^3}$ である．よって，

$$\Omega \equiv \int_S \frac{\boldsymbol{r} \cdot d\boldsymbol{S}}{r^3} = -\int_S \boldsymbol{u} \cdot d\boldsymbol{S}$$

となる．図 1.5 のように O が S の外にあれば S 内で $r \neq 0$ なので，Gauss の定理より，

$$\Omega = -\int_V \boldsymbol{\nabla} \cdot \boldsymbol{u}\,dV$$

となる．ただし，V は S が囲む体積である．例題 1.4 で示したように，

$$\boldsymbol{\nabla} \cdot \boldsymbol{u} = \Delta\left(\frac{1}{r}\right) = 0$$

なので，$\Omega = 0$ となる．一方，図 1.6 のように O が S の内部にあるときは K_1 を小半径の球，K_2 をそれ以外とする．O は K_2 の外にあるので，

$$\Omega - \int_{S_1} \frac{\boldsymbol{r} \cdot d\boldsymbol{S}}{r^3} = 0$$

となる．ここで，S_1 の半径を a とすれば，

$$\Omega = \int_{S_1} \frac{dS}{a^2} = \frac{4\pi a^2}{a^2} = 4\pi$$

となる.

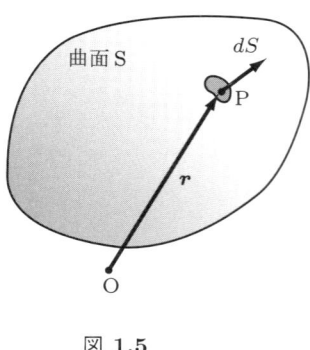

図 1.5

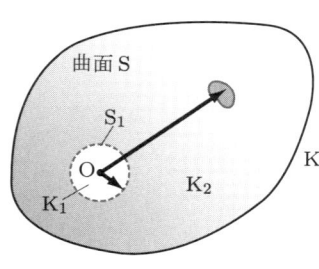

図 1.6

◆ 指数関数を含む定積分

$$M \equiv \int_0^\infty e^{-x^2} dx = \frac{\sqrt{\pi}}{2} \tag{1.16}$$

を証明しよう. M において x を y に代えても同じであるから

$$M = \int_0^\infty e^{-x^2} dx = \int_0^\infty e^{-y^2} dy \quad \text{したがって,}$$
$$M^2 = \int_0^\infty \int_0^\infty e^{-(x^2+y^2)} dx\,dy$$

今, $x = r\cos\theta$, $y = r\sin\theta$ とおけば,

$$M^2 = \int_0^\infty r e^{-r^2} dr \int_0^{\frac{\pi}{2}} d\theta = \frac{\pi}{2} \int_0^\infty r e^{-r^2} dr = \frac{\pi}{4}$$

となり, (1.16) 式が導かれる. 次に, $x = \sqrt{a}\,w$ ($a > 0$) とおくと

$$\int_0^\infty e^{-aw^2} dw = \frac{1}{2} \left(\frac{\pi}{a}\right)^{\frac{1}{2}} \tag{1.17}$$

となる. 両辺を a で微分すると

$$\int_0^\infty w^2 e^{-aw^2} dw = \frac{1}{4a} \left(\frac{\pi}{a}\right)^{\frac{1}{2}} \tag{1.18}$$

1.3 電磁気学

◆ **ローレンツ力と運動方程式**　質量 m, 電荷 q の粒子が, 電界 $\boldsymbol{E}$, 磁束密度 $\boldsymbol{B}$ が印加された空間を速度 $\boldsymbol{v}$ で運動しているとき, 電界による力 $q\boldsymbol{E}$ と磁場による力 $q(\boldsymbol{v}\times\boldsymbol{B})$ からなるローレンツ (Lorentz) 力を受けている. したがって, 粒子の運動方程式は,

$$m\frac{d\boldsymbol{v}}{dt} = q(\boldsymbol{E} + \boldsymbol{v}\times\boldsymbol{B}) \tag{1.19}$$

となる[1].

$\boldsymbol{E}=0$ の場合を考える. 図 1.7 のように $\boldsymbol{v}$ を $\boldsymbol{B}$ に垂直な成分 $\boldsymbol{v}_\perp$ と平行な成分 $\boldsymbol{v}_\parallel$ に分けて $\boldsymbol{v}=\boldsymbol{v}_\perp+\boldsymbol{v}_\parallel$ とする. (1.19) 式の両辺に $\boldsymbol{v}$ を内積すると, 左辺は $m\boldsymbol{v}\cdot\dfrac{d\boldsymbol{v}}{dt}=m\dfrac{d}{dt}\left(\dfrac{1}{2}\boldsymbol{v}^2\right)$, 右辺は $q\boldsymbol{v}\cdot(\boldsymbol{v}\times\boldsymbol{B})=0$ となるので, $v^2=\text{const.}$（一定）であることがわかる. また, $\boldsymbol{v}$ と $d\boldsymbol{v}/dt$ は垂直であることも示している. 運動方程式の $\boldsymbol{v}_\parallel$ 方向成分から, $v_\parallel=\text{const.}$ となることがわかるので[2], $v^2=v_\perp{}^2+v_\parallel{}^2$ より, 結局 $v_\perp=\text{const.}$ となる. このことと, 速度と加速度が互いに垂直であることから, 粒子は $\boldsymbol{B}$ に垂直な面内で円運動をする. 今, $\boldsymbol{B}=(0,0,B)$, $\boldsymbol{v}$ の初期値を $(v_\perp,0,v_\parallel)$ として $(B>0, v_\perp>0)$, 粒子の軌道を求めると,

$$\begin{cases} v_x = v_\perp\cos\omega_c t \\ v_y = \mp v_\perp\sin\omega_c t \end{cases} \quad \begin{cases} x-x_0 = r_L\sin\omega_c t \\ y-y_0 = \pm r_L\cos\omega_c t \end{cases}$$

$$\text{ただし}\quad \omega_c=\frac{|q|B}{m},\quad r_L=\frac{v_\perp}{\omega_c} \tag{1.20}$$

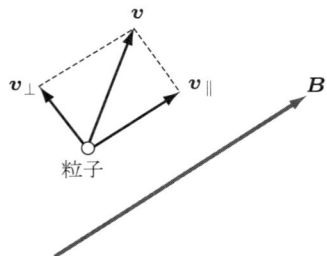

図 1.7　方向の定義

---
[1] 太字, たとえば $\boldsymbol{v}$, はベクトルを表し, あとに出てくる細字 v はベクトルの大きさを表すスカラ量である.
[2] $\boldsymbol{B}$ による力は $\boldsymbol{B}$ に垂直であり, $\boldsymbol{B}$ に平行な方向には何ら力をおよぼさないので, 式を解くまでもなく $v_\parallel=\text{const.}$ であり, その値は $\boldsymbol{v}$ の初期値の平行方向成分である.

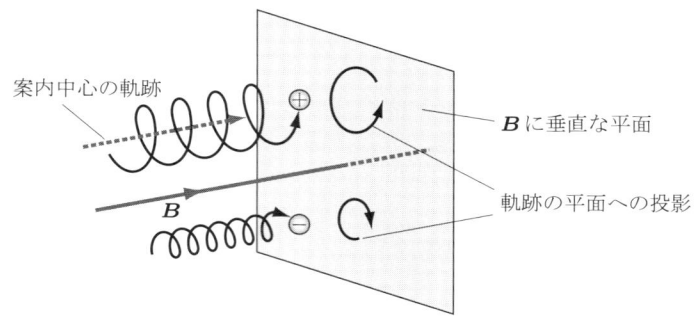

図 1.8 ラーマー運動

となり（複号は q の正負に対応），軌道は x-y 面上で半径 r_L の円になる[3]．これをラーマー (Larmor) 運動あるいはサイクロトロン (cyclotron) 運動といい，ω_c をサイクロトロン（角）周波数，r_L を Larmor 半径とよぶ．また，円運動の中心 (x_0, y_0) を案内中心 (guiding center) という．案内中心は初速度 $v_\parallel$ で z 方向に等速運動するので，粒子は，$\boldsymbol{B}$ 方向に見て，$q > 0$ なら左回りの，$q < 0$ なら右回りのらせん軌道を描く．この様子を図 1.8 に示す．図中にはイオンの案内中心の軌跡が点線で示されている．

なお，ここでは ω_c は荷電粒子一般に対するものであるが，第 2 章以降では ω_c を電子サイクロトロン（角）周波数，Ω_c をイオンサイクロトロン（角）周波数とする．

◆ $\boldsymbol{E} \times \boldsymbol{B}$ ドリフト 　次に，$\boldsymbol{E} \neq 0$ の場合を考える．ただし，$\boldsymbol{E}$ は $\boldsymbol{B}$ に垂直で，時間的に一定であるとする．運動方程式に $\boldsymbol{v}_\perp = \boldsymbol{v}_\perp{}' + \boldsymbol{v}_E$ を代入してみると，

$$m\frac{d\boldsymbol{v}_\perp{}'}{dt} + m\frac{d\boldsymbol{v}_E}{dt} = q(\boldsymbol{E} + \boldsymbol{v}_E \times \boldsymbol{B} + \boldsymbol{v}_\perp{}' \times \boldsymbol{B}) \tag{1.21}$$

となるので，ここで $\boldsymbol{E} + \boldsymbol{v}_E \times \boldsymbol{B} = 0$ となるように $\boldsymbol{v}_E$ を選ぶことにする．そのとき $\boldsymbol{E}$ も $\boldsymbol{B}$ も一定なので $\boldsymbol{v}_E$ も時間的に一定である．すると，上の式は前項の $\boldsymbol{E} = 0$ の場合と同じ式になるので，$\boldsymbol{v}_\perp{}'$ は Larmor 運動に対応する．$\boldsymbol{v}_E$ を選ぶ式の両辺に $\boldsymbol{B}$ を外積し，(1.6) 式を適用すると，

$$\boldsymbol{v}_E = \frac{\boldsymbol{E} \times \boldsymbol{B}}{B^2} \tag{1.22}$$

となる．すなわち，粒子は Larmor 運動をしながらその案内中心は (1.22) 式で与えられる速度で $\boldsymbol{E}$ にも $\boldsymbol{B}$ にも垂直な方向に動く（図 1.9）．これを $\boldsymbol{E} \times \boldsymbol{B}$（$E$ クロス B）

---

[3] (x, y) の初期値は $(x_0, y_0 \pm r_L)$ に選んでいる．

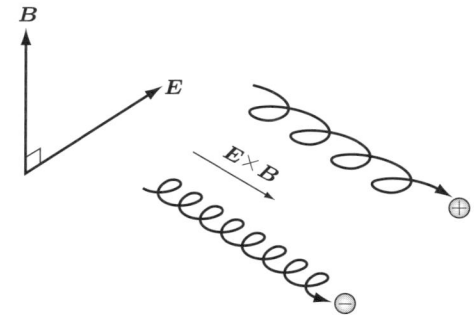

図 1.9 $\boldsymbol{E} \times \boldsymbol{B}$ ドリフト

ドリフト (drift) という．

◆ **磁束密度と電束密度**　ある体積 V を囲む曲面 S をつらぬく磁束の磁束密度を $\boldsymbol{B}$ とすると，V の中に真磁荷がない場合は $\iint_S \boldsymbol{B} \cdot d\boldsymbol{S} = 0$ である．(1.14) 式から，$\iiint_V (\boldsymbol{\nabla} \cdot \boldsymbol{B}) \, dV = 0$ となるが，V は任意であるので，

$$\boldsymbol{\nabla} \cdot \boldsymbol{B} = 0 \tag{1.23}$$

が成り立つ．

次に V の中に電荷密度 ρ で分布している電荷がある場合，S をつらぬく電束の電束密度を $\boldsymbol{D}$ とすると，$\iint_S \boldsymbol{D} \cdot d\boldsymbol{S} = \iiint_V \rho \, dV$ となる．(1.14) 式を用いると，

$$\iiint_V (\boldsymbol{\nabla} \cdot \boldsymbol{D}) \, dV = \iiint_V \rho \, dV$$

となるが，V は任意であるので，

$$\boldsymbol{\nabla} \cdot \boldsymbol{D} = \rho \tag{1.24}$$

が成り立つ．真空の場合は，電界を $\boldsymbol{E}$ として $\boldsymbol{D} = \varepsilon_0 \boldsymbol{E}$ であり，また，$\boldsymbol{E}$ は電位 ϕ を用いて $\boldsymbol{E} = -\boldsymbol{\nabla}\phi$ と表されるので，

$$\boldsymbol{\nabla}^2 \phi = -\frac{\rho}{\varepsilon_0} \quad \text{あるいは，} \quad \Delta \phi = -\frac{\rho}{\varepsilon_0} \tag{1.25}$$

と書ける．ε_0 は真空の誘電率である．これをポアッソン (Poisson) の式という．

◆ **マックスウェル方程式と波動現象**　電磁界 $\boldsymbol{E}$，$\boldsymbol{H}$ に対するマックスウェル (Maxwell) の方程式は，(1.23) 式，(1.24) 式，および

$$\nabla \times \boldsymbol{E} = -\frac{\partial \boldsymbol{B}}{\partial t}, \quad \nabla \times \boldsymbol{H} = \boldsymbol{J} + \frac{\partial \boldsymbol{D}}{\partial t} \tag{1.26}$$

である．真空中では電流密度 $\boldsymbol{J} = 0$, $\boldsymbol{D} = \varepsilon_0 \boldsymbol{E}$ である．(1.26) 式において，第 1 式の回転をとり，その右辺に第 2 式を代入すると，透磁率を μ_0 として，

$$\nabla(\nabla \cdot \boldsymbol{E}) - \nabla^2 \boldsymbol{E} = -\varepsilon_0 \mu_0 \frac{\partial^2 \boldsymbol{E}}{\partial t^2} \tag{1.27}$$

ここで，$\boldsymbol{E}$ などが $\exp[i(\boldsymbol{k} \cdot \boldsymbol{r} - \omega t)]$ に比例して変化すると仮定する[4]．これは，図 **1.10** のように，角周波数 ω で $\boldsymbol{k}$ の方向に，波長 $\lambda \equiv 2\pi/k$ で伝搬する波動を表している．$\boldsymbol{k}$ を波数ベクトルという．そうすると，(1.27) 式は，

$$-\boldsymbol{k}(\boldsymbol{k} \cdot \boldsymbol{E}) + k^2 \boldsymbol{E} = \frac{\omega^2}{c^2} \boldsymbol{E} \tag{1.28}$$

となるが[5]，もし $\boldsymbol{E}$ に $\boldsymbol{k}$ と平行の成分があるとすると，その成分について左辺は 0 となるのでそのような成分は存在しない．よって $\boldsymbol{E}$ と $\boldsymbol{k}$ は垂直であり，$\omega = ck$ である．これは，電磁波が真空中を光速度 c で伝搬することを意味する．

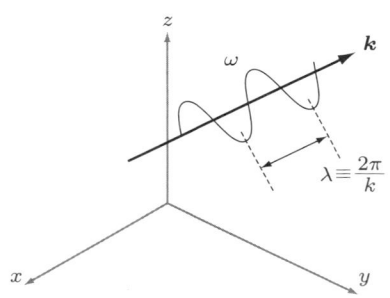

図 **1.10** 電磁波の伝搬

1.4　特殊関数

　常微分方程式の解のうち初等関数で表せないものを特殊関数というが，それらの中で，第 2 章以降で必要になる関数についてのみ，若干の説明を行う．

---

4)　i は虚数単位である．
5)　(1.38) 式を参照．

◆ **ベッセル関数**　　関数 $g(x)$ についてのベッセル (Bessel) の微分方程式

$$\frac{d^2 g}{dx^2} + \frac{1}{x}\frac{dg}{dx} + \left(1 - \frac{m^2}{x^2}\right)g = 0 \tag{1.29}$$

の一般解は $g(x) = c_1 \mathrm{J}_m(x) + c_2 \mathrm{N}_m(x)$ で与えられ，

$$\mathrm{J}_m(x) = \left(\frac{x}{2}\right)^m \sum_{k=0}^{\infty} \frac{(-1)^k}{k!\,(m+k)!}\left(\frac{x}{2}\right)^{2k} \tag{1.30}$$

$$\mathrm{N}_m(x) = \frac{1}{\pi}\left[\frac{\partial \mathrm{J}_\nu(x)}{\partial \nu} - (-1)^m \frac{\partial \mathrm{J}_{-\nu}(x)}{\partial \nu}\right]_{\nu=m} \tag{1.31}$$

である．J_m を第 1 種 Bessel 関数または（狭義の）Bessel 関数，N_m を第 2 種 Bessel 関数またはノイマン (Neumann) 関数とよぶ．ここで，m は非負の整数とする[6]．

図 **1.11** に，いくつかの m に対する J_m と N_m のグラフを示す．

第 1 種 Bessel 関数はすべての x で有界であるが，Neumann 関数は $x = 0$ で発散する．

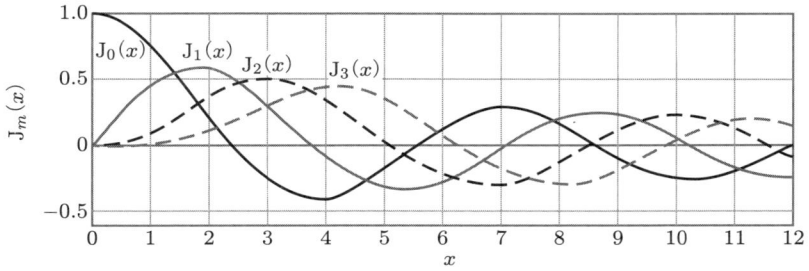

（a）第一種 Bessel 関数

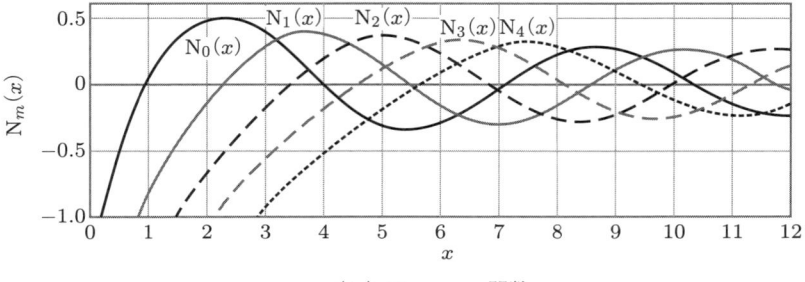

（b）Neumann 関数

図 **1.11**　第 1 種 Bessel 関数と Neumann 関数

[6)] 一般的には m は負の整数や半整数も含む．この場合は (1.30) 式や (1.31) 式を書き直す必要がある．

また，次の関係式が成り立つ．

$$J_{-m}(x) = (-1)^m J_m(x), \quad N_{-m}(x) = (-1)^m N_m(x) \tag{1.32}$$

◆ **マシューの方程式**　　関数 $h(t)$ についてのマシュー (Mathieu) の微分方程式

$$\frac{d^2h}{dt^2} + (a - 2b\cos 2t)h = 0 \tag{1.33}$$

において，b が与えられたとき，ある a に対して (1.33) 式が周期解をもつならば，その周期解を Mathieu 関数とよぶ．

$b = 0$ のときは，$a = n^2$ ($n = 0, 1, 2, \ldots$; 固有値) の場合に，(1.33) 式の解は $\cos nt$ と $\sin nt$ である．よって，$b \to 0$ のときに $\cos nt$ と $\sin nt$ に収束する Mathieu 関数をそれぞれ，$\mathrm{ce}_n(t, b)$，$\mathrm{se}_n(t, b)$ と書いて n 次の Mathieu 関数とよぶ．a が固有値でない場合も (1.33) 式の解はもちろん存在する．それらの解は，$t \to \infty$ に対して有界であったり，指数関数的に増大したりするが，前者の場合を安定解，後者の場合を不安定解という．a と b の値の組み合わせにより，解の安定，不安定が決まる様子を図 **1.12** に示す．図で白色部分が安定領域，灰色部分が不安定領域である．それらの境界が $\mathrm{ce}_n(t, b)$，$\mathrm{se}_n(t, b)$ で与えられることになる．

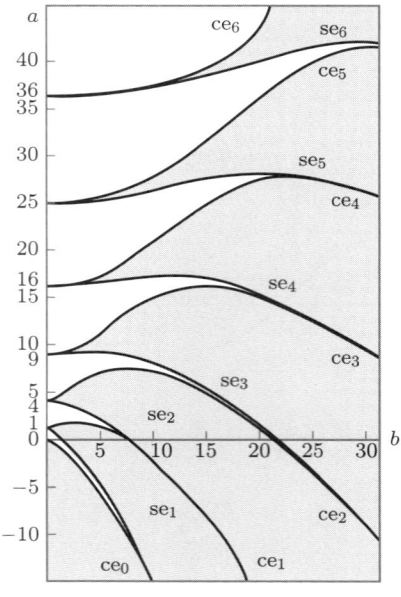

図 **1.12**　Mathieu の方程式の解の安定（白色），不安定領域（灰色）

1.5 次元と単位系

力学系においては，物理量は長さ L，質量 M，時間 T の三つの基本量により表される．ある物理量 A が数係数 $\times \mathrm{L}^l\mathrm{M}^m\mathrm{T}^t$ と表されるとき $[A] = [\mathrm{L}^l\mathrm{M}^m\mathrm{T}^t]$ と書いて，これを物理量 A の次元式といい，それぞれのべき数を次元という．たとえば力の次元式は $[\mathrm{L}^1\mathrm{M}^1\mathrm{T}^{-2}]$ であり，L と M の次元はどちらも 1，T の次元は -2 である．べき数がすべて 0 の量は無次元量であり，$[0]$ と書いて元なしとよぶ．L，M，T の三つの基本量の単位を定めれば，すべての物理量の単位が決まることになる．

電気磁気現象で現れる物理量の次元を決めるために，次に示す真空中の電荷と磁極に関するクーロン (Coulomb) の法則，ビオ-サバール (Biot-Savart) の法則を用いる．

$$F = \frac{1}{u_1\varepsilon_0}\frac{q_1 q_2}{r^2}$$
$$F = \frac{1}{u_2\mu_0}\frac{m_1 m_2}{r^2} \tag{1.34}$$
$$dH = \frac{1}{u_3\zeta}\frac{I\,ds\sin\theta}{r^2}$$

ここで，u_1, u_2, u_3 は元なしの定数，ε_0, μ_0, ζ は，まだ定められていないが，次元をもつ物理量である．

上の Biot-Savart の法則は，$F = mH$ と $I = dq/dt$ の関係から，

$$dF = \frac{1}{u_3\zeta}\frac{m\,ds\sin\theta}{r^2}\frac{dq}{dt} \tag{1.35}$$

である．電荷に関する Coulomb の法則と，Biot-Savart の法則から得られる電荷の次元式は，それぞれ，

$$[q] = \left[\mathrm{L}^{\frac{3}{2}}\mathrm{M}^{\frac{1}{2}}\mathrm{T}^{-1}\varepsilon_0^{\frac{1}{2}}\right]$$
$$[q] = \left[\mathrm{L}^{\frac{1}{2}}\mathrm{M}^{\frac{1}{2}}\mathrm{T}^0\mu_0^{-\frac{1}{2}}\zeta\right]$$

となる．当然これら二つの次元式は一致するべきであるから，

$$\left[\frac{\zeta}{\sqrt{\varepsilon_0\mu_0}}\right] = [\mathrm{L}\,\mathrm{T}^{-1}] \tag{1.36}$$

の関係が成り立たなければならない．すなわち，ε_0, μ_0, ζ の三つのうち，二つは任意に決めてよいが，他の一つは自動的に定まる．

ε_0, μ_0, ζ と u_1, u_2, u_3 の決め方により，いくつかの単位系がある．CGS 静電単位系では，$[\varepsilon_0] = [0]$, $[\zeta] = [0]$ として $[\mu_0] = [\mathrm{L}\,\mathrm{T}^{-1}]^{-2}$ とする．

(1.34) 式と (1.35) 式をもとにして，真空中の Maxwell の方程式を導くと，

$$\nabla \times \boldsymbol{H} = \frac{u_1 \varepsilon_0}{u_3 \zeta} \frac{\partial \boldsymbol{E}}{\partial t}$$
$$\nabla \times \boldsymbol{E} = -\frac{u_2 \mu_0}{u_3 \zeta} \frac{\partial \boldsymbol{H}}{\partial t} \qquad (1.37)$$

となる．真空中の電磁波の速度は光速 c であるから，

$$c = \frac{u_3 \zeta}{\sqrt{u_1 \varepsilon_0 u_2 \mu_0}} = \frac{u_3}{\sqrt{u_1 u_2}} \frac{\zeta}{\sqrt{\varepsilon_0 \mu_0}} \qquad (1.38)$$

が成り立つ必要がある．

(1.36) 式と (1.38) 式が成り立つような ε_0, μ_0, ζ と u_1, u_2, u_3 の決め方，すなわち単位系を述べると，$u_1 = u_2 = u_3 = 1$, $\varepsilon_0 = 1$, $\zeta = 1$ ととり $\mu_0 = c^{-2}$, とする場合が CGS 静電単位系，$u_1 = u_2 = u_3 = 1$, $\mu_0 = 1$, $\zeta = 1$ ととり $\varepsilon_0 = c^{-2}$, とする場合が CGS 電磁単位系であり，SI 単位系では，$u_1 = u_2 = u_3 = 4\pi$, $\mu_0 = 4\pi/10^7$, $\zeta = 1$ ととり $\varepsilon_0 = 10^7/(4\pi c^2)$ とする．

SI 単位系では，一見複雑な数量を使っている．これにより Coulomb の法則の式が簡潔でなくなるかわりに，Maxwell の方程式が簡潔に，しかも対称形になり，さらに日常的に用いる電圧や電流の値が扱いやすい数量になるなどの利点が多い．本書でも，SI 単位系を用いることにする．

SI 単位系の基本量の単位は，**表 1.1** である．

表 1.1 SI 基本単位

量	単位の名称	単位記号
長さ	メートル	m
質量	キログラム	kg
時間	秒	s
電流	アンペア	A
熱力学温度	ケルビン	K
物質量	モル	mol
光度	カンデラ	cd

これらから導かれるもので，固有の名称をもつ組立単位のうち本書に関係するものを表 1.2 に示す．

表 1.2　固有の名称をもつ組立単位

量	単位の名称	単位	SI 基本単位
平面角	ラジアン	rad	$\mathrm{m\ m^{-1}}$
立体角	ステラジアン	sr	$\mathrm{m^2\ m^{-2}}$
周波数	ヘルツ	Hz	$\mathrm{s^{-1}}$
力	ニュートン	N	$\mathrm{m\ kg\ s^{-2}}$
圧力，応力	パスカル	Pa	$\mathrm{m^{-1}\ kg\ s^{-2}}$
エネルギー，仕事	ジュール	J	$\mathrm{m^2\ kg\ s^{-2}}$
仕事率	ワット	W	$\mathrm{m^2\ kg\ s^{-3}}$
電荷	クーロン	C	$\mathrm{A\ s}$
電位，電圧	ボルト	V	$\mathrm{m^2\ kg\ s^{-3}\ A^{-1}}$
静電容量	ファラッド	F	$\mathrm{m^{-2}\ kg^{-1}\ s^4\ A^2}$
電気抵抗	オーム	Ω	$\mathrm{m^2\ kg\ s^{-3}\ A^{-2}}$
コンダクタンス	ジーメンス	S	$\mathrm{m^{-2}\ kg^{-1}\ s^3\ A^2}$
磁束	ウェーバー	Wb	$\mathrm{m^2\ kg\ s^{-2}\ A^{-1}}$
磁束密度	テスラ	T	$\mathrm{kg\ s^{-2}\ A^{-1}}$
インダクタンス	ヘンリー	H	$\mathrm{m^2\ kg\ s^{-2}\ A^{-2}}$
セルシウス温度	セルシウス度	°C	K

固有の名称をもたない組立単位の主なものは表 1.3 のとおりである．

表 1.3　組立単位

量	単位の名称	単位記号
誘電率	ファラッド/メートル	$\mathrm{F\ m^{-1}}$
透磁率	ヘンリー/メートル	$\mathrm{H\ m^{-1}}$
電界の強さ	ボルト/メートル	$\mathrm{V\ m^{-1}}$
磁界の強さ	アンペア/メートル	$\mathrm{A\ m^{-1}}$
電気変位	クーロン/平方メートル	$\mathrm{C\ m^{-2}}$
密度	キログラム/立方メートル	$\mathrm{kg\ m^{-3}}$
速さ	メートル/秒	$\mathrm{m\ s^{-1}}$
加速度	メートル/秒/秒	$\mathrm{m\ s^{-2}}$
波数	/メートル	$\mathrm{m^{-1}}$

SI 単位系ではないが慣用的に用いられている単位と，SI 単位系との関係を**表 1.4** から**表 1.6** に示す．

表 1.4 圧力の慣用単位

	Pa	bar	at	atm	Torr	psi
1 Pa	1	10.2×10^6	10.2×10^{-6}	9.87×10^{-6}	7.5×10^{-3}	145×10^{-6}
1 bar	100 000	1	1.02	0.987	750	14.504
1 at	98 066.5	0.980665	1	0.968	736	14.223
1 atm	101 325	1.01325	1.033	1	760	14.696
1 Torr	133.322	1.333×10^{-3}	1.360×10^{-3}	1.316×10^{-3}	1	19.337×10^{-3}
1 psi	6 894.757	68.948×10^{-3}	70.307×10^{-3}	68.046×10^{-3}	51.7149	1

表 1.5 流量の慣用単位

	sccm	$Pa\,m^3/s$	$Torr\,l/s$	mol/s
1 sccm*	1	1.688×10^{-3}	0.0127	7.43×10^{-7}
1 $Pa\,m^3/s$	592.3	1	7.50	4.405×10^{-4}
1 $Torr\,l/s$	78.95	0.1333	1	5.872×10^{-5}
1 mol/s	1.344×10^6	2270	1.703×10^4	1

* standard (0°C, 1 atm) cubic cm per minute

表 1.6 エネルギーの慣用単位

eV	J	K
1 eV	1.602×10^{-19} C $\times$ 1 V $= 1.602 \times 10^{-19}$ J	1.602×10^{-19} J$/1.38 \times 10^{-23}$ J/K $= 11\,600$ K

演習問題 1

1 $A = i + j + k$, $B = 2i + 2j - 2k$ のとき，$A \cdot B$, $A \times B$, 両ベクトルのなす角度の余弦を求めよ．

2 $r = (x, y, z)$ として次の式を計算せよ．
  (1) ∇r (2) $\nabla \cdot r$ (3) $\nabla \times r$ (4) $\nabla \cdot (r/r)$

3 電磁誘導の法則 $e = -\dfrac{d\Phi}{dt}$ から (1.23) 第 1 式を導出せよ．ただし，e は起電力，Φ は磁束である．

4 電子レンジ中の電磁波の周波数は 2.45 GHz である．電子のサイクロトロン周波数がこの周波数に一致するにはどれだけの磁場を加えればよいか．

補足　勾配，発散，回転の式

円筒座標系

$$\nabla \phi = \frac{\partial \phi}{\partial r} \boldsymbol{a}_r + \frac{1}{r} \frac{\partial \phi}{\partial \varphi} \boldsymbol{a}_\varphi + \frac{\partial \phi}{\partial z} \boldsymbol{a}_z \tag{A.1}$$

$$\nabla \cdot \boldsymbol{A} = \frac{1}{r} \frac{\partial}{\partial r} (r A_r) + \frac{1}{r} \frac{\partial A_\varphi}{\partial \varphi} + \frac{\partial A_z}{\partial z} \tag{A.2}$$

$$\nabla^2 \phi = \frac{1}{r} \frac{\partial}{\partial r} \left(r \frac{\partial \phi}{\partial r} \right) + \frac{1}{r^2} \frac{\partial^2 \phi}{\partial \varphi^2} + \frac{\partial^2 \phi}{\partial z^2} \tag{A.3}$$

$$\begin{aligned} \nabla \times \boldsymbol{A} =& \left(\frac{1}{r} \frac{\partial A_z}{\partial \varphi} - \frac{\partial A_\varphi}{\partial z} \right) \boldsymbol{a}_r + \left(\frac{\partial A_r}{\partial z} - \frac{\partial A_z}{\partial r} \right) \boldsymbol{a}_\varphi \\ &+ \frac{1}{r} \left\{ \frac{\partial}{\partial r} (r A_\varphi) - \frac{\partial A_r}{\partial \varphi} \right\} \boldsymbol{a}_z \end{aligned} \tag{A.4}$$

球座標系

$$\nabla \phi = \frac{\partial \phi}{\partial r} \boldsymbol{a}_r + \frac{1}{r} \frac{\partial \phi}{\partial \theta} \boldsymbol{a}_\theta + \frac{1}{r \sin \theta} \frac{\partial \phi}{\partial \varphi} \boldsymbol{a}_\varphi \tag{A.5}$$

$$\begin{aligned} \nabla \cdot \boldsymbol{A} =& \frac{1}{r^2} \frac{\partial}{\partial r} (r^2 A_r) + \frac{1}{r \sin \theta} \frac{\partial}{\partial \theta} (\sin \theta A_\theta) \\ &+ \frac{1}{r \sin \theta} \frac{\partial A_\varphi}{\partial \varphi} \end{aligned} \tag{A.6}$$

$$\begin{aligned} \nabla^2 \phi =& \frac{1}{r^2} \frac{\partial}{\partial r} \left(r^2 \frac{\partial \phi}{\partial r} \right) + \frac{1}{r^2 \sin \theta} \frac{\partial}{\partial \theta} \left(\sin \theta \frac{\partial \phi}{\partial \theta} \right) \\ &+ \frac{1}{r^2 \sin^2 \theta} \frac{\partial^2 \phi}{\partial \varphi^2} \end{aligned} \tag{A.7}$$

$$\begin{aligned} \nabla \times \boldsymbol{A} =& \frac{1}{r \sin \theta} \left\{ \frac{\partial}{\partial \theta} (\sin \theta A_\varphi) - \frac{\partial A_\theta}{\partial \varphi} \right\} \boldsymbol{a}_r \\ &+ \left\{ \frac{1}{r \sin \theta} \frac{\partial A_r}{\partial \varphi} - \frac{1}{r} \frac{\partial}{\partial r} (r A_\varphi) \right\} \boldsymbol{a}_\theta \\ &+ \frac{1}{r} \left\{ \frac{\partial}{\partial r} (r A_\theta) - \frac{\partial A_r}{\partial \theta} \right\} \boldsymbol{a}_\varphi \end{aligned} \tag{A.8}$$

第2章 電離気体中の衝突現象

　電極間などに高電圧を加えて気体を放電させることにより得られるプラズマ (plasma) とは，固体，液体，気体に続く物質の第4の状態のよび名である．物体の温度を上げてゆくとこの順番に相変化を起こし，第4相のプラズマ状態では，分子・原子がイオンと電子にわかれた，いわゆる「電離した気体」の状態になっている[1]．このような電離気体中での電子と原子や分子との衝突現象およびその関連事項について考察する．

2.1 速度分布関数

　電離気体すなわちプラズマは一般に図 2.1 のように，電子，イオン，中性粒子（原子，分子）から構成され，互いに衝突しながら運動し，全体としては電荷中性を保っている．衝突には，中性粒子どうし，荷電粒子と中性粒子，そして荷電粒子どうしという3種類がある．中性粒子どうしは通常の気体で起こるものと同じであるが，それ以外は，電離気体に特有なものであり，これから学ぶようにプラズマのさまざまな性質に関与している．

　荷電粒子間の衝突が荷電粒子と中性粒子間の衝突に比べて無視できるほど少ない場合を弱電離プラズマといい，逆に，荷電粒子間の衝突がより多く支配的になる場合を強電離プラズマという．中性粒子密度がほぼ0の場合は，完全電離プラズマとよぶ．ま

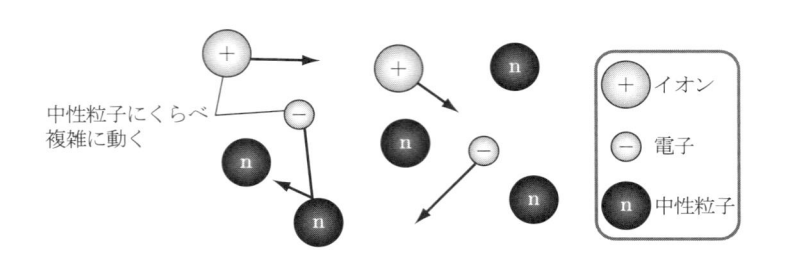

図 2.1　電離気体中の粒子

---

[1] 一般的には，プラズマは気体が電離したものに限らないが，ここでは立ち入らない．

た，荷電粒子は他の荷電粒子のつくる電磁場や外部から印加された電磁場により力を受け，その運動が変化するので，プラズマ中では中性気体に比べて大変複雑な現象が生じる．

2.1.1 速度空間と粒子密度

荷電粒子や中性粒子は衝突を繰り返しながら個々にいろいろな速度で空間を動き回っている．このような粒子集団の振舞を記述するには分布関数を用いる．s 種の粒子 ($s=i$: イオン，$s=e$: 電子，など) が3次元空間において，ある速度 $\boldsymbol{v}=(v_x,v_y,v_z)$ をもつとき，それは図 2.2 のように互いに直交する v_x, v_y, v_z の座標軸をもつ空間の1点として表される．この空間を速度空間という．単位体積中の s 種の粒子のうち，速度が $\boldsymbol{v}=(v_x,v_y,v_z)$ から $\boldsymbol{v}+d\boldsymbol{v}$ にある粒子の数 dn_s を，

$$dn_s = f_s(\boldsymbol{v})\,d\boldsymbol{v} = f_s(v_x,v_y,v_z)\,dv_x\,dv_y\,dv_z \tag{2.1}$$

と表し，f_s を s 種の粒子の速度分布関数 (velocity distribution function) とよぶ．この様子が図 2.2 に表されている．

単位体積中の粒子数，すなわち粒子密度 n_s は，あらゆる速度をもつ粒子の数を足し合わせたものであり，f_s を全速度範囲で積分することにより求まる．すなわち，

$$\begin{aligned}n_s &= \int_{-\infty}^{\infty} f_s(\boldsymbol{v})\,d\boldsymbol{v} \\ &= \int_{-\infty}^{\infty}\int_{-\infty}^{\infty}\int_{-\infty}^{\infty} f_s(v_x,v_y,v_z)\,dv_x\,dv_y\,dv_z\end{aligned} \tag{2.2}$$

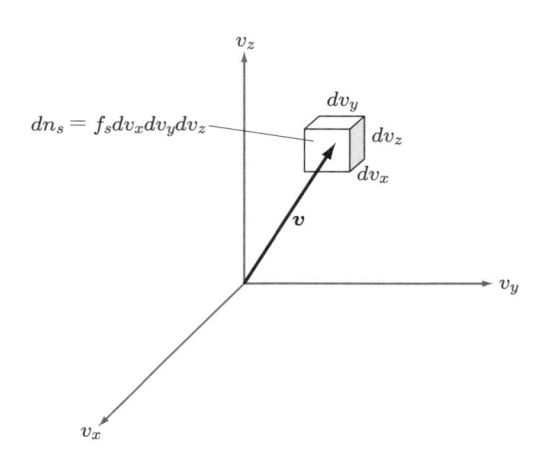

図 2.2 速度空間

である．f_s は，どのような速度をもつ粒子がどのくらいの割合で存在するか，を表す関数であり，その形がプラズマの性質や振る舞いに本質的な影響を与える場合も多い．以下に具体的な速度分布関数 f_s についてみていこう．

2.1.2 マックスウェル分布

熱平衡状態にある s 種の粒子の速度はマックスウェル (Maxwell) 分布をなし，ある1方向について，

$$f_s(v_x) = n_s \left(\frac{m_s}{2\pi k_B T_s}\right)^{\frac{1}{2}} \exp\left(-\frac{m_s v_x^2}{2k_B T_s}\right) \tag{2.3}$$

で与えられる．ここで，m_s は s 種の粒子の質量，k_B はボルツマン (Boltzmann) 定数，T_s は s 種の粒子の温度である．この式の導出についてはここでは触れないが，統計力学における Boltzmann の理論により得られるものである．

粒子の熱運動の平均エネルギーを求めよう．速度 v_x をもつ1個の粒子の運動エネルギーは $m_s v_x^2/2$ である．v_x はいろいろな値をとるので，速度に関して平均をとる．その定義は，次式に示されるように，f_s をかけて全速度範囲で積分し n_s で割ったものである．

$$\overline{\frac{1}{2}m_s v_x^2} \equiv \frac{1}{n_s}\int_{-\infty}^{\infty} \frac{1}{2}m_s v_x^2 f_s(v_x)\,dv_x$$

ここで，$\overline{}$ は平均値を表す記号である．計算を進めると，

$$\begin{aligned}
\overline{\frac{1}{2}m_s v_x^2} &= \frac{2}{n_s}\int_0^{\infty} \frac{1}{2}m_s v_x^2 f_s(v_x)\,dv_x \\
&= m_s\left(\frac{m_s}{2\pi k_B T_s}\right)^{\frac{1}{2}} \int_0^{\infty} v_x^2 \exp\left(-\frac{m_s v_x^2}{2k_B T_s}\right) dv_x \\
&= \frac{2k_B T_s}{\sqrt{\pi}} \int_0^{\infty} w^2 \exp(-w^2)\,dw \\
&\qquad \left(\text{ただし，}\frac{m_s}{2k_B T_s}v_x^2 = w^2 \text{ とおいた．}\right) \\
&= \frac{2k_B T_s}{\sqrt{\pi}}\frac{\sqrt{\pi}}{4} = \frac{1}{2}k_B T_s
\end{aligned} \tag{2.4}$$

となり[2]，温度 T_s に比例する．

3方向の自由度をもつ3次元空間において，速度分布が方向によらない（等方）ならば，Maxwell の速度分布関数は

---

[2] (1.18) 式を参照．

$$f_s(v_x, v_y, v_z) = n_s \left(\frac{m_s}{2\pi k_B T_s}\right)^{\frac{3}{2}} \\ \times \exp\left[-\frac{m_s}{2k_B T_s}\left(v_x{}^2 + v_y{}^2 + v_z{}^2\right)\right] \tag{2.5}$$

で，平均エネルギーは $\frac{3}{2}k_B T_s$ である．$\left(\frac{2k_B T_s}{m_s}\right)^{\frac{1}{2}} \equiv v_{T_s}$ を熱速度とよぶ．

◆ **等方速度分布** 速度空間 (v_x, v_y, v_z) は図 **2.3** に示すように球座標 (v, θ, ϕ) で表すこともできる．座標変換の式は，

$$\begin{cases} v^2 = v_x{}^2 + v_y{}^2 + v_z{}^2 \\ v_x = v\sin\theta\cos\phi \\ v_y = v\sin\theta\sin\phi \\ v_z = v\cos\theta \end{cases}$$

であり，(v, θ, ϕ) から $(v + dv, \theta + d\theta, \phi + d\phi)$ の範囲の体積要素は，

$$dv(v\sin\theta\, d\phi)(v\, d\theta) = v^2 \sin\theta\, dv\, d\theta\, d\phi$$

と書ける．

したがって，(2.2) 式を球座標で表現すると，

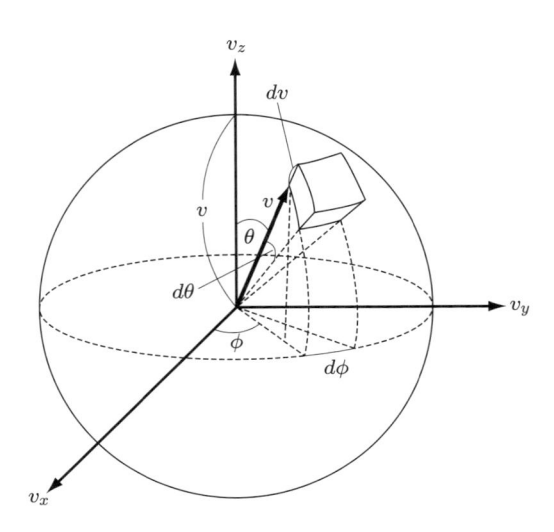

図 **2.3** 球座標

$$n = \int_0^\infty \int_0^\pi \int_0^{2\pi} f(v,\theta,\phi)v^2 \sin\theta\, dv\, d\theta\, d\phi \tag{2.6}$$

となる.ただし,式の煩雑さを避けるため,s を省略した.これ以降,各式はそれぞれの粒子種 s について成り立つものとする.等方分布の場合,f は $\boldsymbol{v}$ の方向によらないので,θ や ϕ に無関係となり,速さ v のみの関数 $f(v)$ になるから,

$$\begin{aligned}n &= \int_0^\pi \int_0^{2\pi} \sin\theta\, d\theta\, d\phi \int_0^\infty f(v)v^2\, dv \\ &= \int_0^\infty f(v)4\pi v^2\, dv \equiv \int_0^\infty F(v)\, dv\end{aligned} \tag{2.6}'$$

と表される.$f(v)$ に (2.5) 式を代入して,

$$F(v) = 4\pi v^2 n \left(\frac{m}{2\pi k_B T}\right)^{\frac{3}{2}} \exp\left(-\frac{mv^2}{2k_B T}\right) \tag{2.7}$$

となる.この F を速度分布関数とよぶ場合もある.

f や F を n で割ったものを $\hat{f}$ や $\hat{F}$ で表すと,

$$\int_{-\infty}^\infty \hat{f}(v)\, d\boldsymbol{v} = 1, \quad \int_0^\infty \hat{F}(v)\, dv = 1$$

となることから,これらを規格化速度分布関数という.$\hat{F}$ のグラフを書いてみると図 **2.4** のように[3]),温度が低い場合はシャープな分布になり,温度が高い場合は v の

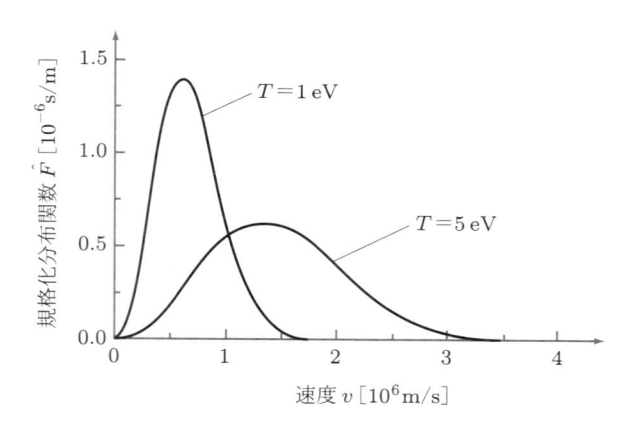

図 **2.4** 規格化速度分布関数

---

3) 図 **2.4** では温度 T を,$T\,[\mathrm{eV}] = (k_B/e)T\,[\mathrm{K}]$ の関係より,eV 単位で示している.放電・プラズマ工学の分野ではこれが一般的である.表 **1.6** も参照のこと.

大きな成分をもつブロードな分布となる．

粒子の平均速度 $\bar{v}$ を計算すると，

$$\begin{aligned}
\bar{v} &= \int_0^\infty v\hat{F}(v)\,dv \\
&= 4\pi\left(\frac{m}{2\pi k_B T}\right)^{\frac{3}{2}} \int_0^\infty v^3 \exp\left(-\frac{mv^2}{2k_B T}\right) dv \\
&= 4\left(\frac{2k_B T}{\pi m}\right)^{\frac{1}{2}} \int_0^\infty a^3 \exp(-a^2)\,da \\
&\quad \left(\text{ただし，}\frac{m}{2k_B T}v^2 = a^2 \text{ とおいた．}\right) \\
&= 4\left(\frac{2k_B T}{\pi m}\right)^{\frac{1}{2}} \left\{-\frac{1}{2}\left[a^2\exp(-a^2)\right]_0^\infty + \int_0^\infty a\exp(-a^2)\,da\right\} \\
&= 4\left(\frac{2k_B T}{\pi m}\right)^{\frac{1}{2}} \left(-\frac{1}{2}\right) \left[\exp(-a^2)\right]_0^\infty \\
&= \left(\frac{8k_B T}{\pi m}\right)^{\frac{1}{2}}
\end{aligned} \tag{2.8}$$

が得られる．

例題 2.1

(2.7) 式を，0 から ∞ まで v で積分したときの値を求めよ．

解答

$\int_0^\infty \hat{F}(v)\,dv = 4\pi\left(\dfrac{m}{2\pi k_B T}\right)^{\frac{3}{2}} \int_0^\infty v^2 \exp\left(-\dfrac{mv^2}{2k_B T}\right) dv$ ここで，$a = \dfrac{m}{2k_B T}$ とすると，(1.18) 式の左辺の形になるので，これを用いて $\int_0^\infty \hat{F}(v)\,dv = 1$ が求まる．

例題 2.2

温度 300 K のアルゴンガスの原子の平均速度を求めよ．

解答

まず (2.8) 式を前とは別の変数変換を用いて導出する．

$$\bar{v} = \int_0^\infty v\hat{F}(v)dv = 4\pi\left(\frac{m}{2\pi k_B T}\right)^{\frac{3}{2}} \int_0^\infty v^3 \exp\left(-\frac{mv^2}{2k_B T}\right) dv$$

において，$\dfrac{m}{2k_B T}v^2 = x$ とおくと，上式は

$$\bar{v} = \left(\frac{8k_BT}{\pi m}\right)^{\frac{1}{2}} \int_0^\infty x e^{-x}\, dx$$

となる．

$$\int x e^{-x}\, dx = -x e^{-x} + \int e^{-x}\, dx = -(x+1)e^{-x}$$

を用いて，$\bar{v} = \left(\dfrac{8k_BT}{\pi m}\right)^{\frac{1}{2}}$ が得られる．

Ar 原子の質量は $m = 1.66 \times 10^{-27} \times 40 = 6.64 \times 10^{-26}\,\text{kg}$ であるから，

$$\bar{v} = \left(\frac{8 \times 1.380 \times 10^{-23} \times 300}{\pi \times 6.64 \times 10^{-26}}\right)^{\frac{1}{2}} = 4.0 \times 10^2\,\text{m/s}$$

2.1.3 粒子束と圧力

次に，図 **2.5** に示すように，ある平面を一方向に通り抜ける粒子の単位面積，単位時間あたりの個数は，

$$\begin{aligned}
\Gamma \equiv \overline{nv_x} &= \int_0^\infty \int_{-\infty}^\infty \int_{-\infty}^\infty v_x f(v_x, v_y, v_z)\, dv_x\, dv_y\, dv_z \\
&= \int_0^\infty v_x f(v_x)\, dv_x \int_{-\infty}^\infty \hat{f}(v_y)\, dv_y \int_{-\infty}^\infty \hat{f}(v_z)\, dv_z \\
&= n \left(\frac{m}{2\pi k_BT}\right)^{\frac{1}{2}} \int_0^\infty v_x \exp\left(-\frac{m}{2k_BT}v_x{}^2\right) dv_x \\
&= n \left(\frac{k_BT}{2\pi m}\right)^{\frac{1}{2}} = \frac{1}{4} n \left(\frac{8k_BT}{\pi m}\right)^{\frac{1}{2}} = \frac{1}{4} n \bar{v}
\end{aligned} \qquad (2.9)$$

と求められる[4]．ここに，Γ は粒子束または粒子フラックス (particle flux) とよばれる．

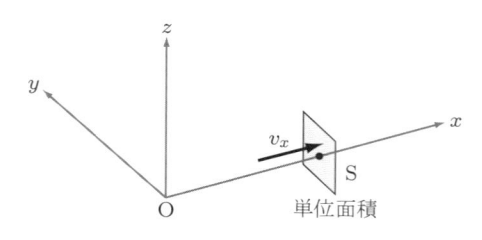

図 **2.5** 粒子束と圧力

---

[4] $f(v_x)$ は (2.3) 式で与えられている．$\hat{f}(v_y)$, $\hat{f}(v_z)$ は $f(v_x)$ の v_x をそれぞれ v_y, v_z で置きかえ，n で割ったものである．(2.17) 式により $\int_{-\infty}^\infty f(v_y)\, dv_y = \int_{-\infty}^\infty f(v_z)\, dv_z = 1$ である．

気体の圧力 (pressure) とは，単位面積に対して気体粒子が熱運動によっておよぼす力である．図 **2.5** において，面 S を壁と考えると，質量 m，速度 v_x の粒子 1 個が壁に衝突して逆向きに跳ね返されるときに，壁に対して $2mv_x$ の運動量を与える．単位時間には nv_x 個の粒子が壁に衝突するので，単位時間あたりの運動量変化，すなわち壁に与える力は，

$$\begin{aligned} p &= \int_0^\infty \int_{-\infty}^\infty \int_{-\infty}^\infty nv_x \cdot 2mv_x \hat{f}(v_x, v_y, v_z)\, dv_x\, dv_y\, dv_z \\ &= 2mn \left(\frac{m}{2\pi k_B T}\right)^{\frac{1}{2}} \int_0^\infty v_x{}^2 \exp\left(-\frac{m}{2k_B T} v_x{}^2\right) dv_x \quad (2.10) \\ &= 2mn \left(\frac{m}{2\pi k_B T}\right)^{\frac{1}{2}} \frac{1}{4} \cdot \frac{2k_B T}{m} \cdot \left(\frac{2k_B T}{m}\right)^{\frac{1}{2}} \sqrt{\pi} \\ &= nk_B T \end{aligned}$$

と導かれる[5]．これは，理想気体の状態方程式に対応する．

◆ **エネルギー分布関数** 粒子の運動エネルギーは $E = \frac{1}{2} mv^2$ であるので，v の関数である速度分布関数 $f(v)$ は，E の関数として表してもよい．また v でなく E の関数として表した方が役に立つ場合も多い．そこで，$(2.6)'$ 式において $E = \frac{1}{2} mv^2$ とおき，$f(v)$ 中の v を $(2E/m)^{\frac{1}{2}}$ で置き換えたものを $f(E)$ とすると，$dE = mv\, dv$ の関係を用いて，

$$n = \int_0^\infty f(v) 4\pi v^2\, dv = \frac{4\sqrt{2}\,\pi}{m^{\frac{3}{2}}} \int_0^\infty f(E) E^{\frac{1}{2}}\, dE$$

であるので，エネルギー分布関数 $f_E(E)$ は

$$f_E(E) = \frac{4\sqrt{2}\,\pi}{m^{\frac{3}{2}}} f(E) E^{\frac{1}{2}} \quad (2.11)$$

で与えられることがわかる．(2.5) 式を用いると，

$$f_E(E) = n \frac{2}{\sqrt{\pi}} \frac{1}{(k_B T)^{\frac{3}{2}}} \sqrt{E} \exp\left(-\frac{E}{k_B T}\right) \quad (2.12)$$

となる．

---

[5] v_x に関する積分は (1.18) 式を参照．

2.2 衝突過程

一対の粒子が衝突 (collision) するとき，

  衝突前後の全運動エネルギーが保存される場合を弾性衝突 (elastic collision)
  片方あるいは両方の内部エネルギーが変化して全運動エネルギーが保存されない場合を非弾性衝突 (inelastic collision)

とよぶ．たとえば電子が原子に衝突する場合，電子のエネルギーが小さければ弾性衝突となるが，数 eV を超えると，原子の励起 (excitation)，電離 (ionization) などがおきる非弾性衝突も生じる．ここでは主として弱電離プラズマ中での衝突を考える．

2.2.1 衝突断面積と平均自由行程

図 2.6 のように密度 n，速度 v の粒子 P が密度 N の重い（動かない）標的粒子 Q に入射するとき，距離 dx 飛行する間に衝突の相互作用を起こす入射粒子の数を dn とすれば，dn は n，N，および dx に比例すると考えられるので，$dn = -\sigma n N \, dx$ と書ける．ここに，比例定数 σ は衝突断面積 (collision cross section) とよばれる．マイナス符号は，相互作用により入射粒子数が減少することを表している．

粒子束を $\Gamma = nv$ として，

$$\frac{d\Gamma}{\Gamma} = \frac{dn}{n} = -N\sigma \, dx \tag{2.13}$$

である．ここでは P はどの粒子も同じ速度と仮定するので (2.9) 式のような平均操作は不要である．

今，簡単な剛体球衝突を考え，入射粒子の半径を r_1，標的粒子の半径を r_2 とする

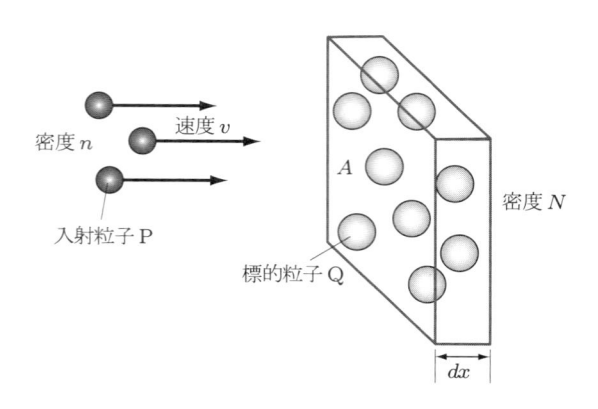

図 2.6 衝突のモデル

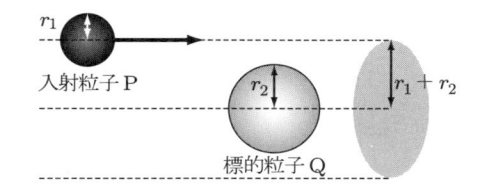

図 2.7 衝突断面積の考え方

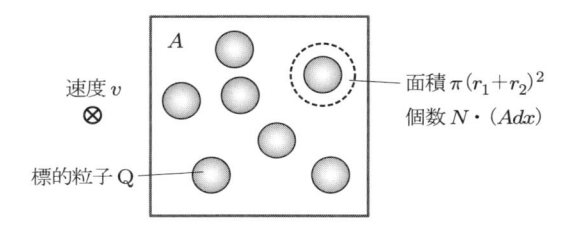

図 2.8 断面に対して垂直に見た衝突モデル

と,図 2.7 のように両粒子の中心が距離 r_1+r_2 内にあれば衝突を起こし,入射粒子は先へ進めない.図 2.6 の断面積 A,距離 dx の体積内にある標的粒子数は $NA\,dx$ であり,A のうちで入射粒子が先へ進めない部分の面積の占める割合は図 2.8 を参照して $\pi(r_1+r_2)^2 NA\,dx/A$ となる.これは $-dn/n$ に等しいので,(2.13) 式を用いて,

$$\sigma = \pi(r_1+r_2)^2 \tag{2.14}$$

で表される衝突断面積が得られる.これは,電子と中性粒子の弾性衝突に近似的に適用できる.また,(2.13) 式から明らかなように,σ は面積の次元をもち,それが断面積とよばれるゆえんである.

◆ **平均自由行程**　　(2.13) 式を積分すると,$\ln \Gamma = -N\sigma x + C_0$ を得る.$\lambda \equiv 1/(N\sigma)$ とおくと

$$\Gamma(x) = \Gamma_0 \mathrm{e}^{-\frac{x}{\lambda}} \tag{2.15}$$

となり[6],距離 λ 進むと衝突の相互作用をしていない入射粒子は $1/\mathrm{e}$ に減少することを表す.この λ を平均自由行程 (mean free path) とよぶ.これは図 2.9 のように,断面積 σ,長さ λ の円柱の中に標的粒子が 1 個入っていることを表す.また,ある衝突から次の衝突までの時間は λ/v であり,その逆数,

---

6) C_0 は積分定数で,$\Gamma_0 = \mathrm{e}^{C_0}$ とおいた.

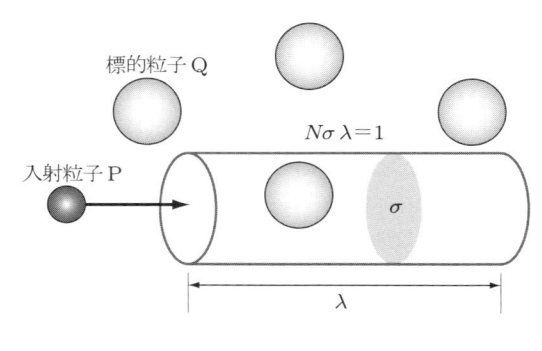

図 2.9 平均自由行程

$$\nu = N\sigma v \qquad (2.16)$$

は衝突周波数 (collision frequency) である.

2.2.2 弾性衝突と非弾性衝突

◆ **弾性衝突**　電子と中性粒子の弾性衝突を，上で述べたように剛体球モデルで考える．衝突断面積は，中性粒子の直径を D として，(2.14) 式に $r_1 = 0$, $r_2 = D/2$ を代入することにより，

$$\sigma_m = \frac{\pi D^2}{4} \qquad (2.17)$$

となる．この σ_m は，運動量移行衝突断面積 (momentum transfer collision cross section) とよばれる．両者の衝突に運動量保存則，エネルギー保存則を適用して電子の衝突による運動エネルギーの損失を求めると，$\Delta E = (2m_e/m_N)E$ となる．ここで，E は衝突前の電子の運動エネルギー，m_e と m_N はそれぞれ電子と中性粒子の質量である．$m_e \ll m_N$ であるので弾性衝突ではエネルギーはほとんど移行されないことがわかる．それに対して，電子の運動量の変化は大きい．

実際の衝突では分極効果，ラムザウアー (Ramsauer) 効果などにより σ_m は電子のエネルギーに依存して変化する．

例題 2.3

質量 m_1，速度 v の粒子 I が，静止している質量 m_2 の粒子 II に正面衝突した．このとき粒子 I の失う運動量およびエネルギーの初期値に対する比を求めよ．ただし，粒子は剛体球で近似する．粒子 I が電子，II が中性粒子の場合の近似式を示せ．

解答

粒子 I および粒子 II の衝突後の速度をそれぞれ v_1, v_2 とすると，運動量およびエネルギー保存則により，

$$m_1 v = m_1 v_1 + m_2 v_2$$

$$\frac{m_1 v^2}{2} = \frac{m_1 v_1^2}{2} + \frac{m_2 v_2^2}{2}$$

が成立する．両式から

$$v_1 = \frac{m_1 - m_2}{m_1 + m_2} v, \quad v_2 = \frac{2 m_1}{m_1 + m_2} v$$

を得る．したがって粒子 I が失う運動量およびエネルギーを ΔP_1, ΔE_1 とすれば

$$\frac{\Delta P_1}{P_1} = \frac{2 m_2}{m_1 + m_2}, \quad \frac{\Delta E_1}{E_1} = \frac{4 m_1 m_2}{(m_1 + m_2)^2}$$

となる．ただし，$P_1 = m_1 v$, $E_1 = m_1 v^2/2$ である．

$m_1 \ll m_2$ のときは，$\dfrac{\Delta P_1}{P_1} \simeq 2$, $\dfrac{\Delta E_1}{E_1} \simeq \dfrac{4 m_1}{m_2}$，と近似できる．

これは正面衝突（散乱角度 π）の場合であるが，すべての散乱角度について平均すると損失係数は半分となり，

$$\frac{\Delta P_1}{P_1} \simeq 1, \quad \frac{\Delta E_1}{E_1} = \frac{2 m_1 m_2}{(m_1 + m_2)^2} \simeq \frac{2 m_1}{m_2},$$

となる．

原子の内部エネルギーが変化する衝突過程，すなわち非弾性衝突には電離衝突や励起衝突などがある．以下これらについて述べよう．

◆ **電離衝突** 電子が電離電圧以上の運動エネルギーをもって原子に衝突するとき，外殻電子が 1 個遊離する原子の電離が起こり得る．任意の原子を A，電子を e と書くと，衝突電離は，

$$A + e \rightarrow A^+ + 2e \tag{2.18}$$

主な原子の電離電圧 V_i を**表 2.1** に示す[7]．電子のエネルギーが高い場合は 2 価以上のイオンが生成されるのでその電圧も示されている．また，ヘリウム (He)，アルゴン (Ar) などの電離衝突断面積 σ_i が電子のエネルギー E の関数として**図 2.10** に与えられている．明らかに，電子のエネルギーが電離電圧 V_i 以下では断面積は 0 である．断

---

[7] 電離電圧は eV 単位で示されている．eV と J の換算は 1.5 節の**表 1.6** を参照．

表 2.1 電離電圧

原子	V_i [eV]				
	1	2	3	4	5
H	13.60				
He	24.59	54.42			
N	14.53	29.60	47.89	77.47	97.89
O	13.62	35.12	54.93	77.41	113.90
F	17.42	34.98	62.65	87.14	114.21
Cl	12.97	23.80	39.90	53.50	67.80
Ar	15.76	27.63	40.74	59.81	75.02

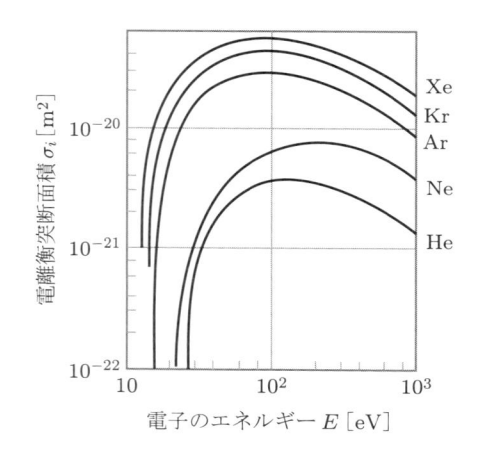

図 2.10 電離衝突断面積

面積の最大値は，気体の種類に関わらず 70 から 200 eV 程度のところに存在する．

◆ **励起衝突**　衝突により，原子内の束縛電子が高いエネルギー準位（電子励起準位）に遷移するとき，これを衝突励起という．

$$A + e \to A^* + e \tag{2.19}$$

ここで，A^* は原子 A の励起状態を表す．多くの場合，励起された原子は光を放射して短時間（$\sim 10^{-8}$ s）のうちに脱励起し基底準位にもどる．

$$A^* \to A + h\nu \tag{2.20}$$

ここで，h はプランク (Planck) 定数，$h\nu$ は光子のエネルギーである[8]．励起準位には，光放射による遷移が禁止されている準位が存在し，これを準安定状態 (metastable state) といい，原子がその励起状態にとどまる時間は $\sim 10^{-2}$ s 以上にも達する場合がある．

ここでアルゴン（Ar）を例にとりあげてみよう．Ar の最低励起準位は 11.53 eV であり，電子がそれ以下のエネルギーで衝突したときは弾性衝突しか起こらない．しかしそれ以上のエネルギーで衝突すると 3p 軌道にある 6 個の最外殻電子のうちの一つが 4s 軌道に移り，励起状態となる．式の形で書くと，

$$\mathrm{Ar} + \mathrm{e} \rightarrow \mathrm{Ar}^* + \mathrm{e} \quad (E \geq 11.53\,\mathrm{eV})$$

となる．この励起状態は 4 通りあるが，そのうちの二つの状態は，不安定で，短時間の間に励起状態のエネルギーに相当する波長の光を自然放出して基底状態に戻る．他の二つは準安定状態である．一方，4p 軌道から 4s 軌道に遷移するときのエネルギー差は小さく，800 nm 付近の光を放射する．

以上のエネルギー遷移を図 **2.11** に示す．図では，縦軸にエネルギーをとり，Ar のいくつかの電子励起準位が太線で示されており，それらを結ぶ線が遷移に対応し，放射する光の波長を記入している．

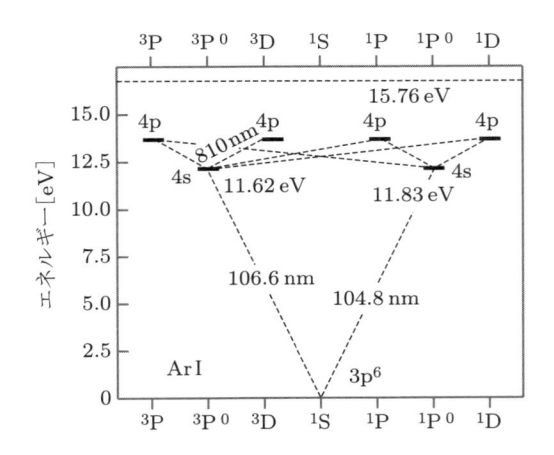

図 **2.11** Ar のエネルギー準位図

---

[8] 慣例に従い振動数に ν の記号を用いているが，さきの (2.16) 式で定義した衝突周波数とは異なるので注意を要する．

また，横軸は分光記号を示しているが，これについては 2.3 節で詳しく述べる．原子の励起は電子励起準位の変化だけであり，上準位に励起された原子が下準位に遷移するときの発光は線スペクトルとなる．

例題 2.4

電子衝突により水素原子を電離する場合，電子の速度はいくら以上必要か．ヘリウム原子の場合はどうか．

解答

水素原子：$\frac{1}{2}m_e v^2 \geq eV_i$, $V_i = 13.6\,\text{eV}$ より，$v \geq 2.2 \times 10^6\,\text{m/s}$

ヘリウム原子：$V_i = 24.6\,\text{eV}$ より，$v \geq 2.9 \times 10^6\,\text{m/s}$

◆ **累積電離** (2.18) 式のように原子が 1 回の電子衝突で電離される場合に対し，2 度（以上）の衝突により電離される場合を累積電離とよぶ．たとえば，

$$\text{A} + \text{e} \rightarrow \text{A}^* + \text{e}, \quad \text{A}^* + \text{e} \rightarrow \text{A}^+ + 2\text{e} \tag{2.21}$$

のように準安定状態 A^* を経た電離がある．2 回目の衝突では，電子のエネルギーが，電離電圧と準安定状態のエネルギーとの差以上であればよいことになる．

◆ **ペニング効果** 原子 A の準安定状態のエネルギーが原子 B の電離電圧よりわずかに高いとき，

$$\text{A}^* + \text{B} \rightarrow \text{A} + \text{B}^+ + \text{e} \tag{2.22}$$

で表される原子衝突により，原子 B がほぼ 1 の確率で電離される．これを，ペニング (Penning) 効果とよぶ．

具体例としては，ネオン (Ne) に少量の Ar を加えた混合ガスでの励起と電離による放電がある．放電するためには電離により電子が多くつくられる必要がある．

$$\text{Ne} + \text{e} \rightarrow \text{Ne}^+ + 2\text{e}$$

$$\text{Ar} + \text{e} \rightarrow \text{Ar}^+ + 2\text{e}$$

の電離衝突により，電子がつくられるが，これらの衝突確率は小さい．一方，

$$\text{Ne} + \text{e} \rightarrow \text{Ne}^* + \text{e}$$

の励起衝突の頻度は高く，16.6 eV のエネルギーをもつ準安定状態の Ne^* が生成される．この Ne^* が電離電圧 15.7 eV の Ar に衝突すると，

$$Ne^* + Ar \rightarrow Ne + Ar^+ + e$$

の Penning 効果により，ほぼ 1 の確率で Ar が電離され，結果として電離が著しく促進されて放電がおきやすくなる．

例題 2.5

質量 m_1，速度 v の粒子 I が，静止している質量 m_2 の粒子 II に正面衝突し，II の内部エネルギー U が変化する非弾性衝突が生じた．v を与えたとき U の変化分 ΔU の最大値を求めよ．

解答

非弾性衝突のエネルギー保存則は次のようになる．v_1, v_2 は衝突後の I, II の速度である．

$$\frac{1}{2}m_1 v^2 = \frac{1}{2}m_1 v_1^2 + \frac{1}{2}m_2 v_2^2 + \Delta U$$

ここで ΔU は非弾性衝突に伴う粒子 I あるいは粒子 II の内部エネルギーの変化である．運動量の保存については，弾性衝突の場合と同じで，

$$m_1 v = m_1 v_1 + m_2 v_2$$

となる．上式より，

$$v_2 = \frac{m_1}{m_2}(v - v_1)$$

が得られるので，エネルギー保存則は，

$$\frac{1}{2}m_1 v^2 = \frac{1}{2}m_1 v_1^2 + \frac{1}{2}\frac{m_1^2}{m_2}(v - v_1)^2 + \Delta U$$

となる．v を固定した場合，内部エネルギーの変化の最大値は，$d(\Delta U)/dv_1 = 0$ のときに生じるので，その条件は

$$v_1 = \frac{m_1}{m_1 + m_2}v$$

となる．これより，

$$\Delta U|_{\max} = \frac{1}{2}\frac{m_1 m_2}{m_1 + m_2}v^2$$

が得られる．

◆ **再結合** 正負両電荷の粒子が衝突して中性粒子にもどる過程を再結合 (recombination) といい，次のような過程がある．

$$A^+ + e + e \rightarrow A + e \tag{2.23}$$

$$A^+ + e + B \rightarrow A + B \tag{2.24}$$

$$A^+ + e \rightarrow A + h\nu \tag{2.25}$$

イオンと電子が再結合する場合，余分のエネルギーを放出するための第3の物体が必要である．プラズマ中の再結合において，(2.23) 式は正イオンと2個の電子が同時に出会う3体衝突によるもので，電子の1個が余分のエネルギーをもち去る．これは，電子密度が高く，電子温度が低い場合起こりやすい．(2.24) 式はイオン，電子および中性粒子Bが3体衝突し，余分のエネルギーはBの運動エネルギーになる．これは，中性粒子密度がきわめて高いときに起こる．高い電子温度では (2.25) 式のように余剰エネルギーを光として放出する放射再結合が主要なものとなる．ガス圧力の低いプラズマでは，プラズマ中の再結合よりも壁を第3の物体とする表面再結合が重要となる場合が多い．

◆ **付　着**　　電子が低エネルギーで中性粒子に衝突するとき，これに捕らえられて付着 (attachment) し，負イオン (negative ion) をつくることがある．

$$A + e \rightarrow A^- \tag{2.26}$$

水素原子 (H) では通常の状態のエネルギーよりも負イオン状態のエネルギーの方が低い．このエネルギー差を電子親和力 (electron affinity) といい，これが正のとき安定な負イオンが形成され，電子親和力が大きいほど負イオンの形成される確率が大きい．

$H + e \rightarrow H^-$ の場合の付着衝突断面積の電子エネルギー依存性を図 **2.12** に示す．電子のエネルギーが2 eV 程度以下と低いほうが，H 付近での滞在時間が長いので付着しやすい．しかし，あまり低いと H の電子に反発されてしまい断面積は低下する．

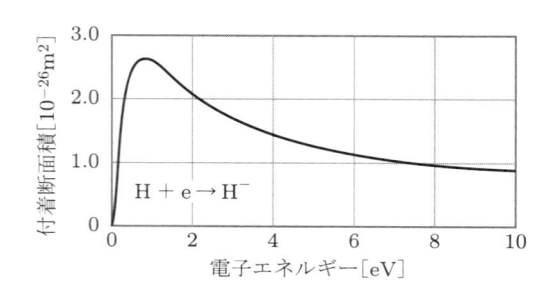

図 **2.12**　水素原子に対する付着断面積の電子エネルギー依存性[7]

ハロゲンや酸素は電子親和力が大きく負イオンをつくりやすいが、希ガスは負イオンをつくらない．また、分子の中には負イオンを形成するものが多い．負イオンは電子に比べて速度が非常に遅いため、正イオンと再結合しやすい．

◆ **荷電交換**　高速の正イオンが原子に衝突したとき、原子から電子を奪って中性となり、衝突された原子が低速の正イオンとなる過程が荷電交換 (charge exchange) である．すなわち，

$$A^+_{(f)} + B_{(s)} \rightarrow A_{(f)} + B^+_{(s)} \tag{2.27}$$

ある原子の正イオンが同種の中性原子と衝突する場合は、衝突前後で、全運動エネルギーと運動量は変化しない．この衝突は共鳴的衝突とよばれ、異種イオン・原子間よりも衝突断面積が大きい．例として $H^+ + H \rightarrow H + H^+$ の荷電交換の衝突断面積の H^+ のエネルギーに対する依存性を図 2.13 に示す．荷電交換断面積は、イオンのエネルギーが 10^4 eV 程度まではあまり大きく変化しないが、それ以上のエネルギーでは急激に低下する．

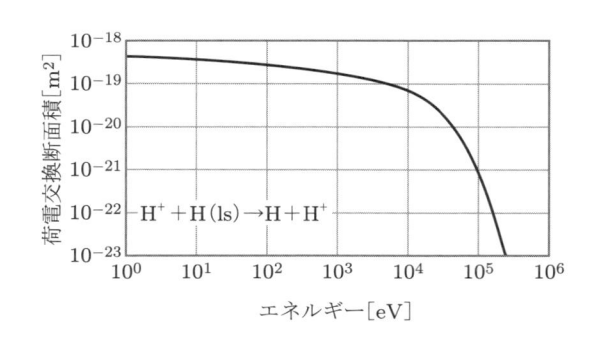

図 2.13　水素イオンと水素原子の荷電交換衝突断面積のイオンエネルギー依存性[7]

2.3　原子の電子状態と分光記号

◆ **エネルギー準位**　これまでも原子の電子励起状態やその遷移による光放射について述べたが、ここで原子の電子状態について整理しておく．図 2.14 は水素原子（H）の電子励起準位を示したもので、主量子数 $n = 1, 2, 3, \ldots$ に対応してそのエネルギー値 E を縦軸に与えている．また、上準位から下準位への遷移による発光の系列名も示されており、エネルギー差 ΔE を読めばその発光の振動数 $\nu = \Delta E/h$ や波長 $\lambda = c/\nu$

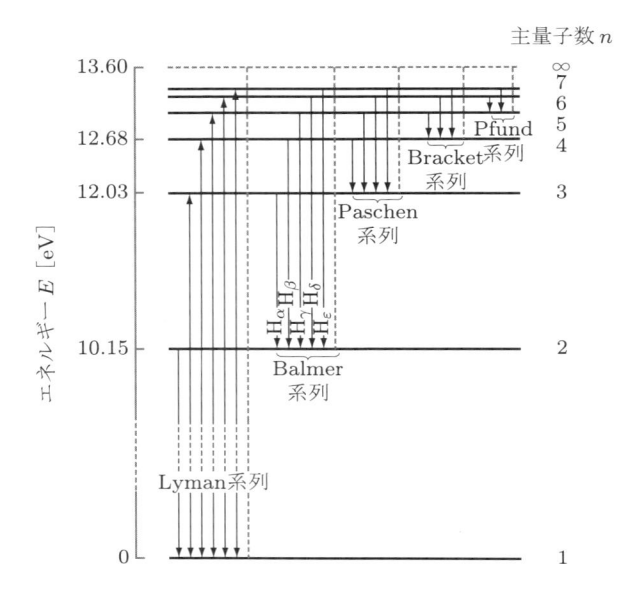

図 2.14 水素原子のエネルギー準位図

が定まる．一般的に，

$$\frac{1}{\lambda} = R\left(\frac{1}{n_1} - \frac{1}{n_2}\right) \tag{2.28}$$

が成り立ち，たとえばライマン (Lyman) 系列では $n_1 = 1$, $n_2 = 2, 3, 4, \ldots$ である．ここで R はリュードベリ (Rydberg) 定数である．

◆ **量子数**　原子核を周回する電子の状態は，エネルギーに対応する主量子数 n，軌道角運動量に対応する方位量子数 l，および電子の自転に基く角運動量に対応するスピン量子数 s によって規定される．ここで，$n = 1, 2, 3, \ldots$，$0 < l + 1 \leq n$，$s = \pm 1/2$ である．l については，$l = 0, 1, 2, 3$ の場合をそれぞれ s, p, d, f 状態とよぶ．l 状態の基準方向の角運動量 m_l は $l, l-1, \ldots, -l+1, -l$ の $2l+1$ 通りの値をとることができる[9]．したがって，ある n についての l, m_l, s の組み合わせの場合の数は $2\sum_{l=0}^{n-1}(2l+1)$ であるから，同じエネルギーをもつ $2n^2$ 通りの電子状態が存在することになる．パウリ (Pauli) の排他律により，ある一つの電子状態に2個以上の電子が入

---

[9] 物理量としての角運動量は $m_l h/2\pi$ である．特に誤解は生じないので，簡単のために m_l を角運動量とよぶ．m_l を磁気量子数と定義する教科書もある．

2.3 原子の電子状態と分光記号

表 2.2 電子状態

殻名		K	L			M							
量子数	n	1	2			3							
	l	0	0	1		0	1			2			
	m_l	0	0	−1	0	1	0	−1	0	1	−2	−1	0	1	2
	s	↑↓	↑↓	↑↓	↑↓	↑↓	↑↓	↑↓	↑↓	↑↓	↑↓	↑↓	↑↓	↑↓	↑↓
軌道名		1s	2s	2p			3s	3p			3d				

ることは許されない．これらを表で示すと $n = 1, 2, 3$ の場合は**表 2.2** のようになる．

電子の全角運動量は m_l とスピン角運動量 m_s の和である[10]．たとえば，p 状態のとき，全角運動量がとることのできる値は，1, 0, −1 と 1/2, −1/2 との組み合わせであり，3/2, 1/2, 1/2, −1/2, −1/2, −3/2 の 6 通りである．全角運動量を m_j とすると，それは m_l と同じく，$j, j − 1, \ldots, −j$ のようになるべきであるので，今の場合，$j = 3/2$ と $j = 1/2$ の 2 通りとなる．

◆ **原子状態と分光記号**　一般の原子は最外殻に複数の原子が存在する．電子が 2 個以上あるときは，スピン角運動量どうし，軌道角運動量どうしの相互作用が強く，スピン-軌道角運動量間の相互作用は弱い．したがって，角運動量を合成する場合，まず s と l をそれぞれ別に結合して S と L をつくり，その後両者を結合して $J = L + S$ をつくる．すなわち，最外殻のすべての電子の m_s を加え合わせた全 m_s が，$S, S − 1, \ldots, −S + 1, −S$ のようになるならば，その原子の合成スピン量子数は S である．同様に，すべての電子の m_l を加え合わせた全 m_l が，$L, L − 1, \ldots, −L + 1, −L$ のようになるとき，その原子の合成方位量子数は L である．$L = 0, 1, 2, 3$ に対応して S, P, D, F の記号を用いる[11]．

結合のさせ方を詳しく説明しよう．たとえば，どちらも p 状態にある 2 個の電子の場合，とりうる状態を示すと**図 2.15** のようになる．ここで一つの矢印が 1 個の電子を表し，矢印の向きがスピンの向きとする．個々の電子の m_s は 1/2 と −1/2 を取り得るので，それらの和である全 m_s は，0, 1, −1, 0 の 4 通りとなる．したがって，全 m_s が −1, 0, 1 に対応する $S = 1$ と，全 m_s が 0 に対応する $S = 0$ の 2 通りが得られる．前者は三つの準位にわかれることから 3 重項，後者を 1 重項とよぶ．一般には $(2S + 1)$ 重項となり，これを多重度という．次に，全 m_l は**図 2.15** より，$S = 1$ の場合は全 $m_l = 1, 0, −1$ であり，$S = 0$ の場合は全 $m_l = 2, 1, 0, −1, −2$ のもの

---

[10] 本来のスピン角運動量は $m_l h/2\pi$ である．
[11] s, p, d, f の小文字は電子が 1 個の場合に使う．

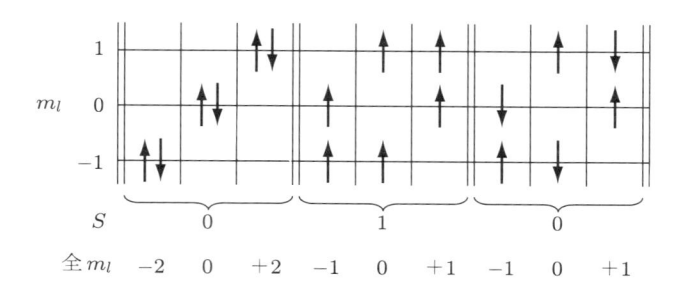

と全 $m_l = 0$ のものがある．

結局，$S = 1$，$L = 1$ と，$S = 0$，$L = 2$ と，$S = 0$，$L = 0$ の3通りが得られたことになり，これらを ^{2S+1}L の形式で書いて，それぞれ ^{3}P，^{1}D，^{1}S 状態とよぶ．これが原子状態を表す分光記号である．主量子数 n と J の値をつけて $n\,^{2S+1}L_J$ の形に書くこともある．基底状態の H は，$1\,^2$S，炭素（C）は $2\,^3$P，Ar は $3\,^1$S と表される[12]．

◆ **励起状態の例** ここで例としてナトリウム（Na）を考えてみよう．Na 原子は電子を11個もち，2p 軌道までは電子がすべて詰まっており，最外殻の 3s 軌道には1個の電子が存在する．この基底状態は $L = l = 0$，$S = 1/2$ であるから分光記号では $3\,^2S_{1/2}$ と書く．Na のもっともエネルギーの低い励起状態は 3s 軌道の電子が 3p 軌道に移った場合である．このとき，$L = l = 1$，$S = 1/2$ なので $3\,^2P_{3/2}$ と $3\,^2P_{1/2}$ の2通りの状態があることになる．Na からの発光を分光器を使って調べると 600 nm 付近に2本の線スペクトルが接近して観測される．これが図 **2.16** に示すように，今述べた二つの励起準位から基底準位への遷移による発光である．

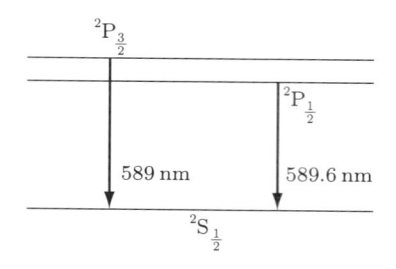

図 **2.16** 基底状態への遷移による発光

---

12) フント (Hund) の法則によりスピンは反平行より平行の方がエネルギーが低いことに注意．

◆ **遷移の選択則**　　励起準位からの遷移により発光することはすでに述べたが，ある電子状態から別の電子状態への光学的遷移について，以下の選択則がある．

$$\Delta J = 0, \pm 1, \quad \Delta l = \pm 1 \quad (\text{ただし，} J = 0 \to J = 0 \text{ は禁止})$$

軽い原子の場合は，さらに加えて，

$$\Delta L = 0, \pm 1, \quad \Delta S = 0 \quad (\text{ただし，} L = 0 \to L = 0 \text{ は禁止})$$

ここで Δ は二つの準位間の各量子数の差を表す．

ネオン (Ne) の場合，2p 軌道から 3s 軌道へ 1 個の電子が励起されると，$^3P_2$, $^3P_1$, $^3P_0$, ^1P の 4 通りの励起準位に入る．これら準位から基底準位 $^1S_0$ の遷移を吟味すると，$^3P_2 \to {}^1S_0$ は $\Delta J = 2$ となるので，選択則違反であり，$^3P_0 \to {}^1S_0$ も $J = 0 \to J = 0$ になるので選択則違反である．したがって，$^3P_2$, $^3P_0$ の二つの準位からは光放射による遷移はできない．実はこの二つは準安定状態である．

例題 2.6

H 原子について，(2.28) 式 $\dfrac{1}{\lambda} = R\left(\dfrac{1}{n_1^2} - \dfrac{1}{n_2^2}\right)$ を証明せよ．

解答

e の電荷をもつ原子核のまわりを $-e$ の電荷をもつ電子が旋回する単純な円形軌道を考える．原子核と電子の距離を r とすれば，

$$F = \frac{e^2}{4\pi\varepsilon_0 r^2}$$

の力が互いを引き寄せるように働く．一方，質量 m の電子が旋回することによって遠心力

$$F' = \frac{mv^2}{r}$$

が互いを引き離すように働く．これらの平衡条件より，

$$v^2 = \frac{e^2}{4\pi\varepsilon_0 mr} \tag{1}$$

となる．このとき，電子の運動エネルギーは，

$$W_k = \frac{1}{2}mv^2 = \frac{e^2}{8\pi\varepsilon_0 r}$$

となり，電子の位置エネルギーは，

$$W_p = -\int_r^\infty F\, dr = -\frac{e^2}{4\pi\varepsilon_0 r}$$

となる．したがって，全エネルギーは，

となる．軌道の安定条件として，運動量と軌道の長さの積が h の整数倍であるとすると，

$$W = W_k + W_p = -\frac{e^2}{8\pi\varepsilon_0 r}$$

$$mv \cdot 2\pi r = nh \quad \therefore \quad v = \frac{nh}{2\pi mr}$$

という関係式を得る．これを (1) 式に代入すると，

$$r = \frac{\varepsilon_0 n^2 h^2}{\pi m e^2}$$

となる．よって，n 番目の軌道の全エネルギーは，

$$W_n = -\frac{me^4}{8\varepsilon_0^2 n^2 h^2}$$

となる．これより，n_1 番目の軌道から n_2 番目の軌道へ移行するときのエネルギーの変化分は，

$$\Delta W = W_{n2} - W_{n1} = \frac{me^4}{8\varepsilon_0^2 h^2}\left(\frac{1}{n_1^2} - \frac{1}{n_2^2}\right)$$

である．最後に，$\Delta W = h\nu$，$\nu\lambda = c$ の関係を用いると，

$$\frac{1}{\lambda} = \frac{me^4}{8\varepsilon_0^2 ch^3}\left(\frac{1}{n_1^2} - \frac{1}{n_2^2}\right) = R\left(\frac{1}{n_1^2} - \frac{1}{n_2^2}\right)$$

を得る．

例題 2.7

C 原子の基底状態と最初の二つの励起状態の分光記号を示せ．

解答

C 原子の核外電子は 2p 軌道に 2 個であり，これは図 **2.15** に示されている．この場合の電子状態は ^{3}P, ^{1}D, ^{1}S 状態であった．このうちもっともエネルギーの低い状態は，電子のスピンが並行になる $S = 1$ の ^{3}P 状態で，これが基底準位である．したがって，他の二つ，^{1}D と ^{1}S が最初の二つの励起状態になる．

2.4 分子衝突

これまでは原子衝突を述べてきたが，電子と分子間の衝突においても同様の過程が生じる．ただし，状況は若干複雑になる．たとえば，2 原子分子は図 **2.17** に模式的に示すように，結合の方向に振動 (vibration) したり，対称軸の周りを回転 (rotation) したりすることができる．したがって，分子は内部エネルギー準位として，電子励起

(a) 振動　　　　(b) 回転

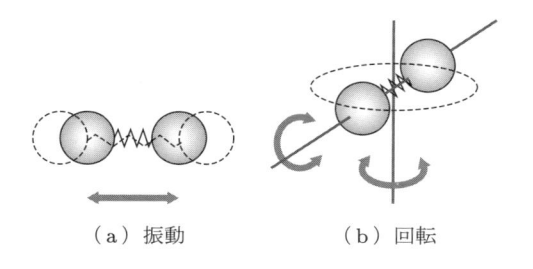

図 **2.17**　2 原子分子の振動と回転

準位に加え，振動励起準位，回転励起準位をもつ．これらのエネルギーは，それぞれ，数 eV，0.5 eV 以下，$10^{-2} \sim 10^{-3}$ eV である．これらのエネルギーはいずれも量子化されており，とびとびの値をとる．

A，B を原子または分子として，次のような反応がある．

励起　　　　　　　$AB + e \rightarrow AB^* + e$

ここで励起状態は上記の 3 種類の準位の遷移があることはいうまでもない．

（直接）電離　　　$AB + e \rightarrow AB^+ + 2e$

解離　　　　　　　$AB + e \rightarrow A + B + e$

分子特有の過程として，電子衝突により分子が複数の分子・原子にわかれる解離 (dissociation) 過程が生じる．

解離（性）電離　　$AB + e \rightarrow A^+ + B + 2e$

解離（性）再結合　$AB^+ + e \rightarrow A + B^*$

原子の場合は 2 体間では生じにくい再結合が，分子の場合ではおきやすい．

解離（性）付着　　$AB + e \rightarrow A + B^-$

◆ **分子のエネルギー準位**　　2 原子分子のエネルギー状態は，原子核どうしの距離 R の関数として図 **2.18** のように表される．

曲線 G は分子の基底状態の場合であり，$R = R_0$ のとき最低のエネルギー状態をとり，R がそれよりも大きくても小さくてもエネルギーは増大する．二つの原子はバネでつながれたおもりのように，量子化された振動励起準位 $v = 0, 1, 2, \ldots$ に対応してある範囲の原子核間距離の間を振動している．このポテンシャルエネルギー曲線の谷の部分では，二つの原子は安定な分子を形成している．図には示していないが，各振動準位に付随して多くの回転準位が存在する．この分子が外部から熱エネルギーを得て，振動準位が増大していき，その振動の最大振幅が曲線の右端の水平部分に達すると，それは $R \to \infty$ を意味することになり二つの原子は離れ離れになる．これがすな

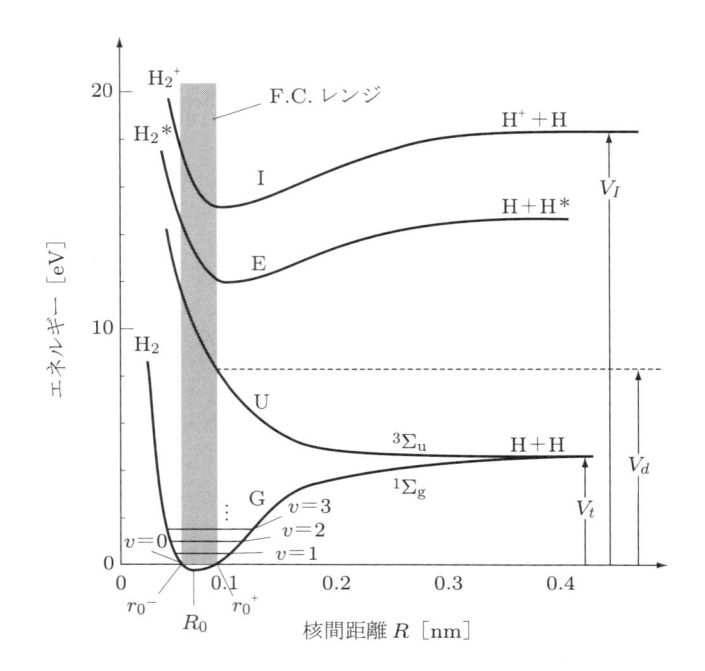

図 2.18 分子のポテンシャルエネルギー曲線の例 (H_2 の場合)

わち熱解離であり，V_t の熱エネルギーを与えることにより生じる．他の曲線 E と I は，それぞれ，励起状態の分子と分子イオンに対応するものであり，エネルギーが高いという違いがある以外は曲線 G と同様である．一方，曲線 U はどの R でもエネルギーが原子どうしが離れ離れのときのエネルギーより高い状態になっている．この状態に何らかの方法で励起された分子は直ちに解離する．

分子の分光記号は，原子の場合と同様に，スピンと軌道角運動量をそれぞれ合成した値により記述する．分子のスピンは原子のスピンのままであり，そのまま合成して 1 重項，2 重項，3 重項，… の状態をとる．全軌道角運動量は，分子軸方向の各原子の全軌道角運動量を合成した値が使われ，0，1，2，… の値に対応して Σ，Π，Δ，… 状態とよぶ．多重度は左肩につけた添え字で表す．たとえば，^2S 状態と ^2P 状態にある原子によって形成された分子の場合，$^1\Sigma$，$^1\Pi$，$^3\Sigma$，$^3\Pi$ の状態がある．

◆ **分子軌道** 分子の電子軌道はそれを構成する各原子の電子波動関数（原子軌道関数）の線形結合で表されると考えてよい．たとえば，H 原子の 1s 軌道は，球座標を用いて，

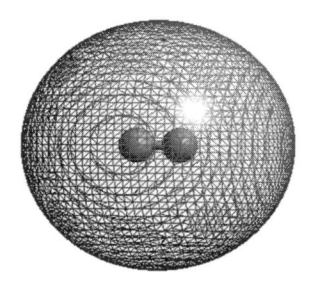

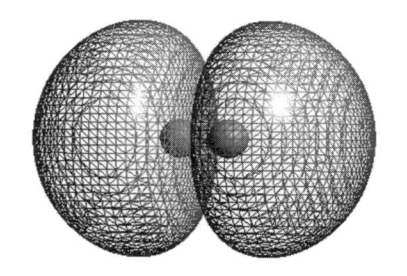

(a) 結合性軌道　　　　　(b) 反結合性軌道

図 2.19　水素分子の軌道関数

$$\phi_{1s} = \frac{1}{\sqrt{\pi}} a_0^{-\frac{3}{2}} \exp\left(-\frac{r}{a_0}\right) \tag{2.29}$$

である．ここで，r は動径座標，a_0 はボーア (Bohr) 半径である．この原子 2 個が水素分子を形成した場合，その軌道関数は，

$$\psi = C_1 \phi_{A1s} + C_2 \phi_{B1s} \tag{2.30}$$

となる．ここで，対称性により $C_1 = \pm C_2$ となることが要請されるので，分子の軌道関数は原子軌道関数が同位相と逆位相で重なったものの 2 種類になる．これらは，それぞれ，(a) 結合性軌道，(b) 反結合性軌道とよばれ，その軌道関数は図 2.19 に示すようになる．(a) はエネルギー準位が低く，その軌道に電子が 2 個入ったものは，図 2.8 の曲線 G に対応する $^1\Sigma_g$ 状態である．一方，(b) では中央付近の電子密度が低くなり，原子核どうしを結合することができないので安定な分子が形成されにくい．実際，(a) および (b) に電子が 1 個ずつ入った $^3\Sigma_u$ 状態は，図 2.18 の曲線 U に対応し，安定な分子にはなりえず解離してしまう．ここで，状態を表す記号の右下付き添え字 g と u は分子軸の中心に関する反転対称性を表し，それぞれ対称と反対称を意味する．今は 1s 軌道どうしの結合を考えたが，他にも多くの結合があり得るわけである．

図 2.18 のポテンシャルエネルギー曲線を使って，電子の分子への衝突を考えよう．原子核の振動は電子のエネルギー状態の遷移に比べてきわめて遅いので，電子の状態遷移の間に R は変化しない，と考えられる．これをフランク-コンドン (Frank-Condon) の原理とよぶ．基底状態 (曲線 G の $v=0$ 状態) の分子に電子が衝突し，その運動エネルギー (の一部) を分子に与えると，r_0^- から r_0^+ の R の範囲内で立てた垂線が他のポテンシャルエネルギー曲線と交わる点に励起され得る．すぐわかるように，励起は曲線 E へ，イオン化は曲線 I へ励起された場合であり，それに必要なエネルギーは

$r_0{}^-$ から $r_0{}^+$ のどの点からの励起かにより多少異なる．その範囲を示すのが，図 **2.18** 中の F. C. (Frank-Condon) レンジである．二つの原子への解離は，曲線 U に励起された場合であり，それに必要な最小のエネルギーは図に示された V_d である．もし，曲線 I への励起が V_I 以上のエネルギーの点になると，曲線 I に沿って $R \to \infty$ へいき，解離（性）電離となる．

例題 2.8

水素分子が電子衝突により解離した場合，2個の水素原子はそれぞれ何 eV の運動エネルギーをもつか．

解答

電子衝突によって $H_2 \to H + H$ と解離するには 8.8 eV のエネルギー，熱的に解離するには 4.5 eV のエネルギー（結合エネルギー）が必要である．この差のエネルギーの半分を解離した水素原子がそれぞれもらうので $(8.8 - 4.5)/2 = 2.15$ eV の運動エネルギーをもつことになる．

2.5 速度分布に関する平均

図 **2.20** にアルゴンの弾性衝突（運動量移行衝突），励起衝突，電離衝突の衝突断面積の電子エネルギー依存性が示されている．

プラズマ中で個々の電子はさまざまなエネルギーをもつので，(2.16) 式の衝突周波数を求めるためには分布関数を用いて平均をとらなければならない．温度 T_e の Maxwell

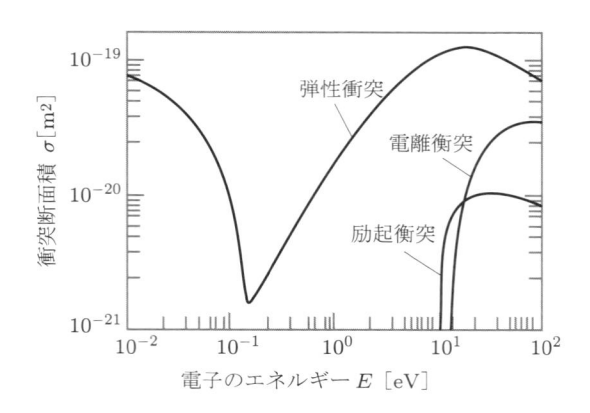

図 **2.20** アルゴンの衝突断面積

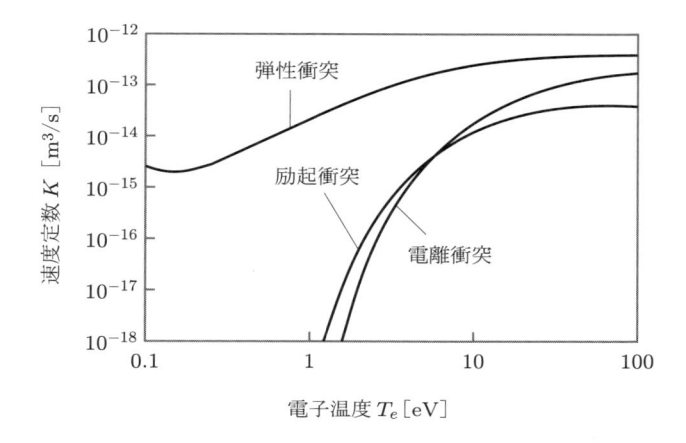

図 2.21　アルゴンの速度定数

分布の場合は，(2.7) 式より，

$$\begin{aligned}
\nu_j &= n_N \overline{\sigma_j v} \\
&= n_N \int_0^\infty \sigma_j(v) v \hat{F}_e(v)\, dv \\
&= n_N \int_0^\infty \sigma_j(v) v \left(\frac{m_e}{2\pi k_B T_e}\right)^{\frac{3}{2}} \exp\left(-\frac{m_e}{2 k_B T_e} v^2\right) 4\pi v^2\, dv \\
&= \frac{4}{\sqrt{2\pi m_e}} n_N \frac{1}{(k_B T_e)^{\frac{3}{2}}} \int_0^\infty \sigma_j(E) E \exp\left(-\frac{E}{k_B T_e}\right) dE
\end{aligned} \quad (2.31)$$

となる．ここで，σ_j は j 種の衝突に対する衝突断面積，n_N は中性粒子の密度，k_B は Boltzmann 定数，$\sigma_j(E)$ は σ_j を電子の運動エネルギー $E = mv^2/2$ の関数として表したものである（すなわち図 2.20）．$K \equiv \overline{\sigma_j v}$ は速度定数 (rate constant) とよばれる．速度定数は電子温度の関数であり，図 2.21 にアルゴンの場合についての速度定数を示す．

2.6　クーロン衝突

　これまでは主として弱電離プラズマでの電子と中性粒子との衝突を取り扱ってきたが，ここでは強電離プラズマで重要な荷電粒子間の衝突について簡単に考察する．図 2.22 のように，$+Ze$ の電荷をもつイオンに電子が速さ v で接近し，角度 χ だけ散乱されて飛び去ったとする．

　図において，r_0 を衝突パラメータという．電子とイオンとの間に働く Coulomb 力

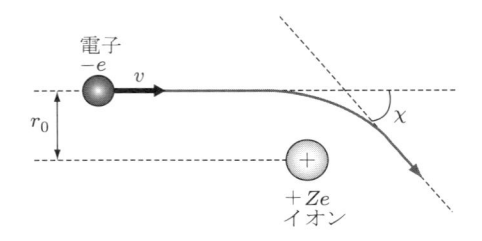

図 2.22 クーロン衝突のモデル

F は，両者が接近している間の時間間隔 $T \sim r_0/v$ だけ働くと考えると，電子の運動量変化は，

$$\Delta(m_e v) = FT \sim \frac{1}{4\pi\varepsilon_0}\frac{Ze^2}{r_0 v}$$

と見積もられる．大角散乱[13]では $\Delta(m_e v) \sim m_e v$ なので，これを上式に代入して r_0 を求めることができる．衝突断面積は，

$$\sigma = \pi r_0^2 = \frac{1}{(4\pi\varepsilon_0)^2}\frac{\pi e^4 Z^2}{m_e^2 v^4} \tag{2.32}$$

となり，v の代表的な値として，熱速度のオーダーの値 $v^2 = k_B T_e/m_e$ を用いると，衝突周波数は，

$$\nu_{ei} = n\sigma v = \frac{Z^2 e^4 n}{16\pi\varepsilon_0^2\sqrt{m_e}}(k_B T_e)^{-\frac{3}{2}} \tag{2.33}$$

と表すことができる．添え字 ei は電子とイオンの衝突であることを示す．ここで，T_e は電子温度，n はプラズマ密度である．より厳密な計算によると (2.33) 式には $\ln\Lambda$ がかかるが[14]，その値は通常のプラズマで 10～15 であり，プラズマパラメータが変わってもあまり変化しない．この式によると，ν_{ei} は電子温度が増加すると減少する．これは，弱電離プラズマにおける (2.16) 式と (2.17) 式；$\nu_m \simeq \frac{1}{4}\pi D^2 N\sqrt{\frac{k_B T_e}{m_e}}$ との著しい違いである．

---

[13] 図 2.22 において $\chi \simeq \pi/2$ になるような場合をいう．
[14] $\ln\Lambda$ は Coulomb 対数とよばれ，$\Lambda = \frac{4\pi}{3}\lambda_D^3 n$ である．第 5 章例題 5.7 参照．

演習問題 2

1 ある単位面積を単位時間に通過する粒子のエネルギーフラックスが $2k_B T \cdot \dfrac{1}{4} n \bar{v}$ で与えられることを示せ．ただし，粒子は温度 T の Maxwell 分布とする．

2 圧力 $0.2\,\mathrm{Pa}$ の Ar ガスの中での，電子の平均自由行程を求めよ．Ar 原子の直径は $0.15\,\mathrm{nm}$ とせよ．また，電子が $10\,\mathrm{eV}$ のエネルギーをもつとすると，衝突周波数はいくらか．

3 光による電離について説明せよ．

4 Ramsauer 効果 (2.2.2 項) とはなにか．

第3章 放電の開始と定常状態

　気体中の遇存電子が電界によって加速され，中性粒子との衝突により電離増殖し，ついには気体がプラズマ化して放電が持続されるようになることを放電の開始とよぶ．その後プラズマは自律的に分布を調整し，放電にもっとも都合のよい定常状態に落ち着く．ここでは，放電の開始に関する理論と，放電のさまざまな定常状態について考える．また，電源の周波数の違いによる放電の特徴についても述べる．

3.1 直流放電

3.1.1 α, γ 作用と放電開始

　直流電圧を電極間に印加し，電子を加速して気体を衝突電離させて荷電粒子を供給し，プラズマを生成する方式を直流放電 (dc discharge) という．図 **3.1** のように，細長いガラス管内に金属円板でできた陰極 (cathode) K と陽極 (anode) A を取り付け，電源を接続する．このような形状のものを放電管という．直列抵抗は，電流が大きくなりすぎたときに電極間電圧を下げる役目をする安定抵抗である．また，ガラス管の中の空気は減圧するか，空気を排気して別の気体を大気圧より低い圧力でつめておく．

　自然界には，太陽など宇宙からの紫外線や放射線，地球内の放射性同位元素からの放射線などが存在し，ガラス管内の電極や気体にも照射されている．そのため光電効

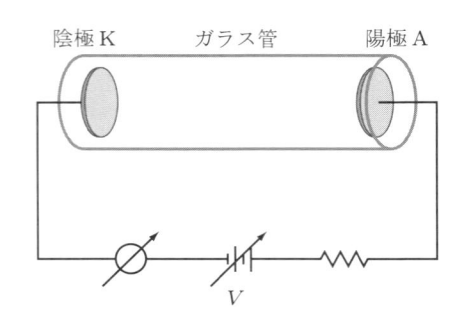

図 **3.1**　直流放電

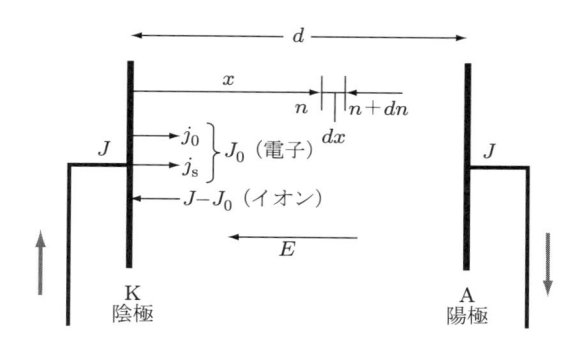

図 3.2 放電電極

果による電極表面からの電子放出や，放射線による気体原子・分子の電離により $1\,\mathrm{cm}^3$ あたり数 10 から数 100 個の電子やイオンが存在することになる．このような電子（遇存電子という）は，図 3.1 の電極間にかけられた陽極から陰極へ向かう電界により，右方向に力を受けて陽極に向かう．

今，簡単のため，紫外線を陰極に照射したと仮定し，遇存電子として陰極からの光電子のみを考える．図 3.2 は図 3.1 の説明図において，陰極 K と陽極 A を抜き出して描いたものである．左側の陰極から放出される電子密度を n_0，陰極より距離 x における電子密度を $n(x)$ とする．空間的に一様な電界 E が印加された気体中を 1 個の電子が単位長さ飛行する間の電離衝突数を α で定義し，これをタウンゼント (Townsend) の電離係数という．微小距離 dx 間での n の増分 dn は，定義により，

$$dn = \alpha n(x)\,dx$$

であり，これを積分して，

$$n = n_0 \mathrm{e}^{\alpha x}$$

を得る．すなわち，電子密度は距離とともに指数関数的に増倍することを意味し，これを α 作用とよぶ．また，電子の増加を電子なだれと表現することがある．電流密度 j は n に比例すると考えて，

$$j = j_0 \mathrm{e}^{\alpha x} \tag{3.1}$$

と書ける．j_0 は陰極からの初期電流密度である．j が n に比例するのは，電子が気体原子・分子と頻繁に衝突しながら進むため，その速度はほぼ一定と考えられるからである．

電離によって K–A 間で生成されたイオンは，電界によって加速されて陰極に入射

し，入射イオン数の γ 倍の電子を放出させる．これが γ 作用である．一般に，固体表面にイオンや電子が衝突したとき電子が放出される．これを 2 次電子放出とよび，γ 作用も 2 次電子放出の一形態である．γ 作用によって生じた電流密度を j_s とすると，この電子も陽極へと進みながら α 作用により増倍する．

$$J_0 = j_0 + j_s \tag{3.2}$$

とすると，陰極から距離 d にある陽極に達した時の電流密度 J は，(3.1) 式において j を J に，j_0 を J_0 に置き換えて，

$$J = J_0 \mathrm{e}^{\alpha d} \tag{3.3}$$

となる．これに電極面積をかけたものが外部回路を流れる電流になる．陰極において外部回路から流入する電子電流密度が J，陰極から流れ出す電子電流密度は J_0 であるので，電流の連続条件から，陰極に入射するイオン電流密度の大きさは $J - J_0$ であり

$$j_s = (J - J_0)\gamma \tag{3.4}$$

が成り立つ．(3.3) 式を (3.4) 式に代入すると

$$j_s = J_0(\mathrm{e}^{\alpha d} - 1)\gamma$$

となり，これと (3.2) 式から j_s を消去して，

$$J = \frac{j_0 \mathrm{e}^{\alpha d}}{1 - \gamma(\mathrm{e}^{\alpha d} - 1)} \tag{3.5}$$

が得られる．この式によると，分母が 0 のときは初期電流密度 j_0 によらず大きな電流が流れることになり，これは直流放電の開始を意味する．したがって，

$$\gamma(\mathrm{e}^{\alpha d} - 1) = 1 \tag{3.6}$$

が持続放電の開始条件あるいは絶縁破壊の条件である．これは Townsend の放電開始条件または火花条件ともいう．

例題 3.1

α 作用，γ 作用により，陽極に達する電子電流は，

$$J = j_0 \mathrm{e}^{\alpha d} + \eta j_0 \mathrm{e}^{\alpha d} + \eta^2 j_0 \mathrm{e}^{\alpha d} + \cdots$$

とも表されることを説明し，η を表す式を書け．また，右辺の無限級数の和の値を求めよ．

解答

電極間の距離を d とし，紫外線照射により陰極から出る光電子電流を j_0 とする．この初

期電子がタネとなり，α 作用によって指数関数的に電子が増えて陽極に達すると，その電流は $j_0 e^{\alpha d}$ になる．このときの電子電流の増加分は $j_0 e^{\alpha d} - j_0$ で，これが電離で発生したイオンの量に対応する．

このイオンは，電界によって陰極側へ加速され，陰極に衝突すると γ 作用によって $\gamma(j_0 e^{\alpha d} - j_0)$ の 2 次電子電流を放出する．これが第二世代の電離増殖のタネとなり初期電子と同様に α 作用を経て陽極に達したとき電子電流は $\eta j_0 e^{\alpha d}$ に増える．ここで，

$$\eta = \gamma \left(e^{\alpha d} - 1 \right)$$

である．このとき同時に増えたイオンが再び γ 作用で第三世代の電離増殖のタネをつくる．このようにして第四世代，第五世代と無限に増殖を行うと考える．その結果，最終的に陽極に達する電子電流をすべて加え合わせると，無限等比級数の和の形となり

$$J = j_0 e^{\alpha d} + \eta j_0 e^{\alpha d} + \eta^2 j_0 e^{\alpha d} + \cdots = \frac{j_0 e^{\alpha d}}{1 - \eta}$$

$$\left(ただし，\eta = \gamma \left(e^{\alpha d} - 1 \right) < 1 \right)$$

となる．これは (3.5) 式と一致する．

3.1.2 パッシェンの法則

圧力 p の気体における Townsend の電離係数 α は，

$$\frac{\alpha}{p} = A \exp\left(-B \frac{p}{E}\right) \tag{3.7}$$

と書けることが Townsend により示された（演習問題 3**1**）．E は電極間の一様な電界，A と B は気体の種類によって決まる定数である．(3.7) 式の概略をグラフに示すと図 3.3 のようになり，E/p が小さいところで α/p は大きく変化し，E/p が大きく

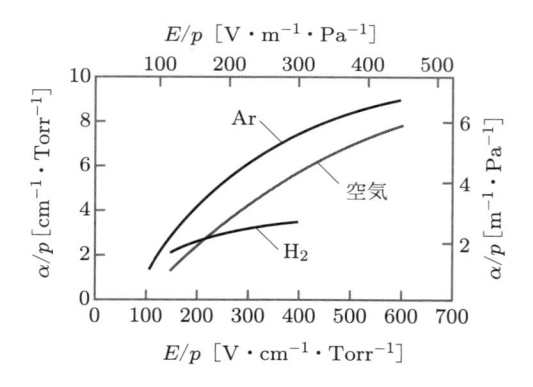

図 3.3 電離係数

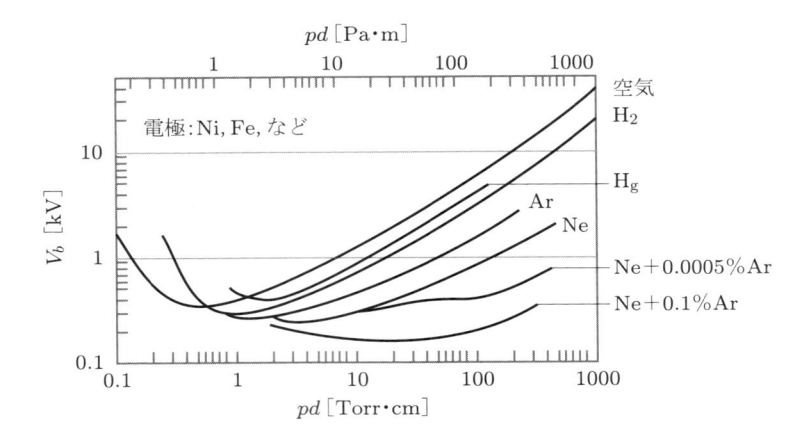

図 3.4　各種気体における Paschen 曲線

なると α/p は飽和する傾向にある．これを (3.6) 式の $\alpha d = \ln(1 + 1/\gamma)$ とともに用いれば，

$$V_b = Ed = \frac{Bpd}{\ln(Apd) - \ln\left\{\ln\left(1 + \frac{1}{\gamma}\right)\right\}} \tag{3.8}$$

となる．V_b は絶縁破壊電圧あるいは放電開始電圧とよばれる．(3.8) 式の分母の 2 重対数の項は，大きく変化しないので，V_b は pd の関数として表されると考えてよい．V_b の pd に対するグラフは図 3.4 のように V 字型になり，最低の V_b を与える pd が存在する．これをパッシェン (Paschen) の法則という．pd が V_b の最小値を与える $(pd)_m$ から減少しても増大しても V_b は上昇するが，その理由は次のようである．つまり，pd が $(pd)_m$ から減少した場合で，p が小さくなるときは電子が気体粒子と衝突する頻度が少なくなり，電離衝突がおきにくく，電子が増倍しにくい．また，d が減少すると陽極での増倍した電子の数が少なくなる．それを補うため電子のエネルギーを増加させるように V_b が上昇する．pd が $(pd)_m$ から増大したとき，p が増大すると衝突周波数が増加し，衝突から次の衝突までに電子が電界から得るエネルギーが減少して電離確率が減る．また，d が大きくなると電界が減少し，やはり電離確率が減る．そのため，V_b が上昇する．

　図 3.4 において，各種の気体に対する Paschen 曲線が描かれているが，どの場合も V_b の最小値は数百 V である．Ne にわずかの Ar を混合した場合の曲線は Ne に対する曲線と比べて，V_b が低下している．これは，第 2 章で述べた Penning 効果によるものであり，V_b の低下をもたらしている．また，横軸は p と d の積になっており，た

とえば p を 2 倍にして d を半分にした場合の V_b はもとの値と同じであることになる．

例題 3.2

(3.7) 式において，E/p が $-\infty \sim +\infty$ まで変化するとき，α/p の変化の様子を表す概略図を描け．$A > 0$, $B > 0$ である．

解答

$g(x) \equiv \alpha/p$, $x \equiv E/p$ とすれば (3.7) 式は，

$$g(x) = A \exp\left(-\frac{B}{x}\right)$$

と書ける．無限遠における漸近値と特異点近傍における極限値を調べると

$$g(-\infty) = \lim_{x \to -\infty} A \exp\left(-\frac{B}{x}\right) = A$$

$$g(\infty) = \lim_{x \to \infty} A \exp\left(-\frac{B}{x}\right) = A$$

$$g(-0) = \lim_{x \to -0} A \exp\left(-\frac{B}{x}\right) = \infty$$

$$g(+0) = \lim_{x \to +0} A \exp\left(-\frac{B}{x}\right) = 0$$

となる．ただし，± 0 は 0 に $\pm$ 側から近づくという意味で用いた．したがって，α/p の変化の様子を表す概略図は図 3.5 のようになる．もちろん，物理的には $E < 0$ の領域は意味がない．

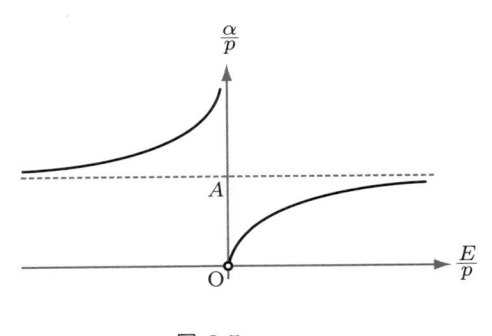

図 3.5

例題 3.3

(3.8) 式を導出せよ．

解答

Townsend の火花条件より，

$$\gamma\left(e^{\alpha d}-1\right)=1 \quad \therefore \quad \alpha=\frac{1}{d}\ln\left(1+\frac{1}{\gamma}\right)$$

となる．また，圧力 p の気体における電離係数の関係式より，

$$\frac{\alpha}{p}=A\exp\left(-\frac{Bp}{E}\right) \quad \therefore \quad E=-\frac{Bp}{\ln\dfrac{\alpha}{Ap}}$$

となる．これらを用いると絶縁破壊電圧 V_b は，

$$V_b=Ed=\frac{Bpd}{\ln Apd-\ln(\ln(1+1/\gamma))}$$

となる．

例題 3.4

(3.8) 式において，$V_b=y$，$pd=x$ とおいて x-y 平面上に，グラフの概略を示せ．さらに，$y\,(>0)$ の最小値とそれを与える x の値を求めよ．

解答

(3.8) 式は，

$$y=B\frac{x}{\ln x+K_0}$$

ただし，

$$K_0=\ln A-\ln\ln\left(1+\frac{1}{\gamma}\right)$$

となるので，グラフは図 3.6 のようになる．$y>0$ の領域が物理的に意味がある．y の最小値は $Be^{(1-K_0)}$，それを与える x の値 x_m は，$e^{(1-K_0)}$ である．

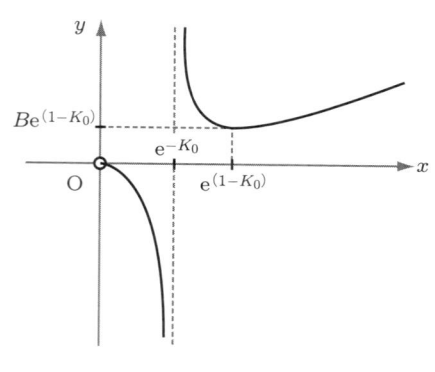

図 3.6

◆ **ストリーマ理論**　電極間距離 d が長く，気体の圧力が高い場合の放電開始条件は (3.6) 式とは異なる場合が多い．さらに，γ 作用が働くにはイオンが d 程度の距離を走行しなければならないから，電極間に電圧を印加してから放電開始までにイオン走行時間程度の遅れ時間があるはずである．しかし，ギャップ間にパルス電圧を印加して観測すると，この予想よりうんと短い遅れで放電がおきる．そのような放電開始機構を説明するためにミーク (J. Meek) らによりストリーマ (streamer) 理論が提唱された．

それによると，陰極を出た電子は図 **3.7**（a）のように電子なだれを形成しながら陽極に向かい，速度の遅いイオンはあとに取り残される．電子なだれが陽極に達すると，電子は陽極に流入し，あとには図（b）のようにイオンの柱が残る．陽極付近ではイオン密度が高いので，その空間電荷により強い電界が生じ，付近の電子を引き込み，小さな電子なだれをつくり出す．電子なだれによる高密度の電子はイオン柱に流入し（c）に示すようにプラズマ状の放電路，すなわちストリーマを形成する．このストリーマが陰極へ向かい直ちに電極間を橋絡 (bridge-over) して全路破壊となる．

以上の過程ではイオンが走行して γ 作用を起こす必要がないから，電圧印加後ごく短時間で放電開始となる．

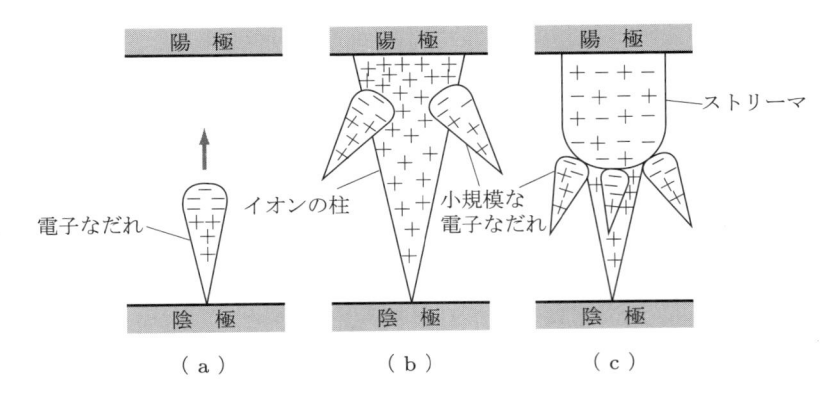

図 **3.7**　ストリーマの発生

3.1.3　グロー放電とアーク放電

上記の (3.6) 式で示される放電開始時は，電極間に荷電粒子はまだ少なく電位分布は電極間で図 **3.8**（a）のように直線的になっているが，放電開始後電流が増えてゆくと，荷電粒子が増大して空間電荷を形成し，陽極近傍の電界を遮へいするようにな

る．このようにして陽極からプラズマが伸び，電界は陰極付近のシース領域[1]にのみに存在するようになってグロー放電 (glow discharge) とよばれる状態に移行する．

この変化の様子を図（b）に示す．このとき，Townsend の火花条件 (3.6) 式を拡張した，

$$\exp\left[\int_0^s \alpha(x)\,dx\right] = 1 + \frac{1}{\gamma} \tag{3.9}$$

が成り立っている．ここで，s はシース領域の厚さである．

放電開始時の電極間の電圧は，図 3.8（a）の陽極の電圧であり，これを放電開始電圧という．放電開始後の定常状態における電極間の電圧は，図 3.8（b）の陽極の電圧であり，これを放電維持電圧という．これは一般的に放電開始電圧よりも低い．

グロー放電を陰極側より陽極側へと眺めると，図 3.9（a）のように，陰極側に上述のシース領域（図では，Aston 暗部，陰極グロー，陰極暗部の領域）を含む陰極降下部があり，続いて負グロー，Faraday 暗部がある．陽極側には陽光柱が形成されている．図 3.9（b）は電界 E，（c）は電位 V を示したものである．（c）の電位のグラフはすでに示された図 3.8 の（b）のようになっており，シース領域で放電の主要な役割が果たされているので，陽光柱では空間電荷電界はほとんどなく，プラズマ状態になっている．ただし，拡散で容器壁に失われる荷電粒子を補うために電離がおこる必要があるため，図 3.9（b）に示されるように僅かな電界は存在し，励起による発光が見られる．図 3.9（d）はイオンと電子の電荷密度，ρ_i および ρ_e を表したもので

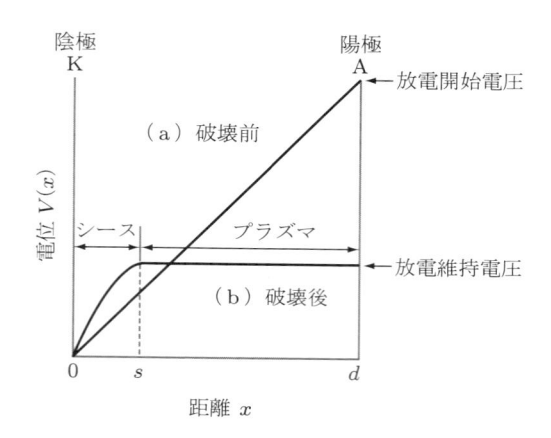

図 3.8 電極間の電位分布

---

[1] プラズマ領域と固体壁との間の電界が強い部分を指す．5.6 節参照．

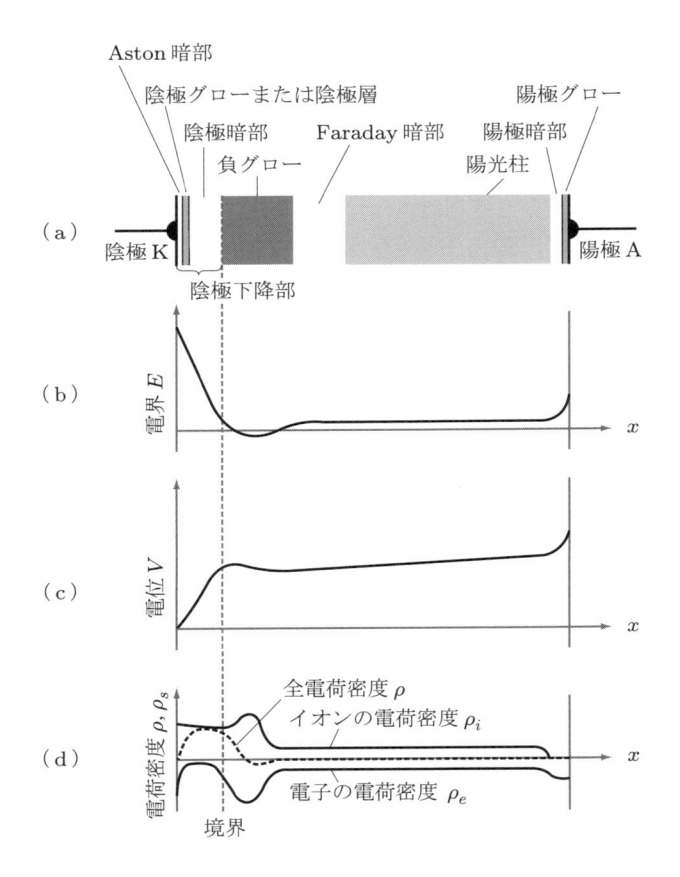

図 3.9 グロー放電の構造

ある．シースではイオンと電子の電荷密度の差 ρ により強い電界が形成されているが，陽光柱では，両者の電荷密度はほぼ等しくプラズマ状態であることに対応している．

さて，図 3.10 に，絶縁破壊から始まる放電管の電圧–電流特性を示す．放電管の電流を放電電流とよぶことがある．上で説明したグロー放電において，正常グロー放電とよばれる領域では電流によらず電圧はほぼ一定に保たれる．これは，陰極面の一部のみが電流を担っており，電流が増える場合は，陰極面の電流を流す面積範囲が増大していくことでまかなうためである．このとき電流密度は一定値を保つため，電圧が変化することはない．電流が増えていくと，陰極面全体が使われるようになり，それ以降は電圧が上昇する異常グロー放電とよばれる状態になる．

さらに放電電流を大きくすると，陰極がイオン衝突により加熱され熱電子を放出するようになり，低電圧大電流のアーク放電 (arc discharge) になる．アーク放電は，陰

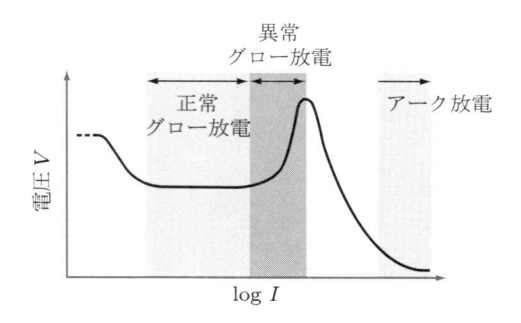

68 第3章 放電の開始と定常状態

図 3.10 電圧電流特性と放電形態

極温度が低い場合も起こり，これには電界放出が関与していると考えられる．

例題 3.5

図 3.9 において，陰極降下部は，陰極側から暗い─明るい─暗いの順番になっている．理由を説明せよ．

解答

K位置から右へいくほど電子のエネルギーは高くなる．第2章の図 2.20 で，電子エネルギーが大きくなるとまず励起衝突が盛んになり発光する．このため左端は暗いが右に進むと明るくなる．電子エネルギーがさらに増加すると励起衝突断面積が小さくなるとともに，今度は電離衝突断面積が増加し発光は減るが，電子とイオンの生成が盛んに行われるようになる．

Plasma Gallery　グロー放電

3.1.1 項で述べた気体の放電開始理論を確立した Townsend は，1895 年にケンブリッジ大学キャベンディッシュ研究所に入学している．同期の学生にはラザフォード (Rutherford) がおり，指導教授は後にノーベル賞を受賞するトムソン (Thomson) であった．Rutherford は気体に X 線を当てて電離現象を研究し，大気中で平板電極に電圧を印加したときの電流の変化を説明した．Rutherford がカナダへ離れたあと（1908 年ノーベル賞受賞），Townsend は Rutherford の手法を受け継ぎながら，しかし大気圧よりかなり低い圧力で，気体の電離現象を調べた．そして電圧を上げてゆくと電流が急増する放電開始の理論を打ち立てたのである．

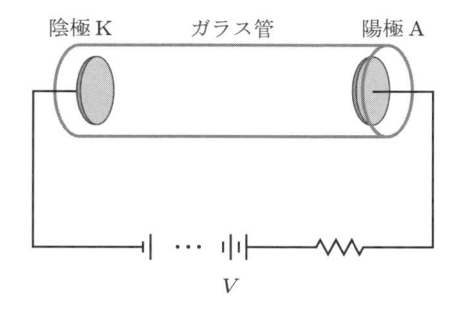

図 A　放電管

　図 A に示された，図 3.1 と同様な放電管に，ある圧力の空気を詰め，陰極（K）-陽極（A）間に直流高電圧を印加して放電させたときの写真を図 B，図 Cに示す．放電管は直径 30 mm，長さ 120 mm のガラス管，内部の電極は直径 20 mm の金属円板である．図 B は，空気圧力が約 7×10^3 Pa の場合で，筋状の放電が見える．これは，ストリーマから全路破壊にいたったものと考えられる．実はこの放電は安定ではなく，絶えずその道筋が変化しており，写真ではいくつもの放電路が多重露光されて写っている．

図 B　7×10^3 Pa における放電[8]（著者ら撮影）

　空気の圧力をもっと下げて約 300 Pa にすると，図 Cに示すように安定な正常グロー放電が見られる．陰極側には陰極グローと負グローが明るく光り（両者は電極面での光の反射などによって写真では区別できない．），陽極側から長い陽光柱が伸びているのがわかる．図 3.9 と比較してほしい．

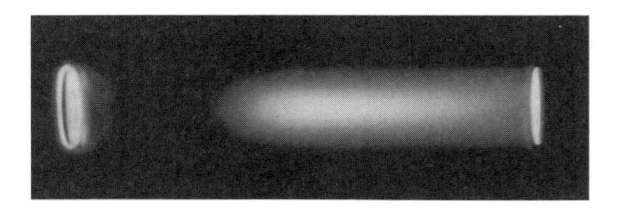

図 C　300 Pa における放電[8]（著者ら撮影）

3.1.4 不平等電界とコロナ放電

これまでは，図 3.11（a）のように電極間に一様な電界がかかる平等電界の場合の放電であったが，（b）のような不平等電界の場合はどのようになるであろうか．図のように電気力線が集中している針状電極の先端では電界が大変強くなるので，まずここで局所的に絶縁破壊がおこり断続的に不規則な発光を繰り返す．電界の弱い部分では発光は見られない．このような放電形態をコロナ放電 (corona discharge) とよぶ．電圧の極性や，直流，交流，高周波などの周波数の違いによりさまざまな発光の様相を示す．コロナ放電の状態からさらに電圧を上げると，全路が絶縁破壊され火花放電に移行する．コロナ放電は送電線に発生する場合があり，電力損失や高周波雑音の原因となる．

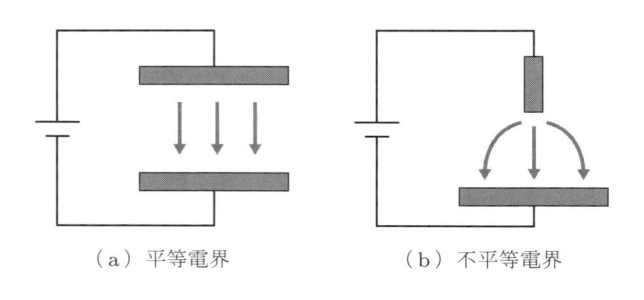

（a）平等電界　　　　　（b）不平等電界

図 3.11　電極間の電界

3.2　高周波・マイクロ波放電

3.2.1　放電の開始

図 3.1 において，電源を高周波あるいはマイクロ波電源に変えた場合を考える．気体圧力が数 Pa 以上の場合，周波数が低いうちは，半サイクルごとに陰極，陽極が入れ替わるだけで，直流放電と同じ機構により放電が開始されると考えてよい．周波数が高くなると，質量の大きいイオンが電界に追従できなくなり一部は電極間に捕捉され空間電荷を形成するようになる．この結果，α 作用，γ 作用が強められ，放電開始電圧は直流の場合より低下する．さらに周波数が上がると，イオンはほとんど動かなくなり γ 作用が働かなくなる．一方，図 3.12 のように電子も捕捉されるようになるため，電離衝突の機会が増え，放電開始電圧は一層低下する．このような場合の放電開

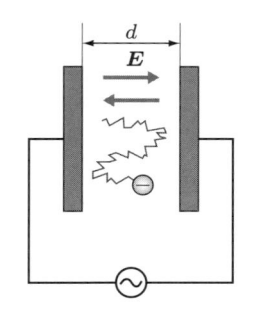

図 3.12　高周波放電

始は，電子の衝突電離による電子数の増加が容器壁への電子の拡散による損失に等しい時に起こる．ただし，再結合や付着過程は考えていない．

　圧力が真空から 0.1 Pa 位までの低圧力領域では，電界 $\boldsymbol{E}$ に加速された電子が容器壁と衝突し 2 次電子を放出することが本質的役割を果たす．すなわち，一方の電極から振動電界のある位相で出発した電子が加速されて，その半周期またはその奇数倍の時間に対向電極に達した時，電極表面で 2 次電子放出がおきる程十分なエネルギーをもっていれば，電子数は増えかつ電界により加速される．これを繰り返すことにより電子数は増大してゆく．これをマルチパクター効果とよぶ．この効果により，増大した電子が電離衝突を繰り返し，放電にいたる．マイクロ波を用いる場合は通常は無電極であるから，容器壁などが 2 次電子放出源となる．また，磁場が存在する場合は，電子軌道に対する磁場の効果を考慮しなければならない．

3.2.2　電力吸収

　高周波・マイクロ波放電では，電界から電子へのエネルギー輸送過程についての理解が必要となる．無磁場の場合，角周波数 ω の高周波・マイクロ波電界 $E(t) = E_0 \cos\omega t$ の中におかれた質量 m_e の電子は，中性粒子との衝突を介して，電界からエネルギーを獲得して放電の形成に重要な働きをする．電子と中性粒子との弾性衝突周波数を ν_m とすると，電子の速度 v は，(1.19) 式に衝突による運動量変化の項を付け加え，$\boldsymbol{B} = 0$ とした式，

$$m_e \frac{dv}{dt} = -eE - m_e \nu_m v \tag{3.10}$$

を満たす．ただし，1 次元問題とした．

　無衝突の場合 ($\nu_m = 0$) に (3.10) 式を解けば，次式を得る．

$$v(t) = \frac{-eE_0}{m_e\omega}\sin\omega t \tag{3.11}$$

(3.11) 式より，電界による力と電子の速度は位相が 90° ずれており，加速と減速が打ち消しあい，時間平均すると電界から電子に入るパワーは 0 となる．

衝突がある場合を考えよう．複素数表示を導入して，

$$E(t) = E_0\,\text{Re}[e^{-i\omega t}], \qquad v(t) = \text{Re}[v_0 e^{-i\omega t}]$$

とおく．これらを (3.10) 式に代入し，v_0 について解くと，

$$v_0 = \frac{eE_0}{m_e(i\omega - \nu_m)} \tag{3.12}$$

となる．したがって，

$$v(t) = \frac{-eE_0}{m_e\sqrt{\omega^2 + \nu_m^2}}\sin(\omega t + \theta) \tag{3.13}$$

となる．ただし，$\theta = \tan^{-1}(\nu_m/\omega)$ とする．

(3.11) 式と (3.13) 式を比較すると，衝突によって位相が θ ずれていることがわかる．このとき，電子 1 個が単位時間に吸収するパワー P_{abs} は以下のようになる．

$$P_{abs} = -\frac{1}{T}\int_0^T ev(t)E(t)\,dt \tag{3.14}$$

(3.14) 式に (3.13) 式を代入することにより次式を得る．

$$P_{abs} = \frac{e^2 E_0^2 \nu_m}{2m_e(\omega^2 + \nu_m^2)} \tag{3.15}$$

このようなパワー吸収をジュール (Joule) 加熱という．(3.15) 式より，$\nu_m = 0$（無衝突）では電子が単振動するのみでパワー吸収をせず ($P_{abs} = 0$)，また，$\nu_m \to \infty$（衝突が多いとき）には，電子の速度が上がらず，パワー吸収が少ないことがわかる．電子に入るパワーが最大になる時は ν_m と ω が等しいときであり，放電が起こりやすい．

例題 3.6

(3.15) 式において，他の量は一定のまま ν_m が変化したとき，$\nu_m = \omega$ のときに最大となることを示せ．

解答

(3.15) 式を

$$P_{abs} = \frac{e^2 E_0^2 \nu_m}{2m_e(\omega^2 + \nu_m^2)} = \frac{e^2 E_0^2}{2m_e}\frac{\nu_m}{\omega^2 + \nu_m^2} \equiv \frac{e^2 E_0^2}{2m_e}g(\nu_m)$$

とおく．$g(\nu_m)$ を ν_m で微分すると，

$$\frac{dg(\nu_m)}{d\nu_m} = \frac{\omega^2 - \nu_m{}^2}{(\omega^2 + \nu_m{}^2)^2}$$

となる．$\nu_m \geq 0$ より，上式が 0 となるのは $\nu_m = \omega$ のときである．また，$0 \leq \nu_m < \omega$ において $\frac{dg(\nu_m)}{d\nu_m} > 0$ であり，$\omega < \nu_m$ において $\frac{dg(\nu_m)}{d\nu_m} < 0$ であるので，$\nu_m = \omega$ のときに $g(\nu_m)$ は最大値をとる．また，そのときの P_{abs} の値は，

$$P_{abs}|_{\nu_m = \omega} = \frac{e^2 E_0{}^2}{4m_e \omega}$$

である．

3.2.3 電界の与え方

高周波放電においては，電界 $\boldsymbol{E}$ の与え方に図 **3.13** に示すような方式がある．(a) では，直流放電と同じように，平行平板電極に高周波電圧を印加するもので，これにより生成されたプラズマは，容量結合プラズマ (CCP: Capacitively Coupled Plasma) という．一方，(b) はコイルの磁束変化による誘導電界を用いる方式で，このようなプラズマは誘導結合プラズマ (ICP: Inductively Coupled Plasma) とよばれる．

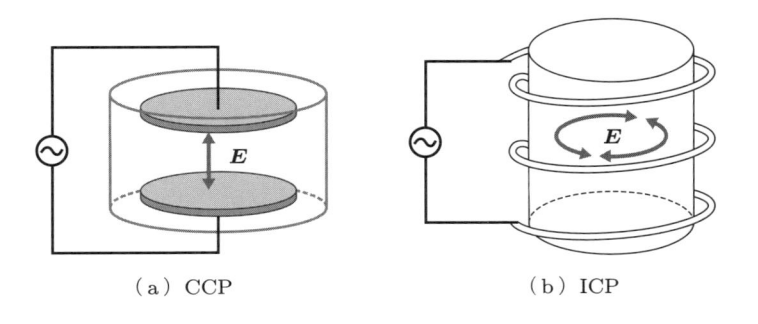

(a) CCP (b) ICP

図 **3.13** 高周波放電の方式

3.2.4 バリア放電

図 **3.14** に示すように，放電電極の一方または両方の電極の表面を誘電体で覆うと直流放電は起こりえない．しかし，交流電圧を加えた場合は放電が発生し，バリア放電 (barrier discharge) または無声放電とよばれる．これを観察すると，電極面と垂直の方向，つまり電界の方向に細い発光のすじがいくつも見えるが，これはストリーマ

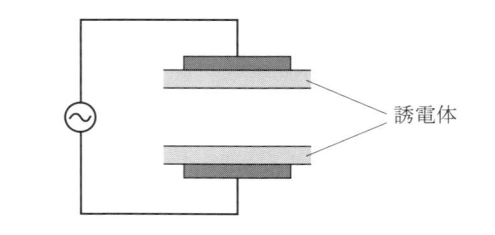

図 3.14 誘電体バリア放電

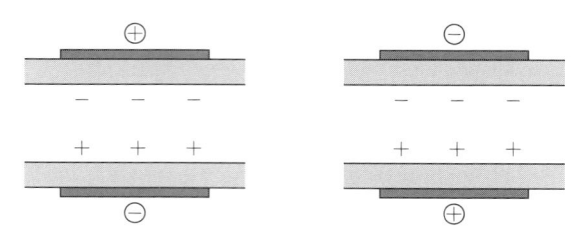

(a) 正の半サイクルの終了時　　(b) 負の半サイクルの開始時

図 3.15 誘電体の蓄積電荷

である．交流電圧の正の半サイクルの終了時では放電が止まり，図 3.15 (a) のようにストリーマに基づく電荷はプラス極側がマイナス，マイナス極側がプラスになるように誘電体表面に蓄積される．次の負の半サイクルになると，(b) のように電源による電界と蓄積された電荷のつくる電界が同じ方向に重ね合わされるので，放電が容易に発生する．このように一旦放電が生じると，その後は電源電圧を下げても放電が持続することになり，これをメモリ効果ということがある．

> **Plasma Gallery　アーク放電**
>
> 19 世紀初頭，ヨーロッパの都市の照明はガス燈であり，毎日人力で点灯，消灯が繰り返されていた．イギリスの化学者 Davy は 1810 年頃に，炭素を電極とした大気中のアーク放電を発生させ，これを照明用途に用いるという特許を取得した．3.1.3 項にあるように，アーク放電では陰極が高温になるため陰極材料が蒸発損耗し，電極間距離が変化して放電が停止するので，輝度が高く明るいものの，大変使いにくいものであった．それでも 19 世紀半ば過ぎの都市では，アーク燈照明が多く用いられた．
>
> 日本では 1878 年 3 月 25 日に工部大学校で，お雇い外国人教授エアトン (Ayrton) の指導により，数 10 個のアーク灯が初めて点灯された．これによりこの日は電気記念日となっている．しかし，アーク灯はその後まもなく白熱電球に置き換えられることになる．

現代の身近なアーク灯は，HID (High Intensity Discharge) ランプであろう．ガラス管の中に封入されたタングステン電極間のアーク放電により，小型で高輝度の光源として用いられており，ガスとしてキセノンや水銀蒸気が使われる．100 W クラスのものは，液晶プロジェクターの光源として広く普及している．図 A は，映画館の大型映写機の光源に使われる 10 kW クラスのキセノンアークランプである．図 B は同等のランプを放電電圧 43 V，放電電流 160 A で点灯したものである．このときの入力電力は 7 kW にもなる．

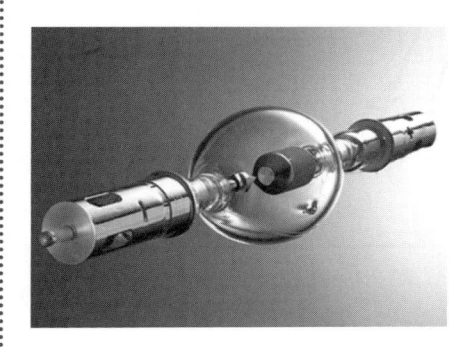

図 A　キセノンアークランプ外観
　　　（ウシオ電機提供）

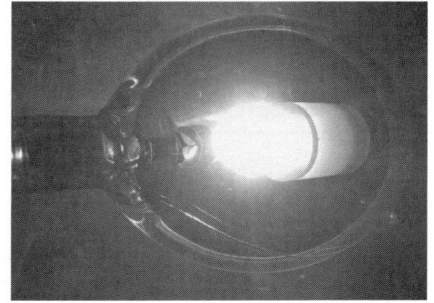

図 B　点灯時
　　　（ウシオ電機 住友卓博士提供）

演習問題　3

1　(3.7) 式が成り立つことを説明せよ．
2　金属からの 2 次電子放出について述べよ．
3　ストリーマ理論について調べよ．
4　図 3.12 において，マルチパクター放電がおきる条件を求めよ．

第4章 放電用高電圧の発生と計測

放電を発生させるためには,電極などに直流や交流高電圧を印加する必要がある.また,高周波やマイクロ波領域の電力を用いる場合もある.ここでは,これらの高電圧の発生方法とその計測に関して述べる.

4.1 直流高電圧

4.1.1 整流回路方式

商用交流電圧を変圧器で昇圧し,それをダイオードで整流してキャパシタにより平滑すると直流高電圧が得られる.このときダイオードとキャパシタを2組用いると,1組の場合に比べて同じ変圧器で2倍の直流電圧が得られ,これを倍電圧整流回路とよぶ.回路図を図 4.1 に示す.変圧器の2次側電圧を V_m とすると,負の半サイクルで C_1 が V_m に充電され,正の半サイクルでは V_m と C_1 の電圧($= V_m$)が足し合わされて C_2 を $2V_m$ に充電するので,変圧器の2次側電圧の波高値の2倍の直流電圧が発生する.

図 4.2 はダイオードとキャパシタを6組用いたもので図のように $6V_m$ の直流電圧が得られる.一般に n 組用いると変圧器の2次側電圧の波高値の n 倍を発生するこ

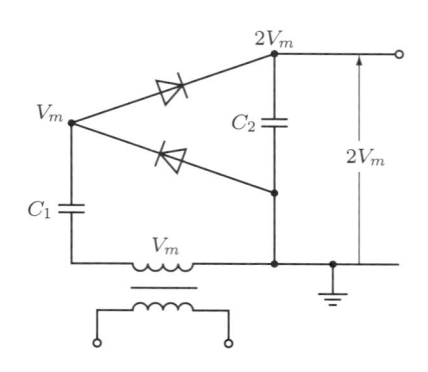

図 4.1 倍電圧整流回路

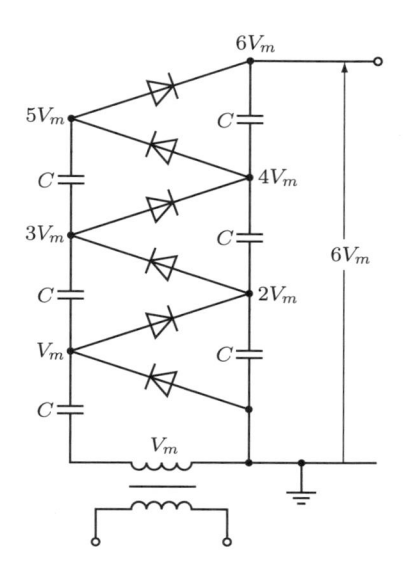

図 4.2 コッククロフト-ウォルトン回路

とができ，このような回路をコッククロフト-ウォルトン (Cockcroft-Walton) 回路とよぶ．

4.1.2 静電発電機

　孤立した導体の対地容量を C とすると，この導体に電荷 Q を運び込めばその電圧は $V = Q/C$ となり Q の増加とともに V は高くなる．図 4.3 はこの原理に基づく発電機で，ファンデグラーフ (van de Graaff) 発電機とよばれるものの構成図を示している．絶縁性のベルトを上のプーリー P とモータ M にかけ，回転させる．下部に取り付けられた針電極 N と対向する平板電極との間で放電を起こし，それによって生じた $+Q$ の電荷をベルト表面に付着させる．ベルトの回転によりこの電荷は上方に運ばれ，金属球の内側に到達し球の内面に $-Q$，外面に $+Q$ の電荷を誘導するが，$-Q$ の方は電極 G によりベルト上の電荷と中和する．この結果，金属球外面が $+Q$ に帯電する．このようにして，金属球に次々と電荷を運ぶと高い電圧を発生させることができる．

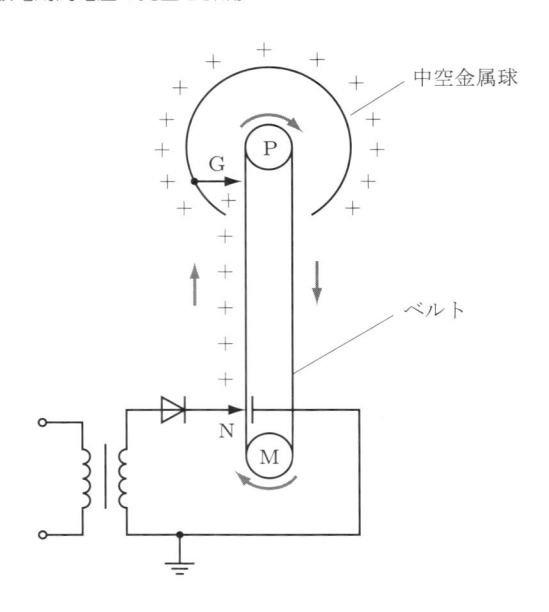

図 **4.3** ファンデグラーフ発電機

4.2 パルス電圧

時間変化する高電圧のうち，交流高電圧の発生は，変圧器を用いて昇圧する方法が主である．これについては説明は省略し，ここではパルス波形を対象とする．

4.2.1 パルスパワー

高耐圧で大容量のキャパシタ C を用意し，図 **4.4** のように接続する．スイッチ S を開いた状態で直流高圧電源 V により C を充電するとキャパシタに $CV^2/2$ の静電エネルギーが蓄えられる．このとき，充電電流が電源の許容電流値を超えないように R を大きくしておくので，充電完了までの時間は長い．C の端子電圧は，

$$v_C = V\left(1 - \mathrm{e}^{-\frac{t}{CR}}\right) \tag{4.1}$$

のように変化する．

その後，S を閉じると，R に比べて非常に小さい負荷抵抗 r に大電流がパルス的に流れ，短時間ではあるが非常に大きな電力を供給できる．このときの負荷電流は，

$$i_r = \frac{V}{r}\mathrm{e}^{-\frac{t}{Cr}} \tag{4.2}$$

と，r が小さければ非常に大きい．これがパルスパワー発生の原理である．

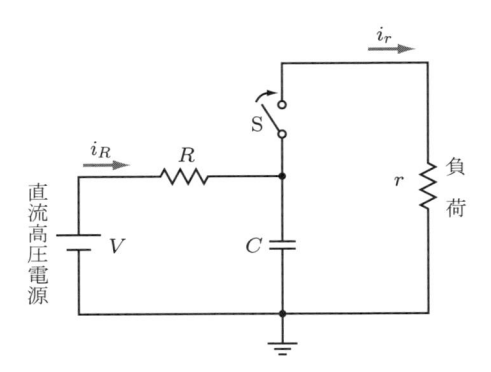

図 4.4 充放電回路

例題 4.1

(4.1) 式と (4.2) 式を導け.

解答

充電時の回路方程式は,

$$v_C = \frac{1}{C}\int i_R\,dt, \qquad i_R R + v_C = V$$

これらより i_R を消去して,

$$CR\frac{dv_C}{dt} + v_C = V$$

となる.これを,$v_C(0)=0$ を考慮して解くことにより,(4.1) 式を得る.

放電時は,R は非常に大きいとして無視し,充電された C と r のみの回路と考える.

$$v_C = -\frac{1}{C}\int i_r\,dt, \qquad i_r r = v_C$$

から,

$$Cr\frac{dv_C}{dt} + v_C = 0$$

を得るから,これを $v_C(0)=V$ の条件のもとに解いて (4.2) 式が求まる.

4.2.2 マルクスジェネレータ

図 4.4 においては 1 個のキャパシタを用いており,キャパシタの耐圧以上の電圧を発生させることはできない.多数のキャパシタを用意して,充電時は並列に接続し,放電時には直列に接続してパルス高電圧を発生させる方式がマルクスジェネレータ (Marx generator) または多段式インパルスジェネレータとよばれるものである.図 4.5 にそ

(a) トリガ付ギャップスイッチ(S_1)

(b) ギャップスイッチ(S_2〜S_4)

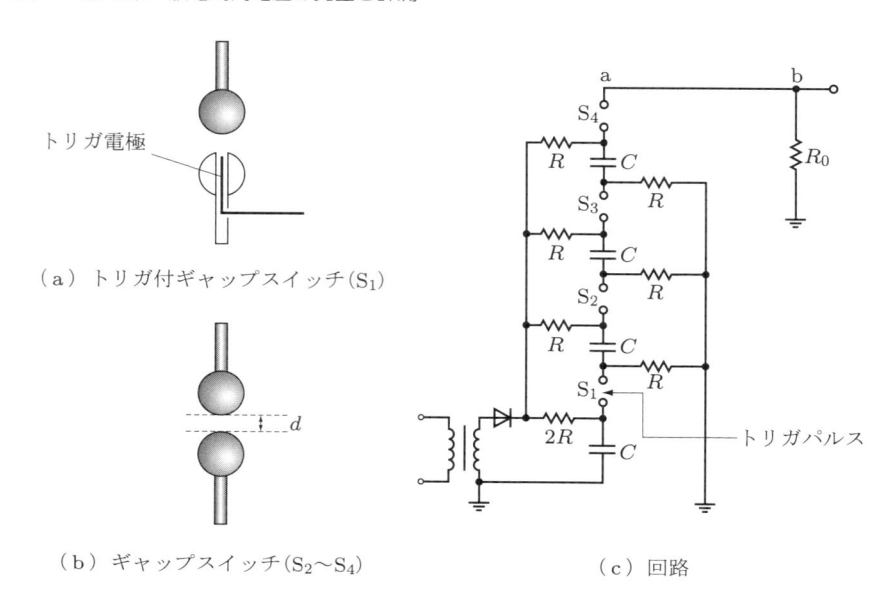

(c) 回路

図 4.5 マルクスジェネレータ

の回路図を示す．S_n ($n = 1, 2, \ldots$) はギャップスイッチであり，それにかかる電圧がある値以上になると放電が発生して短絡状態になる．その電圧値はスイッチを構成する対向電極対の距離 d を調整することにより変化できる[1]．図 4.5 において，大きな抵抗 $2R$ を介してそれぞれのキャパシタを V に充電する．このとき各ギャップスイッチの放電電圧は V 以上 $2V$ 以下に調整しておく．一番下のギャップスイッチ S_1 はトリガ電極をもっており，それに小さい電圧パルスを加えることにより強制的に放電させることができる．S_1 が短絡すると S_2 には $2V$ の電圧が加わるので直ちに放電し，続いて S_3 に $3V$ が加わり，という具合にしてすべてのギャップスイッチがほぼ同時に閉じて，負荷には nV のパルス電圧が加えられることになる．

4.2.3 パルスフォーミングライン

伝送線路は，よく知られているように，単位長さあたりインダクタンス L と抵抗 R が直列に，容量 C とコンダクタンス G が並列に接続された分布定数回路で表される．図 4.6 に示すように，線路の長さ方向を x 軸にとり，線路電圧を $V(x, t)$，線路電流を $I(x, t)$ とすると，

---

1) 図 4.16 とその説明を参照のこと．

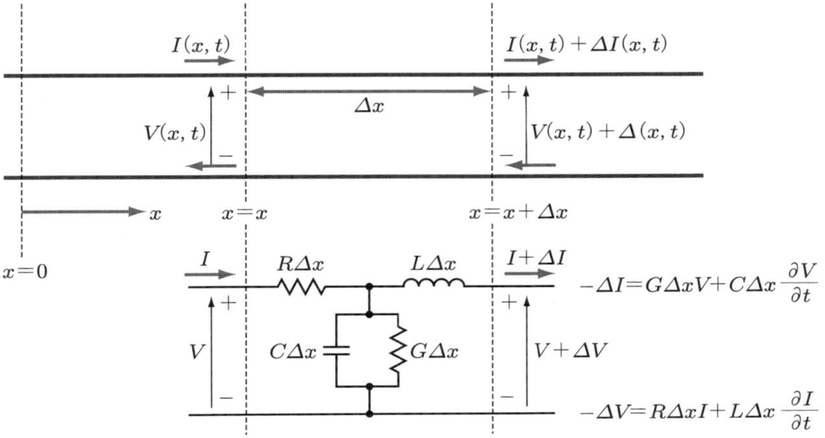

図 **4.6** 伝送経路

$$-\frac{\partial V}{\partial x} = RI + L\frac{\partial I}{\partial t}, \qquad -\frac{\partial I}{\partial x} = GV + C\frac{\partial V}{\partial t} \qquad (4.3)$$

なる微分方程式が成り立つ.

この式は，線路が無損失，つまり $R = G = 0$ の場合，

$$\frac{\partial^2 V}{\partial x^2} = \frac{1}{v_p{}^2}\frac{\partial^2 V}{\partial t^2}, \qquad \frac{\partial^2 I}{\partial x^2} = \frac{1}{v_p{}^2}\frac{\partial^2 I}{\partial t^2} \qquad (4.4)$$

となる．ただし，$v_p = 1/\sqrt{LC}$ は位相速度である．(4.4) 式の解は，

$$V(x,t) = g(x - v_p t) + h(x + v_p t)$$
$$I(x,t) = \frac{1}{Z_0}\bigl[g(x - v_p t) - h(x + v_p t)\bigr] \qquad (4.5)$$

と表され，$g(s)$, $h(s)$ は s の任意関数，$Z_0 = \sqrt{L/C}$ は特性インピーダンスである．g, h は，それぞれ x の正，負方向に速度 v_p で進行する入射波と反射波を表す.

図 **4.7** のように，長さ l，単位長さあたりのインダクタンス L_i，容量 C_i，特性インピーダンス Z_0 $(= \sqrt{L_i/C_i})$，位相速度 v_p の無損失線路の送端にスイッチ S_1 と抵抗 R を介して直流電圧源 V を接続し，受端にスイッチ S_2 を介して整合負荷 Z_0 を接続する.

S_2 は開いたままで，時刻 $t = 0$ に S_1 を閉じて線路を充電開始する．最初線路は充電されておらず，線路を集中定数（線路の容量の合成容量 C）と近似するものとする．C の電圧と電流を求めることにより，$\tau = CR$ とおいて，線路に供給される瞬時電力が次のように得られる.

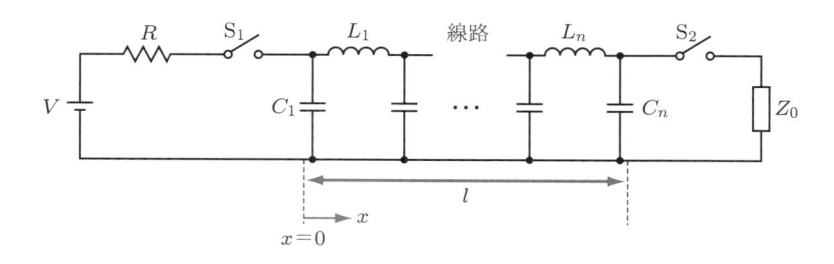

図 4.7 パルスフォーミングライン

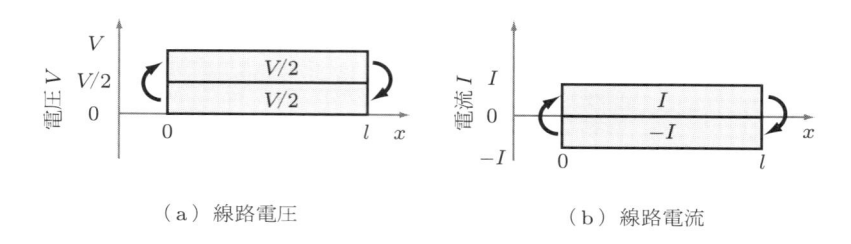

(a) 線路電圧　　　　　　　　　(b) 線路電流

図 4.8 定常状態における線路の電圧と電流

$$P = \frac{CV^2}{\tau}(e^{-\frac{t}{\tau}} - e^{-\frac{2t}{\tau}}) \tag{4.6}$$

これから，P は $t = \tau \ln 2$ のときに最大値 $CV^2/4\tau$ をとることがわかる．

十分時間がたったあとを考え，線路は以後分布定数回路として扱う．線路が電圧 V に充電され，定常状態になっているとき，(4.5) 式の g, h はステップ関数であって，送端 ($x = 0$) と受端 ($x = l$) で反射を繰り返しており，それらが重ねあわされて $V(x,t) = V$, $I(x,t) = 0$ となっているものと考えられる．ここで，R は非常に大きいので送端開放であり，S_2 は開いているので受端も開放であるから，両端における電圧反射係数は 1，電流反射係数は -1 である[2]．

以上から，線路上の電圧，電流の入射波，反射波の概略は図 4.8 のようになる．スイッチ S_2 を閉じると，受端では反射が 0 になるため，入射波が整合負荷に供給され，負荷電圧は $V/2$ となり，これが時間 T だけ続くことになる（図 4.9）．ここに，T は波が線路長の 2 倍の距離を位相速度 v_p で伝搬する時間であり，

$$T = 2l\sqrt{L_i C_i} \tag{4.7}$$

---

2) 例題 4.2 を参照．

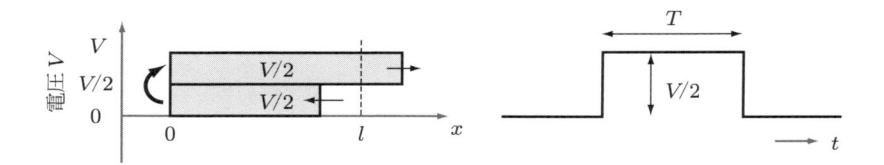

図 4.9　パルス出力

である．このようにして，負荷には電圧 $V/2$，パルス幅 T の矩形波が印加されることになる．

このとき負荷に消費される全エネルギーは $CV^2/2$ である．

例題 4.2

図 4.10 のように特性インピーダンスの異なる二つの線路が縦続接続されているときの波の透過と反射係数について述べよ．その結果から，終端開放と短絡の場合の反射係数を示せ．

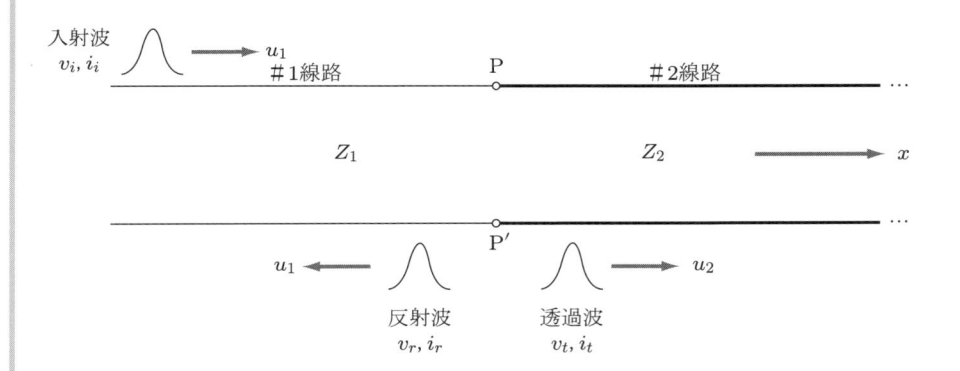

図 4.10　異種の伝送線路の縦続接続で生じる反射波と透過波

解答

#1 および #2 の各線路の特性インピーダンスおよび波の位相速度をそれぞれ，

$$Z_1 \equiv \sqrt{\frac{L_1}{C_1}}, \quad Z_2 \equiv \sqrt{\frac{L_2}{C_2}}, \quad u_1 \equiv \frac{1}{\sqrt{L_1 C_1}}, \quad u_2 \equiv \frac{1}{\sqrt{L_2 C_2}}$$

とする．まず #1 の線路上の任意の点の電圧 v_1 は，一般にその点における入射波の電圧 v_i と反射波の電圧 v_r との和であり，これらに付随している電流 i_1 に対しても同様である．#2 の線路（接続点から右へは無限遠と仮定している）においては透過波 v_t, i_t による電

圧 v_2，電流 i_2 のみである．すなわち以上を式で表せば，

$$v_1 = v_i + v_r$$
$$i_1 = i_i + i_r = \frac{v_i}{Z_1} - \frac{v_r}{Z_1}$$
$$v_2 = v_t$$
$$i_2 = i_t = \frac{v_t}{Z_2}$$

と書ける．接続点 P–P′ においては両側の線路の電圧および電流はともに連続でなければならないから，この点における電圧，電流に添え字 p を付けて示すと，$v_{1p} = v_{2p}$ および $i_{1p} = i_{2p}$ となり，したがって上の各式より，

$$v_{ip} + v_{rp} = v_{tp} \tag{1}$$
$$\frac{1}{Z_1}(v_{ip} - v_{rp}) = \frac{v_{tp}}{Z_2} \tag{2}$$

となる．あるいは，逆に電流で表すと，上の 2 式に $v_{ip} = Z_1 i_{ip}$，$v_{rp} = -Z_1 i_{rp}$ および $v_{tp} = Z_2 i_{tp}$ を代入して，

$$Z_1(i_{ip} - i_{rp}) = Z_2 i_{tp} \tag{3}$$
$$i_{ip} + i_{rp} = i_{tp} \tag{4}$$

の関係式が得られる．

そこで接続点 P–P′ における電圧の反射係数 Γ_{rv} および透過係数 Γ_{tv}，ならびに電流の反射係数 Γ_{ri} および透過係数 Γ_{ti} をそれぞれ

$$電圧反射係数：\Gamma_{rv} = \frac{反射波電圧}{入射波電圧} = \frac{v_{rp}}{v_{ip}}$$

$$電圧透過係数：\Gamma_{tv} = \frac{透過波電圧}{入射波電圧} = \frac{v_{tp}}{v_{ip}}$$

$$電流反射係数：\Gamma_{ri} = \frac{反射波電流}{入射波電流} = \frac{i_{rp}}{i_{ip}}$$

$$電流透過係数：\Gamma_{ti} = \frac{透過波電流}{入射波電流} = \frac{i_{tp}}{i_{ip}}$$

で定義し，(1) と (2) 式より Γ_{rv} と Γ_{tv}，また (3) と (4) 式より Γ_{ri} と Γ_{ti} を求めると

$$\Gamma_{rv} = \frac{Z_2 - Z_1}{Z_1 + Z_2} \qquad ：電圧反射係数$$

$$\Gamma_{tv} = \frac{2Z_2}{Z_1 + Z_2} = 1 + \Gamma_{rv} \qquad ：電圧透過係数$$

$$\Gamma_{ri} = \frac{Z_1 - Z_2}{Z_1 + Z_2} = -\Gamma_{rv} \qquad ：電流反射係数$$

$$\Gamma_{ti} = \frac{2Z_1}{Z_1 + Z_2} = 1 - \Gamma_{rv} \qquad :\text{電流透過係数}$$

となる．ここで，#1 線路が抵抗 R_L で終端されている場合は，各式において $Z_2 \to R_L$ の置き換えをすればよい．特に開放（$R_L \to \infty$）の場合は $\Gamma_{rv} = 1$, $\Gamma_{ri} = -1$, 短絡（$R_L = 0$）の場合はそれぞれ -1, 1 である．

例題 4.3

図 4.7 の線路の合成容量 C（初期電荷 0）を R を介して電圧 V で充電するとき，C の端子電圧を $v(t)$, C へ流れ込む電流を $i(t)$ とすると $P = v(t)i(t)$ である．
(1) (4.6) 式を導け．
(2) (4.6) 式が最大になる時刻とそのときの最大値を導出せよ．
(3) 充電完了までに R で消費されるエネルギーはいくらか．

解答

(1) 回路方程式は，
$$\frac{dv(t)}{dt} + \frac{v(t)}{RC} = \frac{V}{RC}, \qquad i(t) = C\frac{dv(t)}{dt} \quad \text{であるから}$$
$$v(t) = V\left(1 - e^{-\frac{t}{\tau}}\right), \quad i(t) = \frac{V}{R}e^{-\frac{t}{\tau}} \qquad \tau \equiv CR$$

が得られる．これより，$P = \dfrac{CV^2}{\tau}\left(e^{-\frac{t}{\tau}} - e^{-\frac{2t}{\tau}}\right)$

(2) $\dfrac{dP}{dt} = 0$ より，$t = RC\ln 2$ のときに最大値 $P = \dfrac{V^2}{4R}$ をとる．

(3) R で消費されるエネルギーは，$W = R\displaystyle\int_0^\infty i^2(t)\,dt = \dfrac{CV^2}{2}$

4.3 高周波高電圧

高周波高電圧の発生方法は周波数により異なるが，数 100 kHz まではインバータ方式，MHz 台から数十 MHz では，C 級増幅方式を用いる．図 4.11 はインバータ方式の例である．近年は高い周波数領域でもインバータ方式が用いられるようになってきている．

図 4.11 において，A から D は絶縁ゲートバイポーラトランジスタ (IGBT) で，ゲート信号により ON, OFF するスイッチと見なすことができる．IGBT は周波数が数 10 kHz まで用いられ，それ以上になると，MOSFET が使われる．この構成はフルブ

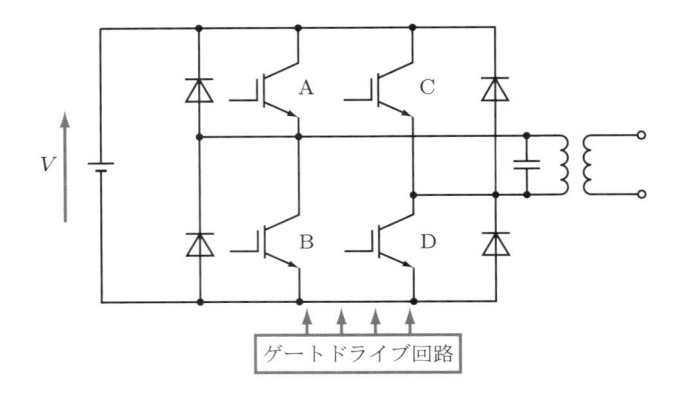

図 4.11 インバータ方式高周波電源

リッジ型とよばれるもので，与えられた直流電圧 V を，AとDのみをONにした正の半サイクルとCとBのみをONにした負の半サイクルを1組として繰り返しスイッチングする．これにより，出力回路のトランスとキャパシタの並列回路に正負振幅の矩形波電圧が与えられ，出力回路のフィルタ作用により正弦波高周波を得る．一般に高周波電源は出力インピーダンスが $50\,\Omega$ になっており，また負荷のインピーダンスにより同じ電源でも電圧が大きく変わるので，電源の性能は出力電力で表す．

高周波放電に用いられる電源は，周波数 $1\sim20\,\mathrm{MHz}$，出力電力 $0.5\sim5\,\mathrm{kW}$ のものが多い．高周波放電の電極間のインピーダンスは，等価的には C と R の並列回路であり，それぞれの値は放電状態により大きく変わる．このため，高周波電源と放電電極を直接接続するとインピーダンス不整合状態になり，電源の電力が負荷にほとんど伝わらない．電源と放電電極の間にコイルやキャパシタを組み合わせた整合回路を接続し，それを調整することにより反射電力がほぼ0になるようにして使用する[3]．

4.4 大電力マイクロ波

マイクロ波発振器としては，クライストロン，マグネトロン，ジャイロトロンなどがあり，実験室プラズマ，プロセス用プラズマの発生には $2.45\,\mathrm{GHz}$，数 kW 程度のマグネトロンが，核融合研究用のプラズマには $20\,\mathrm{GHz}$ 以上，数 $10\,\mathrm{kW}$ 以上のジャイロトロンが用いられる場合が多い．

図 4.12 にマグネトロンの構造を示す．z 方向に磁束密度 B の磁場を，r 方向に陽

---

[3] 7.2.4 項参照

4.4 大電力マイクロ波

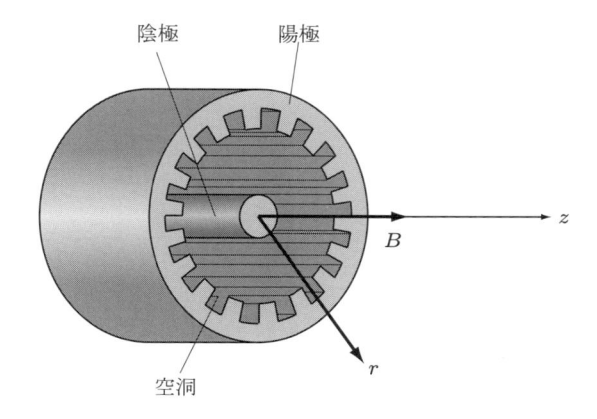

図 4.12 マグネトロンの構造

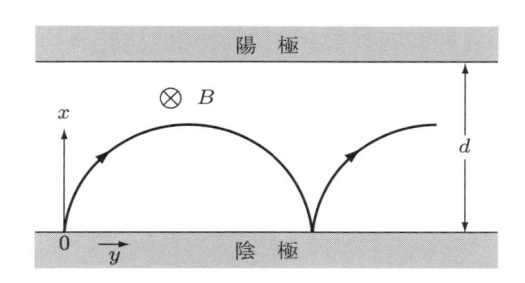

図 4.13 陰極-陽極間を展開した図（空洞は省略）

極-陰極間の電圧 V による電界を，それぞれ印加して，中心の陰極から電子を熱電子放出させる．陽極には空洞共振器[4]が並べられており，これらに誘起されたマイクロ波電界と電子ビームが相互作用することにより，マイクロ波を発振する．簡単のために電極半径が非常に大きいとして，図 4.13 のように間隔 d の平面電極で近似する．1.3 節の (1.19) 式により，電子の運動は (1.20) 式のサイクロトロン運動（Larmor 運動）と (1.22) 式の $\bm{E} \times \bm{B}$ ドリフトの重ねあわせになるから，電子の軌道は，

$$x = \frac{m_e V}{eB^2 d}(1 - \cos\omega_c t), \qquad y = \frac{m_e V}{eB^2 d}(\omega_c t - \sin\omega_c t) \tag{4.8}$$

となる．ここで，$\omega_c = eB/m_e$ は電子サイクロトロン（角）周波数である．これによ

---

[4] 空洞共振器とは，金属で囲まれた領域の寸法を半波長の整数倍などにして共振するように構成したものをいう．

ると，$B > \dfrac{1}{d}\sqrt{\dfrac{2m_e V}{e}}$ のときは電子は陽極に到達せず，x 方向に往復しながら y 方向に進むことになる．この軌道をサイクロイドという．

図 **4.12** の円筒座標にもどって考える．電子が，速さ v で半径 r の円周上にいるときの半径方向の力のバランスの式は，

$$evB = \frac{m_e v^2}{r} + eE_0 \frac{r_0}{r} \tag{4.9}$$

であり，E_0 は電界，r_0 は定数である．運動エネルギーを $K = m_e v^2/2$ とおくと，上式は，

$$r = \frac{\sqrt{2m_e}}{eB}\left(K^{\frac{1}{2}} + \frac{eE_0 r_0}{2}K^{-\frac{1}{2}}\right) \tag{4.10}$$

となり，ある K に対して半径 r の安定な軌道が対応することがわかる．もし，空洞共振器のある陽極付近のマイクロ波電界が電子を加速または減速すると，電子の軌道半径が変化する．今，電子が減速されたとするとその運動エネルギーは減少する．また，電子の軌道半径は大きくなって陰極からの距離が遠くなり，電子のポテンシャルエネルギーが減少する．この両エネルギーの減少分がマイクロ波電界に与えられて電界が増大する．逆に電子がマイクロ波電界から加速された場合は，軌道半径は小さくなり陽極から遠ざかって，電界との相互作用はなくなる．この機構により強いマイクロ波電界を発生させることができる．

マグネトロンから負荷への伝送回路には，矩形，円形導波管や同軸線路を用い，途中にパワーモニタのための方向性結合器や，反射電力をバイパスし吸収するためのサーキュレータとダミーロードを取り付ける．また，負荷とのマッチング調整のための（自

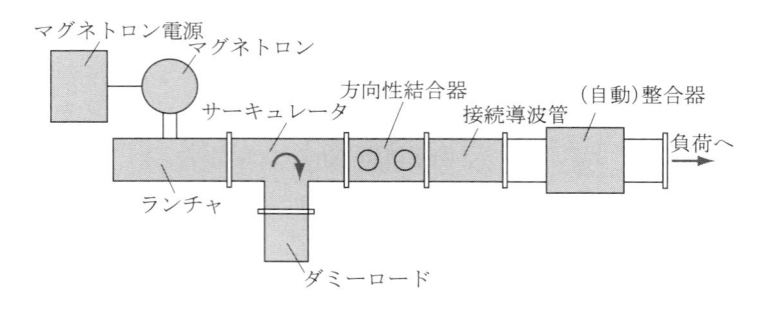

図 **4.14** 大電力マイクロ波発生装置

動）整合器も必要である[5]（図 4.14）．

マイクロ波の大電力パルスを発生させる場合（レーダなど）は，図 4.14 のマグネトロン電源として，4.2.3 項のパルスフォーミングラインが用いられる．

4.5　高電圧・大電力の計測

4.5.1　直流・交流高電圧の測定

◆ **静電電圧計**　　電磁気学の教えるところにより，電極間に電界が働くとその 2 乗に比例した吸引力が生じる．図 4.15 の静電電圧計では，固定電極に加えられた電圧により，可動円板電極が吸引力を受けて右に移動する．これにより指針が動くので，目盛りを電圧値を示すように印せば，電圧計となる．直流電圧だけでなく，交流電圧も測定できる．交流の場合は吸引力は時間変化するが，その平均は実効電圧の 2 乗に比例するので実効値指示となり都合がよい．

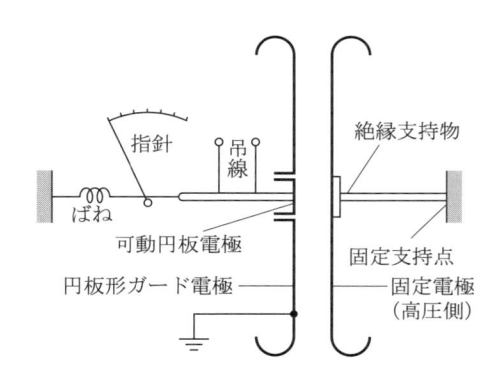

図 4.15　静電電圧計

◆ **球ギャップ**　　(3.8) 式より，電極間の放電開始電圧が pd の関数であることを利用して，図 4.16 のような球対球ギャップに大気圧において未知の電圧を加え，放電が生じたときのギャップ間距離 d を測定して，電圧値を得る方法がある．d が球の半径より十分小さい場合は，電界は一様で平等電界とみなすことができ，放電開始電圧

---

[5] 等価リアクタンスを回路に挿入して，負荷からマグネトロン側へ返ってくる反射電力を最小にするように調整すること．

（フラッシオーバ電圧）$V_b\,[\mathrm{kV}]$ は $d\,[\mathrm{cm}]$ に対して，

$$V_b = 24\left(1 + \frac{0.33}{\sqrt{\delta d}}\right)\delta d \tag{4.11}$$

で与えられる．ただし，δ は 20°C を基準とした空気の相対密度である．これによれば 1 気圧，$d=1\,\mathrm{cm}$ で V_b は約 $30\,\mathrm{kV}$ となる．この方法は，直流，交流，インパルス電圧のいずれにも適用できる．

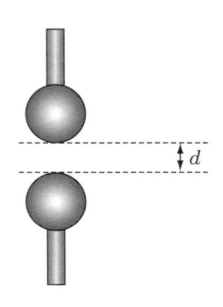

図 **4.16** 球ギャップ

◆ **キャパシタ分圧法** 交流高電圧をキャパシタ C_1，C_2 で分圧し，それを通常の電圧計やオシロスコープで測定する方法である．このとき，通常計器の入力インピーダンス Z が低いと，分圧比がキャパシタの値だけからは決まらず不都合である．これを解決するために，図 **4.17** のように L を通して接続する場合を考える．

i_1，i_2，V_n を図のようにおく．

$$i_1 = \frac{V_2}{Z}, \qquad V_n = V_2 + \frac{V_2}{Z}j\omega L,$$

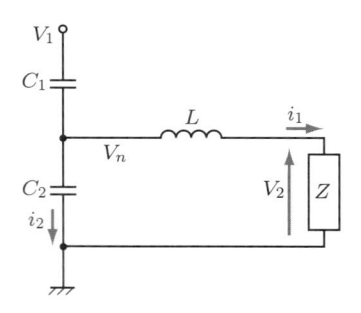

図 **4.17** キャパシタ分圧

の関係から

$$i_2 = j\omega C_2 V_n, \qquad j\omega C_1(V_1 - V_n) = i_1 + i_2$$

$$j\omega C_1 V_1 - j\omega C_1 \frac{1}{j\omega C_2} i_2 = i_1 + i_2$$

ゆえに，

$$\frac{V_1}{V_2} = \frac{C_1 + C_2}{C_1} + \frac{1 - \omega^2 L(C_1 + C_2)}{j\omega C_1 Z} \tag{4.12}$$

となり[6]，L を調整して右辺第 2 項が 0 になるようにしておくと測定電圧は Z の値に無関係になり，正確に V_1 を求めることができる．

4.5.2 高周波・マイクロ波の電圧電流

　高周波でも周波数の比較的低い領域では，整流形交流電圧計，電流計を用いて電圧，電流の測定を行うことができる．また，同じ原理に基づくディジタルマルチメータを使うこともできる．これらの測定器の使用周波数の上限は，一般的には高いものでも数 10 kHz である．オシロスコープは，比較的広い周波数範囲で電圧測定に使用することができ，高電圧プローブを併用すれば，30 MHz，10 kV 程度まで測定可能である．また，既知の抵抗を用いたり，電流プローブを用いれば電流測定も可能である．

　高周波，マイクロ波回路では伝送線路として同軸線や導波管がよく用いられる．ある長さの伝送線路の左端に角周波数 ω の電源，右端にインピーダンス Z_L の負荷を接続した場合，(4.3) 式は，

$$\frac{dV(x)}{dx} = -Z_U I(x) \qquad \frac{dI(x)}{dx} = -Y_U V(x) \tag{4.13}$$

となる．ただし，(4.3) 式で，

$$V(x,t) = V(x)\mathrm{e}^{j\omega t} \;\;(I \text{ も同様})$$

$$R + j\omega L \equiv Z_U, \qquad G + j\omega C \equiv Y_U$$

とおいた．(4.13) 式の解は，

$$V(x) = A\mathrm{e}^{-\gamma x} + B\mathrm{e}^{\gamma x}, \qquad I(x) = \frac{A\mathrm{e}^{-\gamma x} - B\mathrm{e}^{\gamma x}}{Z_0}$$

であり，$\gamma = \sqrt{Z_U Y_U}$ は伝搬定数，$Z_0 = \sqrt{Z_U/Y_U}$ は特性インピーダンス，A は電

---

[6]　4.5 節において，電気的等価回路を考える場合，電圧，電流などの量の時間依存性を電気電子工学分野の慣例に従って $\exp(j\omega t)$ とおく．

源から負荷へ向かう入射波電圧，B は反射波電圧である．ここで，座標 y を負荷を原点として左向きにとることにすれば，

$$V(y) = Ae^{\gamma y} + Be^{-\gamma y}, \qquad I(y) = \frac{1}{Z_0}(Ae^{\gamma y} - Be^{-\gamma y}) \qquad (4.14)$$

において，$V(0)/I(0) = Z_L$ が成り立つ．すなわち，

$$Z_L = Z_0 \frac{A+B}{A-B} \qquad (4.15)$$

また，入射波電圧と反射波電圧の振幅の比は，

$$\frac{Be^{-\gamma y}}{Ae^{\gamma y}} \equiv \Gamma(y) \qquad (4.16)$$

と表され，これを電圧反射係数という．したがって，(4.15) 式を使って，

$$\Gamma(0) = \frac{B}{A} = \frac{Z_L - Z_0}{Z_L + Z_0} \qquad (4.17)$$

が成り立つ．ある位置 y における線路のインピーダンス $Z(y)$ は，(4.14) 式を参照して，

$$Z(y) = \frac{V(y)}{I(y)} = Z_0 \frac{(Z_L + Z_0)e^{\gamma y} + (Z_L - Z_0)e^{-\gamma y}}{(Z_L + Z_0)e^{\gamma y} - (Z_L - Z_0)e^{-\gamma y}}$$

$$= Z_0 \frac{1 + \Gamma(y)}{1 - \Gamma(y)} \qquad (4.18)$$

となり，y における電圧反射係数と対応している．線路が無損失であれば，γ は純虚数であり，これを $j\beta$ とおいて，(4.18) 式から

$$Z(y) = Z_0 \frac{Z_L + jZ_0 \tan \beta y}{Z_0 + jZ_L \tan \beta y} \qquad (4.19)$$

を得る．

　無損失線路に沿って，電圧，電流の値が，図 **4.18** のように周期的に変化するが，電圧の最大値，最小値は，

$$V_{\max} = |A| + |B| = |A|(1 + |\Gamma|)$$

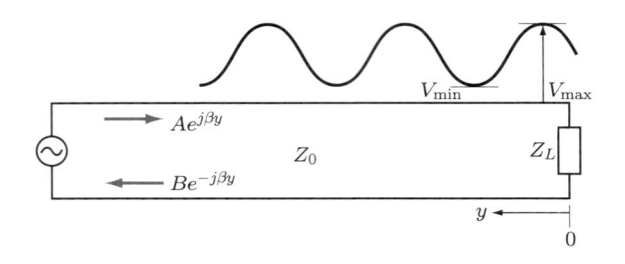

図 **4.18**　線路上の定在波

$$V_{\min} = |A| - |B| = |A|(1 - |\Gamma|)$$

電流については,

$$I_{\max} = \frac{V_{\max}}{Z_0}, \qquad I_{\min} = \frac{V_{\min}}{Z_0}$$

である.ただし,電流が最大の位置では電圧は最小であり,電流が最小の位置では電圧は最大である.

ここで,電圧定在波比を,

$$\rho = \frac{V_{\max}}{V_{\min}} = \frac{|A| + |B|}{|A| - |B|} = \frac{1 + |\Gamma|}{1 - |\Gamma|}$$

で定義すると,

$$Z_{\max} = \frac{V_{\max}}{I_{\min}} = \rho Z_0$$
$$Z_{\min} = \frac{V_{\min}}{I_{\max}} = \frac{Z_0}{\rho}$$

と書ける.

(4.18) 式は Z と Γ の間の関係を与えており,Z 平面と Γ 平面との間の写像を定義する式であるととらえることができる.Z を $Z = Z_0(r + jx)$ のように,規格化抵抗 r と規格化リアクタンス x で表し,$\Gamma = p + jq$ とおくと,写像関係式は,

$$\begin{aligned}\left(p - \frac{r}{r+1}\right)^2 + q^2 &= \frac{1}{(r+1)^2}, \\ (p-1)^2 + \left(q - \frac{1}{x}\right)^2 &= \frac{1}{x^2}\end{aligned} \qquad (4.20)$$

となり,Z 平面で $r = \text{const.}$ あるいは,$x = \text{const.}$ の直線は,Γ 平面では,円になることを表している.一方,Γ 平面を極座標で見たとき,半径一定の円は等 $|\Gamma|$ 線を表し,角度一定の線は,等位相線を表す.これらの関係を表したものが,**図 4.19**(a)に示されるスミス (Smith) 図表である.$|\Gamma| = 0$ は原点であり $|\Gamma| = 1$ は一番外側の円(**図 4.19**(a)では 2 重線の円)である.Γ の角度目盛りは $|\Gamma| = 1$ の円のすぐ外側に,円周に沿って書かれている.無損失線路の場合,(4.16) 式と (4.17) 式より,$\Gamma = \Gamma(0) \exp[j(-2\beta y)]$ となるので,角度は線路に沿った長さに対応する.したがって,長さを波長単位で表す目盛りも備えており,時計回りが電源へ向かう方向,反時計回りが負荷へ向かう方向で,1 回転が半波長相当である.ある位置の Γ に対して,その位置から y だけ離れた場所の値 Γ' は,単に Γ を時計回りに $2\beta y$ だけ回転させれば得られる.

一方,**図 4.19**(a)において規格化インピーダンスを表す $r = \text{const.}$ あるいは,

(a) スミス図表

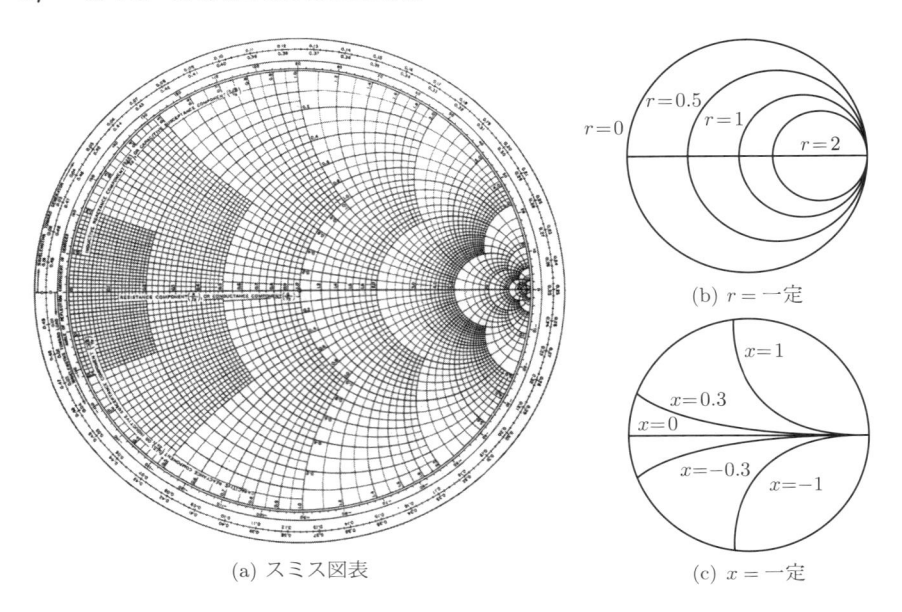

(b) $r = $ 一定

(c) $x = $ 一定

図 **4.19** スミス図表と目盛線

$x = \mathrm{const.}$ の線は，それぞれ，図 **4.19**（b），（c）のような曲線群で構成されている．原点は $r = 1$, $x = 0$ であるから $Z = Z_0$ である．規格化アドミタンス $Y/Y_0 = g + jb$ はどうであろうか．(4.18) 式から，

$$\frac{Y}{Y_0} = \frac{Z_0}{Z} = \frac{1-\Gamma}{1+\Gamma} = \frac{1+\Gamma \mathrm{e}^{j\pi}}{1-\Gamma \mathrm{e}^{j\pi}} \tag{4.21}$$

であるから，ある点の規格化アドミタンスは，その点を π だけ回転させた，あるいは，原点対称にとった点の規格化インピーダンスの値に等しい．$g = \mathrm{const.}$ あるいは，$b = \mathrm{const.}$ の線は，それぞれ，図 **4.19**（b），（c）の曲線群を π だけ回転させた曲線群になる．しかし，一々回転させるのは面倒なので，図 **4.19**（a）をアドミタンス線図にするには，この図を上の方から逆に眺めて円群がアドミタンスで目盛ってあるとすればよい．

例題 **4.4**

(4.20) 式を導け．

解答

(4.18) 式に $\Gamma = p + jq$ を代入すると，

$$r + jx = \frac{1+p+jq}{1-p-jq}$$

である．両辺の実数，虚数部分がそれぞれ等しいことから，

$$r(1-p) + xq = 1+p, \quad -rq + x(1-p) = q$$

を得る．この両式から，x を消去した式，r を消去した式をつくれば，それぞれ (4.20) 式の第 1，第 2 式になる．

4.5.3 高周波・マイクロ波の電力の測定

マイクロ波回路では電圧，電流は線路の場所によって全く異なるので，測定しても意味がない場合が多く，電力の測定が行われる．これらの線路の途中で電力を測定するものを通過形電力計，終端で測定するものを終端形電力計という．

◆ **同軸線路における通過形電力計** 低周波領域で使用される R–R 形，C–C 形電力計は，高周波以上では素子のインピーダンスが浮遊インピーダンスの影響を強く受けることや，回路構成上，伝送線の特性インピーダンスを乱すことから，使用されない．高周波以上で用いられる CM 形電力計の構造とその等価回路を図 **4.20** に示す．電圧 v，電流 i の主線路の同軸線の内・外導体の間にループ線路を設けると，主線路との間の C で表される静電結合と，M で表される電磁結合により，ループには，それぞれ，

$$i_v = \frac{j\omega Cv}{2} \quad i_c = \frac{j\omega Mi}{2r} \tag{4.22}$$

なる電流が流れる．ただし，ω は v，i の角周波数であり，抵抗 r は $1/(\omega C)$ より十分小さく，ループの自己インダクタンスは無視できるとする．両抵抗に流れる電流の 2 乗の差をとると，

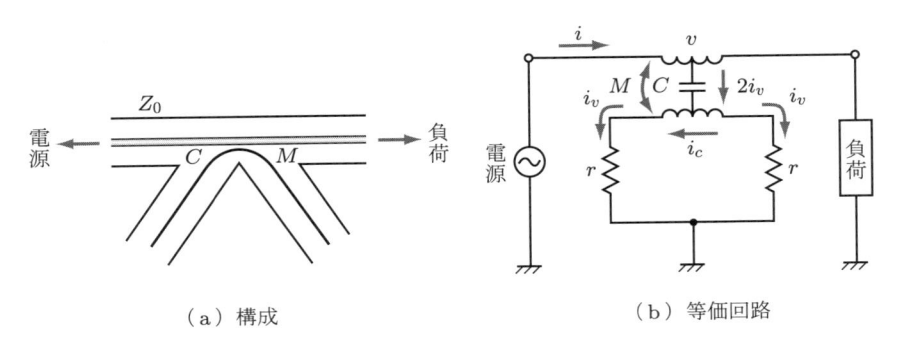

図 **4.20** CM 形電力計

$$(i_v + i_c)^2 - (i_v - i_c)^2 = -\frac{CM}{r}\omega^2 vi \tag{4.23}$$

となり，電力に比例した量が得られる．抵抗として熱電流計[7]を用いれば，両熱電流計の直流出力の差が電力に比例する．

主同軸線路の特性インピーダンスを Z_0 としたとき，$M/C = rZ_0$ となるようにループ線路をつくると，(4.22) 式より，

$$i_v \pm i_c = \frac{1}{2}j\omega C(v \pm Z_0 i)$$

となる．伝送線路の理論から，入射波電圧 v_i，反射波電圧 v_r を用いて

$$v = v_i + v_r, \qquad Z_0 i = v_i - v_r$$

と表されるので，

$$i_v + i_c = j\omega C v_i, \qquad i_v - i_c = j\omega C v_r \tag{4.24}$$

となり，両抵抗 r の端子電圧は，それぞれ，入射波電圧，反射波電圧に比例する．すなわち，ループ線路は，同軸線路における方向性結合器として働く．両端子電圧の 2 乗の差は入射波電力−反射波電力に対応し，右端の負荷に消費された電力を求めることができる．また，反射波電力が 0 なら負荷との整合がとれていることになる．

◆ **導波管方向性結合器と通過形電力計** 　導波管を用いる伝送線路では，図 **4.21** のような主導波管と副導波管を重ねた構造の方向性結合器が用いられる．主導波管と副導波管の隔壁には，管内波長 λg の 1/4 の間隔で二つの結合穴を空けておく．主導波

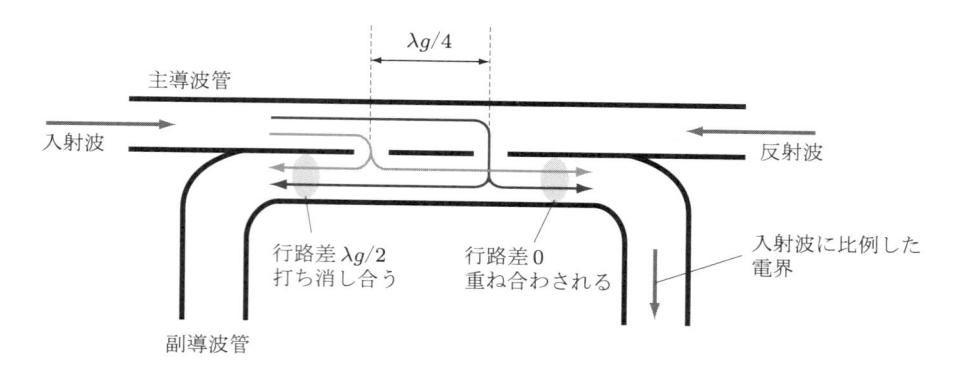

図 **4.21** 導波管方向性結合器

[7) 電流による抵抗線の温度上昇を，熱電対などで起電力に変換しメータを振らせるもの．

管内の入射波の一部は，両結合穴を通って副導波管に進入し両方向へ進むが，右側へはそれらの重ねあわせが出ていくのに対し，左側へは両者打ち消しあって出ていかない．同様に主導波管内の反射波の一部は，副導波管の左側へ出るが，右側へは出ず，方向性結合器として機能する．副導波管の両側の出力をマイクロ波用ダイオードで検波して直流に変換し，電力に換算すれば，通過形電力計となる．

◆ **終端形電力計** 比較的低いマイクロ波電力を精密に測定するための電力計として，線路の終端に取り付けて用いる終端形電力計がある．これは，電力を抵抗体に吸収させ，その温度上昇を電圧に変換して測定するもので，変換方法の違いにより，①ボロメータ法，②熱電変換法，③カロリメータ法がある．

①は，抵抗体としてサーミスタとよばれる半導体あるいはバレッタとよばれる金属細線か薄膜を用いるもので，両者が，それぞれ，負，正の大きな抵抗温度係数をもつことを利用する．抵抗体をブリッジの1辺として，抵抗変化を測定し，温度変化そして電力に換算する．

②は，抵抗体（発熱体）に熱電対を結合するもの，③は，被測定マイクロ波電力による抵抗体の発熱と，別に用意された直流電力による発熱とを比較し両者が等しくなるように直流電力を調整すると，その値がマイクロ波電力となるものである．

Plasma Gallery **Marx ジェネレータ**

第4章ではいくつかの高電圧発生器について説明した．van de Graaff は 1930 年頃，プリンストン大学の学生であったが，図 4.3 の原理により，導体球に絹のベルトを使って電荷を運んで帯電させ，1.5 MV の電圧を発生させることに成功した．

Cockcroft と Walton は 1932 年に，図 4.2 の方式の回路で 700 kV を発生させて陽子を加速し，リチウム (Li) に衝突させて $^7Li + p \rightarrow {}^4He + {}^4He$，$^7Li + p \rightarrow {}^7Be + n$ などの原子核変換の実験に成功した．ここで，p は陽子，n は中性子である．

同じ 1932 年に Marx は，図 4.5 の回路を作成し，ジェネラルエレクトリック社において 6 MV のインパルス電圧を発生させた．

図 A は出力電圧 400 kV，蓄積エネルギー 25 kJ の Marx ジェネレータの写真である．全 4 段の 1 段ごとにギャップスイッチである球対球電極とその奥のキャパシタが見え，写真では各ギャップスイッチが放電し導通している状態である．これによって各キャパシタの充電電圧が直列に加算され，右側の細いワイヤを張った長いギャップ間に印加されることにより，ワイヤが瞬時に溶断してプラズマ化し，雷を模擬する放電が発生しているのがわかる．

図 A　Marx ジェネレータ
(Resonance Research Corporation, WI, USA 提供)

演習問題　4

1. インパルス電圧について説明せよ．
2. 内導体と外導体の半径がそれぞれ a, b で，その間に比誘電率 ε_r の誘電体が満たされている同軸線路の特性インピーダンスを求めよ．

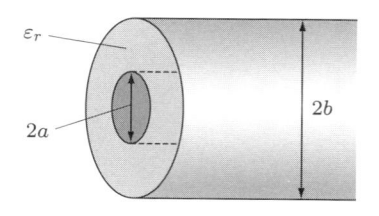

問図 4.1

3. 線路の終端にある負荷を接続し，定在波を測定すると，電圧定在波比が 4，負荷から定在波電圧最小点までの距離が 0.3λ であった．ただし，λ は線路における波長である．Smith 図表上で，この負荷の規格化インピーダンスを求める方法を述べ，そのおおよその位置を示せ．
4. 図 4.14 において，(自動) 整合器にはどのようなものが使われるか．

第5章 プラズマの性質

第3章では気体の絶縁破壊すなわち放電の開始によりプラズマが発生することを述べたが，ここではプラズマのマクロ描像について学ぶ．多くの粒子からなるプラズマの振舞いを比較的簡単な数式で記述するには，プラズマの流体近似が適しているので，流体方程式を導く．また，拡散など流体としての輸送現象を述べ，プラズマの空間分布を求めるとともに，固体壁とプラズマのインターフェースであるシースについて調べる．

5.1 プラズマの定義

プラズマとは，

> 正の荷電粒子（正イオン）と負の荷電粒子（電子や負イオン）を含み，それらのうちの少なくとも1種類の荷電粒子は不規則な運動を行い，全体としてはほぼ電気的に中性

の状態をいう．

1価の正イオン（以下イオン）と電子からなるプラズマを考えるとそれぞれの密度 n_i, n_e はほぼ等しい．

$$n_i \simeq n_e \tag{5.1}$$

これは，すぐあとに示されるように，空間の特性長 L に比べて，空間電荷の遮へい距離であるデバイ長 (Debye length) λ_D が無視できるほど小さいこと，すなわち

$$L \gg \lambda_D \equiv \sqrt{\frac{\varepsilon_0 k_B T_e}{e^2 n_e}} \tag{5.2}$$

に対応する．ここで，T_e は電子温度，k_B は Boltzmann 定数，ε_0 は真空の誘電率，e は電子の電荷の大きさである[1]．また，遮へいが十分に機能するためには，Debye 長で決まる体積空間の中に多数の粒子が存在しなければならない．すなわち $\lambda_D{}^3 n_e \gg 1$

---

[1] 電子は質量が小さく熱運動速度が大きいので，不規則な運動を行う荷電粒子に相当する．一方，イオンは静止していると仮定する場合も多い．

である．

これらより，プラズマの条件は，

$$L \gg \lambda_D \gg n_e^{-\frac{1}{3}} \tag{5.3}$$

と表される．

◆ **プラズマ振動とデバイ長**　ここで，Debye 長について少し詳しく考察してみよう．プラズマの一部で電荷中性がやぶれると，電界が発生し，軽い電子が直ちに加速されて移動し，もとの中性の状態にもどると予想される．今，図 5.1（a）のように，仮想平面 A と B の間のプラズマの電子のみが右の方向に距離 ξ だけ変位したとする．そうすると，もともとはプラスとマイナスが一様に重なっていたものが，AB 間のマイナスだけが右にずれるため A の近くにはプラスの，B の近くにはマイナスの電荷が現れ，電荷中性がやぶれる．各平面の単位面積を考えると，そこに存在する表面電荷は，それぞれ $\pm e n_e \xi$ であるから，平行平板キャパシタと同様に考えて，AB 間に生じる電界は，

$$E = \frac{e n_e \xi}{\varepsilon_0} \tag{5.4}$$

となる．したがって，電子の運動方程式は，

$$m_e \frac{d^2 \xi}{dt^2} = -\frac{e^2 n_e \xi}{\varepsilon_0} \tag{5.5}$$

のように，単振動の式になる．つまり，変位した電子は電界によりもとに引き戻されるが，慣性のために図 5.1（b）のように行き過ぎて逆方向の電界が生じ，再び右の方向に変位する．このようにして電子は振動することになる．この振動をプラズマ振動 (plasma oscillation) といい，その角周波数は，

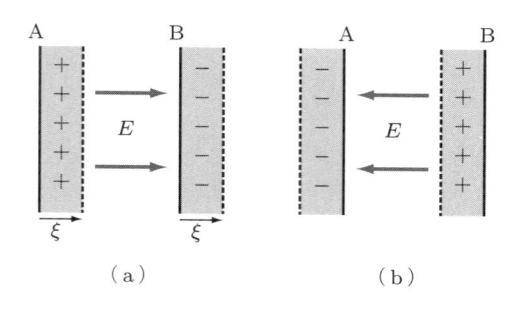

図 5.1　プラズマ振動

$$\omega_p \equiv \left(\frac{e^2 n_e}{\varepsilon_0 m_e}\right)^{\frac{1}{2}} \tag{5.6}$$

である．これをプラズマ（角）周波数 (plasma (angular) frequency) とよぶ．

さて，図 **5.1** のような電子の変位がおきるためには，(5.4) 式で与えられる電界の力に逆らって電子を運ぶ仕事が必要であるが，その源は電子の熱エネルギーである．1 方向の電子の熱エネルギーは $k_B T_e/2$ であった[2)]から，このエネルギーが電子を最大 λ_D だけ変位させると考えると，

$$\frac{1}{2} k_B T_e = \int_0^{\lambda_D} eE\, d\xi = \frac{e^2 n_e \lambda_D{}^2}{2\varepsilon_0} \tag{5.7}$$

が成り立つので，これを解いて，

$$\lambda_D = \left(\frac{\varepsilon_0 k_B T_e}{e^2 n_e}\right)^{\frac{1}{2}} \tag{5.2}'$$

が求まる．この λ_D が Debye 長であり，電子が変位して電荷中性がやぶれる最大のサイズである．いいかえると，この長さ以上のスケールで見るとき，プラズマは電荷中性である．

例題 **5.1**

電子密度が $7.4 \times 10^{16}\,\mathrm{m}^{-3}$ のとき，プラズマ周波数 [Hz] を求めよ．

解答

$\omega_p = 2\pi f_p = \left(\dfrac{e^2 n_e}{\varepsilon_0 m_e}\right)^{\frac{1}{2}}$ より，

$$f_p = \frac{1}{2\pi}\left(\frac{e^2 n_e}{\varepsilon_0 m_e}\right)^{\frac{1}{2}}$$

$$= \frac{1.602 \times 10^{-19}}{2\pi} \times \left(\frac{7.4 \times 10^{16}}{8.854 \times 10^{-12} \times 9.109 \times 10^{-31}}\right)^{\frac{1}{2}} \simeq 2.44\,\mathrm{GHz}$$

となる．

例題 **5.2**

λ_D を ω_p と電子の熱速度 v_{T_e} ((2.5) 式参照) で表せ．次に，$n_e = 10^{17}\,\mathrm{m}^{-3}$，$T_e = 3\,\mathrm{eV}$ のプラズマにおける λ_D の値を求めよ．

---

2) (2.4) 式を参照．

解答

$\omega_p = \left(\dfrac{e^2 n_e}{\varepsilon_0 m_e}\right)^{\frac{1}{2}}$, $v_{T_e} = \left(\dfrac{2k_B T_e}{m_e}\right)^{\frac{1}{2}}$ を用いると,

$$\lambda_D = \left(\frac{\varepsilon_0 k_B T_e}{e^2 n_e}\right)^{\frac{1}{2}} = \left(\frac{1}{2}\frac{\varepsilon_0 m_e}{e^2 n_e}\frac{2k_B T_e}{m_e}\right)^{\frac{1}{2}} = \frac{v_{T_e}}{\sqrt{2}\,\omega_p}$$

となる.また,$T_e\,[\mathrm{K}]$ と $T_e{}'\,[\mathrm{eV}]$ の間には,

$$T_e{}' = \frac{k_B}{e} T_e$$

の関係がある.よって,

$$\lambda_D = \left(\frac{\varepsilon_0 k_B T_e}{e^2 n_e}\right)^{\frac{1}{2}} = \left(\frac{\varepsilon_0 T_e{}'}{e n_e}\right)^{\frac{1}{2}} = \left(\frac{8.854 \times 10^{-12} \times 3}{1.602 \times 10^{-19} \times 10^{17}}\right)^{\frac{1}{2}}$$
$$\simeq 4.1 \times 10^{-5}\,\mathrm{m}$$

となる.

5.2 流体方程式

プラズマの流体近似とは,プラズマを構成するそれぞれの粒子種において,個々の粒子に着目せず,巨視的な平均量を定義し,これら平均量を用いて流体力学的にプラズマの振る舞いを記述する方法である.

今,流体としてのプラズマのある粒子種の密度と平均の速度(流体速度)を,それぞれ,$n = n(x,y,z,t)$,$\boldsymbol{u} = \boldsymbol{u}(x,y,z,t)$ とおく[3).$\boldsymbol{\varGamma} \equiv n\boldsymbol{u}$ は粒子束である.ある体積 V の中に N 個の粒子があるとし,V を囲む面を S とする(図 **5.2**).V の中で粒子の生成・消滅がないとすれば,N の時間変化は S から出入りする粒子により決まる.これを式で表すと,

$$\frac{\partial N}{\partial t} = -\int_\mathrm{S} \boldsymbol{\varGamma} \cdot d\boldsymbol{S}$$

となり,右辺に Gauss の定理を適用すると,

$$\frac{\partial}{\partial t} \int_\mathrm{V} n\,dV + \int_\mathrm{V} \boldsymbol{\nabla} \cdot \boldsymbol{\varGamma}\,dV = 0$$

となるが,V は任意であるから,

---

3) s 種の粒子について,n_s, $\boldsymbol{u}_s$ であり,これまでと同様に s を省略している.

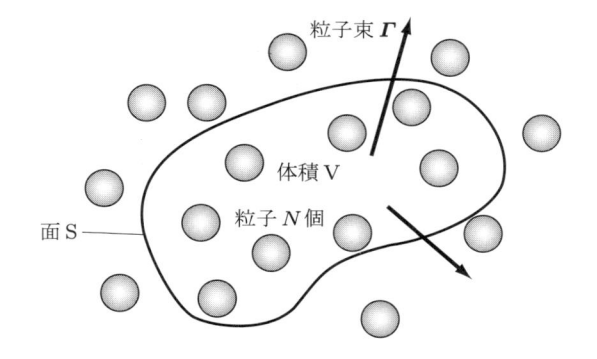

図 5.2 粒子の出入り

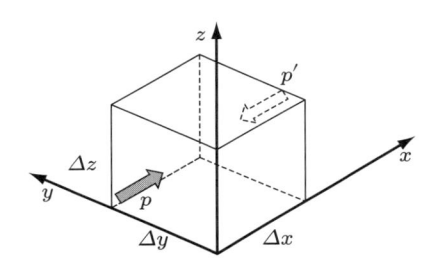

図 5.3 気体の圧力

$$\frac{\partial n}{\partial t} + \boldsymbol{\nabla} \cdot (n\boldsymbol{u}) = 0 \tag{5.8}$$

となる．これを連続の式 (equation of continuity) という．V 内で粒子の生成・消滅がある場合は，(5.8) 式の右辺は 0 でなく単位時間単位体積あたりの生成・消滅個数になり，たとえば，衝突電離による生成の場合は $\nu_i n$ となる．ここで，ν_i は電離衝突周波数である．

次に，単位体積あたりの粒子について，運動方程式をたてると，

$$mn\frac{d\boldsymbol{u}}{dt} = \boldsymbol{F}_P + \boldsymbol{F}_E + \boldsymbol{F}_C$$

となる．右辺は左から，圧力による力，電磁力，および他との衝突による力を表す．図 5.3 において，直方体の箱の yz 面に対する圧力を p とすると，図の p' は，

$$p' = p(x + \Delta x) \simeq p + \frac{\partial p}{\partial x}\Delta x$$

であるから，

$$F_x \Delta V = (p - p') \Delta y \Delta z$$

となり，

$$F_x = -\frac{\partial p}{\partial x}$$

が得られる．他の方向も同様であるので，圧力による力は，

$$\boldsymbol{F}_P = -\boldsymbol{\nabla} p$$

となる．左辺の $\dfrac{d\boldsymbol{u}}{dt}$ は粒子とともに動く座標系で見たときの加速度であるが，変形して

$$\begin{aligned}
\frac{d\boldsymbol{u}}{dt} &= \frac{\partial \boldsymbol{u}}{\partial t} + \frac{\partial \boldsymbol{u}}{\partial x}\frac{\partial x}{\partial t} + \frac{\partial \boldsymbol{u}}{\partial y}\frac{\partial y}{\partial t} + \frac{\partial \boldsymbol{u}}{\partial z}\frac{\partial z}{\partial t} \\
&= \frac{\partial \boldsymbol{u}}{\partial t} + \frac{\partial \boldsymbol{u}}{\partial x}u_x + \frac{\partial \boldsymbol{u}}{\partial y}u_y + \frac{\partial \boldsymbol{u}}{\partial z}u_z \\
&= \frac{\partial \boldsymbol{u}}{\partial t} + (\boldsymbol{u} \cdot \boldsymbol{\nabla})\boldsymbol{u}
\end{aligned}$$

と書ける．結局，

$$mn\left[\frac{\partial \boldsymbol{u}}{\partial t} + (\boldsymbol{u} \cdot \boldsymbol{\nabla})\boldsymbol{u}\right] = -\boldsymbol{\nabla} p + nq(\boldsymbol{E} + \boldsymbol{u} \times \boldsymbol{B}) + \boldsymbol{F}_C \tag{5.9}$$

が成り立ち，これを運動量保存式あるいは運動量保存則 (equation of momentum conservation) という．$\boldsymbol{F}_C$ は衝突の種類によりさまざまな式になるが，(5.9) 式が荷電粒子に対する式の場合で，衝突相手として中性粒子を考える場合は，

$$\boldsymbol{F}_C = -mn\nu_m \boldsymbol{u} \tag{5.10}$$

と書ける．ここで ν_m は運動量移行衝突周波数である．

例題 5.3

(5.8) 式を円筒座標で表せ．

解答

$n = n(r, \theta, z, t)$, $\boldsymbol{u} = (u_r, u_\theta, u_z)$ とし，(5.8) 式に対して発散の公式[4]を用いると，

$$\frac{\partial n}{\partial t} + \frac{1}{r}\frac{\partial}{\partial r}(rnu_r) + \frac{1}{r}\frac{\partial}{\partial \theta}(nu_\theta) + \frac{\partial}{\partial z}(nu_z) = 0$$

となる．

---

4) 第 1 章 (A.2) 式を参照．

5.3 輸送係数

定常状態のプラズマに運動量保存則を適用する．u が小さいとして左辺の非線形項を無視する．衝突項が (5.10) 式の形で表されるとする．また，外部磁場が印加されておらず，$B = 0$ とする．この場合，(5.9) 式は，

$$0 = -\nabla p + qn\boldsymbol{E} - mn\nu_m \boldsymbol{u} \tag{5.11}$$

と書ける．変形すると，

$$\boldsymbol{u} = \frac{1}{mn\nu_m}(qn\boldsymbol{E} - \nabla p) = \frac{q}{m\nu_m}\boldsymbol{E} - \frac{k_B T}{m\nu_m}\frac{\nabla n}{n} \tag{5.12}$$

となる．ただし，プラズマは等温であるとして $\nabla p = \nabla(nk_B T) = k_B T \nabla n$ を用いた．この式において，

$$\mu \equiv \frac{|q|}{m\nu_m} \tag{5.13a}$$

$$D \equiv \frac{k_B T}{m\nu_m} \tag{5.13b}$$

を，それぞれ，移動度 (mobility)，および拡散係数 (diffusion coefficient) と定義すると，イオンと電子の粒子束は，

$$\boldsymbol{\Gamma}_i \equiv n_i \boldsymbol{u}_i = \mu_i n_i \boldsymbol{E} - D_i \nabla n_i \tag{5.14a}$$

$$\boldsymbol{\Gamma}_e \equiv n_e \boldsymbol{u}_e = -\mu_e n_e \boldsymbol{E} - D_e \nabla n_e \tag{5.14b}$$

と書ける．移動度や拡散係数を輸送係数 (transport coefficient) という．

(5.13a)，(5.13b) 式を比べると

$$\frac{D}{\mu} = \frac{k_B T}{|q|} \tag{5.15}$$

の関係があることがわかる．この式をアインシュタイン (Einstein) の関係式という．

プラズマ ($n_i = n_e \equiv n$) のある部分からイオン，電子が (5.14) 式に従って異なる速度で流出するとすると，すぐに大きな電界が生じプラズマの中性が破れてしまう．したがって，$u_i = u_e$ でなければならない．これを用いて $\boldsymbol{E}$ を消去すると，

$$\boldsymbol{\Gamma}_i = \boldsymbol{\Gamma}_e = -\frac{\mu_i D_e + \mu_e D_i}{\mu_i + \mu_e}\nabla n \equiv -D_a \nabla n \tag{5.16}$$

となり，D_a を両極性拡散係数 (ambipolar diffusion coefficient) という．また，このときに生じている電界は

$$\boldsymbol{E} = \frac{D_i - D_e}{\mu_i + \mu_e}\frac{\nabla n}{n} \tag{5.17}$$

である．つまり拡散係数の大きな電子が先に動こうとするが，とり残されたイオンとの間に電子を引きもどす方向の電界が発生する．これにより電子は減速され，またイオンは加速され，(5.17) 式で示される電界により両者一緒に (5.16) 式に従って運動する．

◆ **ボルツマンの関係式** (5.9) 式の電子に対する運動量保存則において，無衝突を仮定し，$m_e \to 0$ の極限における外部磁場方向（z 方向とする）の成分を記すと，

$$k_B T_e \frac{\partial n_e}{\partial z} = -n_e e E_z = n_e e \frac{\partial \phi}{\partial z} \tag{5.18}$$

となる．ここで電位 ϕ を導入した．積分すると，

$$n_e = n_0 \exp\left(\frac{e\phi}{k_B T_e}\right) \tag{5.19}$$

なる式が得られる．n_0 は $\phi = 0$ における n_e の値である．これを Boltzmann の関係式という．この式によると電位の高いところでは電子密度も高い．これは電位が高いとそのまわりの電界により力をうけて電子が集まるが，今度はその点での電子の圧力が増大し，その勾配による力で電子は追い出される．この両者の力のバランスで電子密度分布が決まる．

例題 5.4

(5.16) 式と (5.17) 式を導け．

解答

(5.14) 式において，プラズマは電気的に中性であるから $n_i = n_e \equiv n$ とし，$\boldsymbol{\Gamma}_i = \boldsymbol{\Gamma}_e$ とおくと，

$$\mu_i n \boldsymbol{E} - D_i \boldsymbol{\nabla} n = -\mu_e n \boldsymbol{E} - D_e \boldsymbol{\nabla} n$$

$$\boldsymbol{E} = \frac{D_i - D_e}{\mu_i + \mu_e} \frac{\boldsymbol{\nabla} n}{n}$$

となる．これを $\boldsymbol{\Gamma}_e$（または $\boldsymbol{\Gamma}_i$）に代入すると，

$$\boldsymbol{\Gamma}_e = \boldsymbol{\Gamma}_i = -\mu_e n \frac{D_i - D_e}{\mu_i + \mu_e} \frac{\boldsymbol{\nabla} n}{n} - D_e \boldsymbol{\nabla} n = -\frac{\mu_i D_e + \mu_e D_i}{\mu_i + \mu_e} \boldsymbol{\nabla} n$$

となる．

例題 5.5

$\mu_e \gg \mu_i$ のとき，D_a はどのように近似されるか．

解答

$\mu_e \gg \mu_i$ のとき

$$D_a = \frac{\mu_i D_e + \mu_e D_i}{\mu_i + \mu_e} \simeq \frac{\mu_i}{\mu_e} D_e + D_i = \left(\frac{T_e}{T_i} + 1\right) D_i$$

と近似できる．

5.4 デバイ遮へい

5.1 節で Debye 長を導いたが，それが遮へい距離を表していることを示そう．図 **5.4** のように，一様なプラズマ中に平面状の金網（グリッド）を入れ，プラズマに対して電位 ϕ_0 を与えたとする．1 次元問題と考え，物理量は x 方向のみに変化し，y, z 方向は一様とする．電位を与える Poisson の式は，

$$\nabla^2 \phi = -\frac{e}{\varepsilon_0}(n_i - n_e) \tag{5.20}$$

である．n_i と n_e はそれぞれイオン密度と電子密度である．ここではプラズマの電荷中性がやぶれる程の小さな領域を考えているので，n_i と n_e は等しくないことに注意する必要がある．電位が変化したとき，イオン密度は一様のままで，電子は Boltzmann の関係式に従うと考えると，

$$\frac{d^2\phi}{dx^2} = \frac{en_0}{\varepsilon_0}\left[\exp\left(\frac{e\phi}{k_B T_e}\right) - 1\right] \simeq \frac{e^2 n_0}{\varepsilon_0 k_B T_e}\phi \tag{5.21}$$

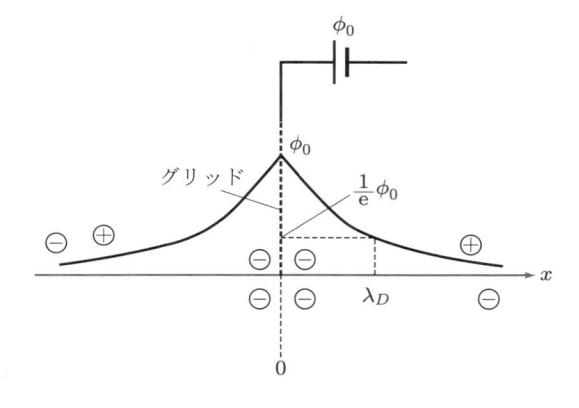

図 **5.4** デバイ遮へい

となる．ここで，n_0 は十分遠方の $\phi = 0$ の位置における密度であり，そこでは $n_0 \equiv n_i = n_e$ である．また，最後の近似式は，$e\phi/k_B T_e$ が 1 より十分小さいとして，指数関数をテーラー (Taylor) 展開した結果である．この仮定は，電子の熱エネルギーに比べて静電的エネルギーが小さい，ということであり，一般のプラズマにおいて常に成立する．さて，(5.21) 式を解くと，

$$\phi = \phi_0 \exp\left(-\frac{|x|}{\lambda_D}\right) \tag{5.22}$$

となり，λ_D は (5.2) 式で定義される Debye 長である．この式から，グリッドの位置 ($x = 0$) では電位は ϕ_0 であるが，そこから離れると電位は指数関数的に減少することがわかる．これは，グリッドのまわりに電子が集まることによってもともとの電界を遮へいしたのであり，Debye 遮へい (shielding) とよばれる．λ_D は電位が 1/e になる距離であり Debye の遮へい距離ともいわれる．十分な遮へいができるためには，Debye 長以内に多くの電子が存在する必要がある．したがって，本節の議論では，(5.3) 式が暗黙のうちに仮定されている．

例題 5.6

$r = 0$ に半径 a の金属球をおき電荷 q を与えたとき，まわりの電位を表す式を導き，真空中の場合とプラズマ中の場合で比較せよ．

解答

真空の場合，$r > a$ の任意の r にできる電界は，Gauss の定理より，$E = \dfrac{q}{4\pi\varepsilon_0 r^2}$ であり，電位は，

$$\phi = -\int \frac{q}{4\pi\varepsilon_r\varepsilon_0 r^2}\, dr = \frac{q}{4\pi\varepsilon_0 r} \qquad (r \geq a)$$

となる．

プラズマ中の場合は，Debye 遮へいを考慮する必要がある．(5.20) 式を球座標で書く．球対称であるから動径方向のみの変化を考慮して，

$$\frac{1}{r^2}\frac{d}{dr}\left(r^2 \frac{d\phi}{dr}\right) = \frac{en_0}{\varepsilon_0}\left[\exp\left(\frac{e\phi}{k_B T_e}\right) - 1\right] \simeq \frac{e^2 n_0}{\varepsilon_0 k_B T_e}\phi$$

ここで，$\phi(r) = \dfrac{g(r)}{r}$ とおくと，

$$\frac{\partial \phi}{\partial r} = -\frac{g}{r^2} + \frac{1}{r}\frac{\partial g}{\partial r}$$

$$\frac{\partial^2 \phi}{\partial r^2} = -\frac{1}{r^2}\frac{\partial g}{\partial r} + \frac{2g}{r^3} + \frac{1}{r}\frac{\partial^2 g}{\partial r^2} - \frac{1}{r^2}\frac{\partial g}{\partial r}$$

により，与式は，$\frac{\partial^2 g}{\partial r^2} = \frac{g}{\lambda_D{}^2}$ となるから，これを解いて，
$$g = A \exp\left(-\frac{r}{\lambda_D}\right)$$
$r = a$ で $\phi = \frac{q}{4\pi\varepsilon_0 a}$ であるから，
$$A\frac{\exp(-a/\lambda_D)}{a} = \frac{q}{4\pi\varepsilon_0 a}$$
したがって，
$$\phi = \frac{q}{4\pi\varepsilon_0}\frac{1}{r}\exp\left(-\frac{r-a}{\lambda_D}\right) \qquad (r \geq a)$$
となる．

これは，$a \to 0$ では，
$$\phi = \frac{q}{4\pi\varepsilon_0}\frac{1}{r}\exp\left(-\frac{r}{\lambda_D}\right)$$
となって，$r = 0$ に点電荷 q をおいた場合に相当する．

図 5.5 のように，電位は真空中では $1/r$ でゆっくり減少するのに対し，プラズマ中では，図 5.4 と同様，Debye 遮へいにより急速に 0 になる．

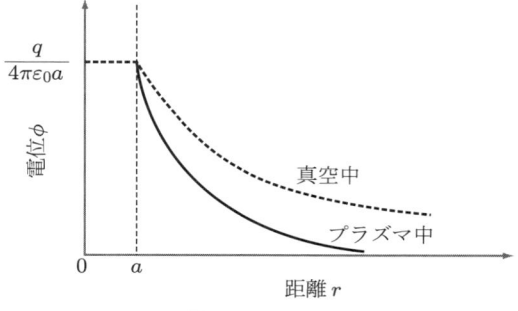

図 5.5

例題 5.7

通常のプラズマにおいて $e\phi/k_B T_e \ll 1$ が成り立つことを示せ．

解答

1 個の電子のまわりの空間電荷がつくる電位を ϕ'，すべての電荷がつくる電位を ϕ とすると，$\phi = \phi' - \dfrac{e}{4\pi\varepsilon_0 r}$ であるから，

$$\phi' = \frac{e}{4\pi\varepsilon_0 r} + \frac{-e}{4\pi\varepsilon_0}\frac{1}{r}\exp\left(-\frac{r}{\lambda_D}\right) \simeq \frac{e}{4\pi\varepsilon_0 r} + \frac{-e}{4\pi\varepsilon_0 r}\left(1 - \frac{r}{\lambda_D}\right)$$
$$= \frac{e}{4\pi\varepsilon_0 \lambda_D}$$

1個の電子がもつ静電エネルギーは $\frac{1}{2}(-e)\phi' = -\frac{1}{2}\frac{e^2}{4\pi\varepsilon_0\lambda_D}$ であるから，全粒子では，

$$W_e = -\frac{1}{2}\frac{ne^2}{4\pi\varepsilon_0\lambda_D} = -\frac{1}{2}\frac{k_B T_e}{4\pi\lambda_D{}^3}$$

一方，熱エネルギーは，$W_T = \frac{3}{2}nk_B T_e$ なので

$$\frac{W_T}{|W_e|} = \frac{4\pi\lambda_D{}^3}{3}n$$

となる．この右辺は Debye 長を半径とする球内にある全粒子数であり，通常のプラズマの場合は非常に大きい．よって，$\frac{W_T}{|W_e|} \gg 1$ であり，熱エネルギーが静電エネルギーよりずっと大きく，$\frac{e\phi}{k_B T_e} \ll 1$ が成り立つ．

5.5 プラズマの密度，温度

3.1.3 項で述べたように，グロー放電における陽光柱はイオンと電子の数がほぼ等しいプラズマ状態になっている．イオンと電子はプラズマを囲む壁に向かって拡散し，壁で再結合して消滅する．それを補うために，プラズマ中のわずかな電界により電子が加速され，衝突電離を起こすことで荷電粒子を補給している．このときのプラズマ密度や電子温度について考察しよう．

5.5.1 円筒プラズマの密度分布

陽光柱などの，定常状態にある半径 R の円筒プラズマにおいて，電子の平均自由行程が R よりも十分小さいとし，電子，イオンの密度は等しいとする．電子の非弾性衝突のうち電離衝突のみを考え，その周波数を ν_i とおく．連続の式 $\frac{\partial n}{\partial t} + \boldsymbol{\nabla}\cdot(n\boldsymbol{u}) = \nu_i n$ と (5.16) 式より，

$$\boldsymbol{\nabla}\cdot D_a \boldsymbol{\nabla} n + \nu_i n = 0 \tag{5.23}$$

円筒形の陽光柱は軸方向には十分長く一様とし，また方位角方向にも一様であることから，(5.23) 式中の空間微分は r 方向のみとなり，

$$\frac{d^2n(r)}{dr^2} + \frac{1}{r}\frac{dn(r)}{dr} + \frac{\nu_i}{D_a}n(r) = 0 \tag{5.24}$$

を得る．ここで，D_a は空間的に一定としており，以後 ν_i もそのように仮定する．(5.24) 式は $x = r\sqrt{\nu_i/D_a}$ と変数変換することにより，

$$\frac{d^2n}{dx^2} + \frac{1}{x}\frac{dn}{dx} + \left(1 - \frac{m^2}{x^2}\right)n = 0 \tag{5.25}$$

で表される Bessel の微分方程式において $m=0$ の場合に帰着する．(5.25) 式の解は $n(x) = c_1 \mathrm{J}_m(x) + c_2 \mathrm{N}_m(x)$ であるが，Neumann 関数 N_m は $x=0$ で発散するため，n の解としては不適である．したがって，(5.24) の解は 0 次の第 1 種 Bessel 関数 J_0 で表され，

$$n = n_0 \mathrm{J}_0\left(r\sqrt{\frac{\nu_i}{D_a}}\right) \tag{5.26}$$

となる．ここで n_0 は $r=0$ における電子密度の値である．さらに器壁 $r=R$ で $n=0$ であり，また $n>0$ であるから

$$R\sqrt{\frac{\nu_i}{D_a}} = \rho_{01} \simeq 2.4 \tag{5.27}$$

を満たさなければならない．ここで ρ_{01} は図 **5.6** に示されるように J_0 の最初のゼロ点である．よって

$$n = n_0 \mathrm{J}_0\left(\rho_{01}\frac{r}{R}\right) \tag{5.26}'$$

が求める密度分布である．これを図 **5.7** に示す．このとき，(5.27) 式より電離衝突周波数と両極性拡散係数の関係が与えられ，$\nu_i = \rho_{01}{}^2 D_a/R^2$ となる．すなわち拡散係

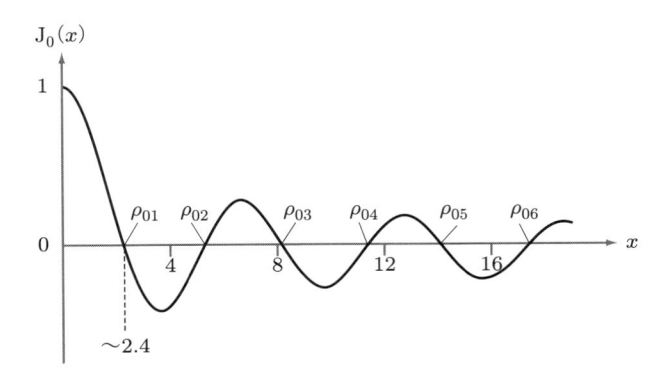

図 **5.6** 0 次の第 1 種ベッセル関数

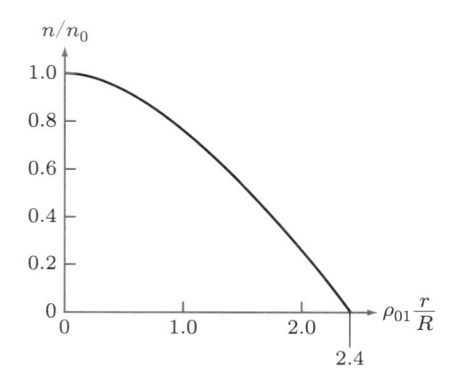

図 5.7 密度分布

数が大きい場合やプラズマの半径が小さい場合はプラズマの壁への損失が大きくなるのでそれを補うために ν_i が増加して電離によるプラズマ生成を増やす必要があることを示している．

5.5.2 時間変化する円筒プラズマの密度

次に，定常状態にある陽光柱の電流を突然遮断し，電離が起こらないようにした場合，その後の電子，イオンの密度 $n(r,t)$ は時間とともにどのように変化するか調べよう．電子衝突による電離がないので，円筒座標系で連続の式を記述すると，

$$\frac{\partial n}{\partial t} + \frac{1}{r}\frac{\partial}{\partial r}(rnu_r) = 0 \tag{5.28}$$

となる．両極性拡散係数を D_a とすると (5.28) 式は

$$\frac{\partial n}{\partial t} = D_a\left(\frac{\partial^2 n}{\partial r^2} + \frac{1}{r}\frac{\partial n}{\partial r}\right) \tag{5.29}$$

となる．この偏微分方程式を変数分離法で解こう．t だけの関数 $g(t)$ と r だけの関数 $h(r)$ を導入し，$n = g(t)h(r)$ とおいて，(5.29) 式に代入し，整理すると

$$\frac{1}{g}\frac{dg}{dt} = \frac{D_a}{h}\left(\frac{d^2 h}{dr^2} + \frac{1}{r}\frac{dh}{dr}\right) \tag{5.30}$$

と書ける．上式があらゆる t,r について成り立つためには，両辺がそれぞれ定数に等しくならなければならない．その定数を $-a^2$ とすると，g および h はそれぞれ

$$\frac{1}{g}\frac{dg}{dt} = -a^2, \qquad \frac{d^2 h}{dr^2} + \frac{1}{r}\frac{dh}{dr} + \frac{a^2}{D_a}h = 0 \tag{5.31}$$

を満たさなければならない．これらの解はそれぞれ

$$g = A_1 e^{-a^2 t}, \qquad h = A_2 \cdot \mathrm{J}_0\left(\sqrt{\frac{a^2}{D_a}} r\right) \tag{5.32}$$

である．ただし A_1, A_2 は定数である．器壁 $r = R$ で $h = 0$ とすると，$\mathrm{J}_0(x)$ の最初のゼロ点 $x = \rho_{01}$ を用いて，

$$\sqrt{\frac{a^2}{D_a}} R = \rho_{01} \simeq 2.4 \tag{5.33}$$

となる．したがって $h = A_2 \cdot \mathrm{J}_0(\rho_{01} r/R)$ となる．この g と h を $n = g(t)h(r)$ に代入し，かつ (5.33) 式により $a^2 = (\rho_{01}/R)^2 D_a$ であることを考慮すれば，求める n として

$$n = n_0 \cdot \mathrm{J}_0\left(\rho_{01}\frac{r}{R}\right) \cdot \exp\left(-\frac{{\rho_{01}}^2}{R^2} D_a t\right) \tag{5.34}$$

が得られる．ただし，n_0 は $t = r = 0$ における n の値である．この式によると，陽光柱の荷電粒子密度は，図 **5.7** の空間分布を保ちながら時間とともに指数関数的に減少してゆくことがわかる．その減少の仕方は陽光柱の半径が小さいほど，また両極性拡散係数が大きいほど速い．

5.5.3 円筒プラズマの電子温度

再び，時間的に変化しない定常状態の陽光柱を考え，その電子温度を与える式を導くことにする．電離衝突断面積の電子エネルギー依存性 $\sigma_i(E)$ は，例として Ar 原子の場合が図 **2.20** に示されており，それを (2.31) 式に代入すると，電子温度の関数としての電離衝突周波数 $\nu_i(T_e)$ を図 **2.21** から求めることができる．今ある気体原子に対する $\sigma_i(E)$ を，

$$\sigma_i(E) = \begin{cases} 0 & \text{for } E < eV_i \\ C(E - eV_i) & \text{for } E \geq eV_i \end{cases} \tag{5.35}$$

と近似する．ここで，V_i [eV] は電離電圧，C は定数であり，どちらも気体によって定まる．このように近似できるのは，電離電圧に比べて電子の平均エネルギーが小さく，Maxwell 分布の裾野の部分の電子のみが電離に寄与するような場合である．T_e が数 eV 以下のプラズマはこのような場合に相当する．これを (2.31) 式に代入して積分を実行すると，

$$\nu_i = C n_N (eV_i + 2k_B T_e) \sqrt{\frac{8k_B T_e}{\pi m_e}} \exp\left(-\frac{eV_i}{k_B T_e}\right) \tag{5.36}$$

となる．n_N は気体の密度であり，気体の温度 T_N を一定とすると気体の圧力 p に比例する．また，(5.36) 式で eV_i に対して $k_B T_e$ を無視して，

$$\nu_i = C\sqrt{\frac{8}{\pi m_e}}\frac{eV_i}{k_B T_N}p(k_B T_e)^{\frac{1}{2}}\exp\left(-\frac{eV_i}{k_B T_e}\right) \tag{5.37}$$

と近似する．この式を (5.27) 式に代入するのであるが，同式中の D_a は，$\mu_e \gg \mu_i$，$T_e \gg T_i$ により次のように書ける．

$$D_a = \frac{\mu_i D_e + \mu_e D_i}{\mu_i + \mu_e} \simeq \mu_i\left(\frac{D_i}{\mu_i} + \frac{D_e}{\mu_e}\right) \simeq \mu_i\frac{k_B T_e}{e} \tag{5.38}$$

さらに，イオン温度は一定として，μ_i を

$$\mu_i = \frac{e}{m_i \nu_{mi}} \simeq \frac{e}{m_i}\frac{1}{n_N \bar{\sigma}_{mi}}\sqrt{\frac{m_i}{k_B T_i}} \simeq G\frac{1}{p} \tag{5.39}$$

のように定数と p^{-1} の積として近似する．(5.37) 式から (5.39) 式を (5.27) 式に代入すると，最終的に

$$\frac{e\sqrt{8/\pi m_e}}{(2.4)^2}\frac{eV_i}{k_B T_N}\frac{C}{G}(pR)^2 = (k_B T_e)^{\frac{1}{2}}\exp\left(\frac{eV_i}{k_B T_e}\right) \tag{5.40}$$

の関係が得られる．これによると，電子温度は，気体の種類が決まり C/G と V_i が与えられると，圧力と陽光柱の半径の積の値だけで決定されることがわかる．その関係をグラフに示すと図 **5.8** のようになり，pR が小さくなると T_e は大きくなる．

これは，R が小さいとイオン，電子が拡散によって壁に達しやすくなりプラズマが損失する．また p が小さいと拡散係数が大きくなり，やはり損失が増す．これを補うためには電離を促進する必要があり，そのために T_e が増大するのである．

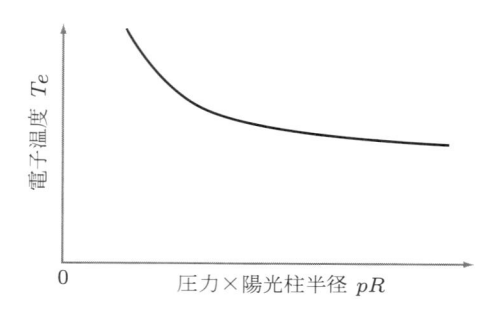

図 **5.8** 陽光柱の電子温度

例題 5.8

(5.36) 式を導け．

解答

(2.31) 式に (5.35) 式を代入し，計算すると，

$$\nu_i = \frac{4}{\sqrt{2\pi m_e}} n_N \frac{1}{(k_B T_e)^{\frac{3}{2}}} \int_{eV_i}^{\infty} C(E - eV_i) E \exp\left(-\frac{E}{k_B T_e}\right) dE$$

$$= \frac{4}{\sqrt{2\pi m_e}} n_N \frac{1}{(k_B T_e)^{\frac{3}{2}}}$$
$$\times C \left\{ \int_{eV_i}^{\infty} E^2 \exp\left(-\frac{E}{k_B T_e}\right) dE - eV_i \int_{eV_i}^{\infty} E \exp\left(-\frac{E}{k_B T_e}\right) dE \right\}$$

$$= \frac{4}{\sqrt{2\pi m_e}} n_N \frac{1}{(k_B T_e)^{\frac{3}{2}}}$$
$$\times C \left\{ k_B T_e (eV_i)^2 \exp\left(-\frac{eV_i}{k_B T_e}\right) \right.$$
$$\left. + (2k_B T_e - eV_i) \int_{eV_i}^{\infty} E \exp\left(-\frac{E}{k_B T_e}\right) dE \right\}$$

$$= \frac{4}{\sqrt{2\pi m_e}} n_N \frac{1}{(k_B T_e)^{\frac{3}{2}}}$$
$$\times C k_B T_e \left\{ (eV_i)^2 + (2k_B T_e - eV_i)(k_B T_e + eV_i) \right\} \exp\left(-\frac{eV_i}{k_B T_e}\right)$$

$$= C n_N \sqrt{\frac{8 k_B T_e}{\pi m_e}} (eV_i + 2k_B T_e) \exp\left(-\frac{eV_i}{k_B T_e}\right)$$

となる．

5.6　シース

プラズマが電気的に絶縁された固体壁に接しているとき，プラズマから壁へ向かって電子，イオンが流れ込む．今考えているプラズマでは電子の熱速度はイオンのそれよりきわめて大きいので，壁へは電子が過剰に到達する．そうすると，壁の電位はプラズマに対して負になり，電子を追い返し，イオンを加速して電子とイオンの粒子束が等しくなるようにプラズマとの間に電界が形成される．この空間電荷層をシース (sheath) とよぶ．この場合のシースはイオン密度が電子密度より高いのでイオンシースとよばれることもある．

5.6.1 シースの構造

固体壁からプラズマにいたる空間の密度分布，電位分布を図 5.9 に示してある．ここでは物理量は x 方向のみに変化し，他の方向は一様とする．また衝突は無視できるものとする．固体壁近傍にはシースがあり，シース端からプレシース (presheath) を経て，プラズマとなる．定常状態においてプラズマの密度を n_0，電子温度を T_e，イオン温度を 0 とし，シース端 $x=0$ での電位を $\phi(x=0)=0$ ととり，イオン速度を $u(x=0)=u_B$ とすると，イオンのエネルギー保存則は，

$$\frac{1}{2}m_i u_B{}^2 = \frac{1}{2}m_i u(x)^2 + e\phi(x) \tag{5.41}$$

連続の式は，(5.8) 式より $\nabla \cdot (n\boldsymbol{u}) = 0$，すなわち $\frac{d}{dx}(n_i u) = 0$ であるから，

$$n_B u_B = n_i(x) u(x) \tag{5.42}$$

ここで，$n_B \equiv n_i(0) = n_e(0)$ である．これらより，

$$n_i(x) = n_B \left(1 - \frac{2e\phi(x)}{m_i u_B{}^2}\right)^{-\frac{1}{2}} \tag{5.43}$$

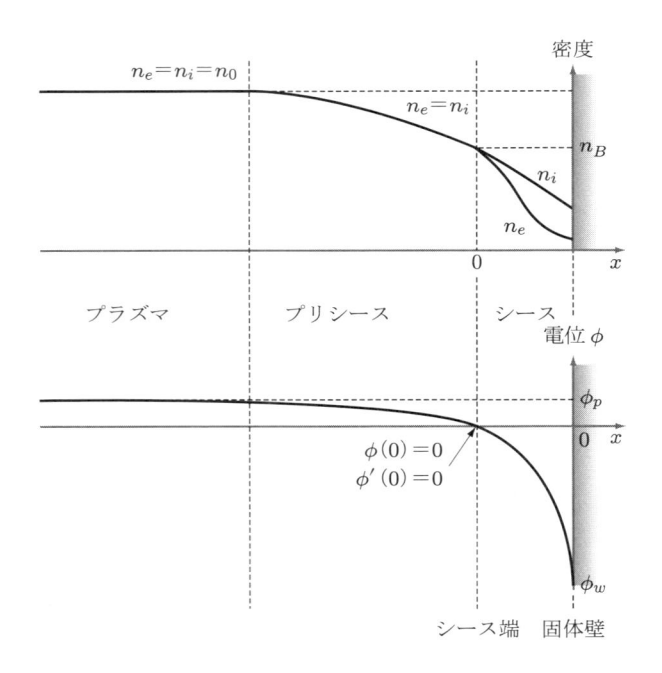

図 5.9 シース

一方,電子は Boltzmann の関係式, (5.19) 式: $n_e(x) = n_B \exp\left(\dfrac{e\phi(x)}{k_B T_e}\right)$, に従うので,シース内の電位に関する Poisson の式は,

$$\frac{d^2\phi(x)}{dx^2} = \frac{en_B}{\varepsilon_0}\left[\exp\left(\frac{e\phi(x)}{k_B T_e}\right) - \left(1 - \frac{2e\phi(x)}{m_i u_B{}^2}\right)^{-\frac{1}{2}}\right] \quad (5.44)$$

となる.ここで,変数などを,

$$\chi \equiv -\frac{e\phi}{k_B T_e}, \qquad \xi \equiv \frac{x}{\lambda_D} = x\left(\frac{n_B e^2}{\varepsilon_0 k_B T_e}\right)^{\frac{1}{2}}, \qquad \Pi \equiv \frac{u_B}{(k_B T_e/m_i)^{\frac{1}{2}}}$$

と変換すると,(5.44) 式は,次のように簡単になる.

$$\chi'' = \left(1 + \frac{2\chi}{\Pi^2}\right)^{-\frac{1}{2}} - e^{-\chi} \quad (5.45)$$

ただし,$\chi'' = \dfrac{d^2\chi}{d\xi^2}$ であり,χ は ξ の関数である.

両辺に χ' をかけて積分し,$\phi(0) = 0$, $\phi'(0) = 0$, すなわち $\xi = 0$ で $\chi = 0$, $\chi' = 0$, の境界条件を用いると,

$$\frac{1}{2}\chi'^2 = \Pi^2\left[\left(1 + \frac{2\chi}{\Pi^2}\right)^{\frac{1}{2}} - 1\right] + e^{-\chi} - 1 \quad (5.46)$$

となる.この式は直ちには解けないが,χ の値の如何にかかわらず右辺は常に正でなければならない.$|\chi| \ll 1$ の場合について,右辺を Taylor 展開するために,

$$g(\chi) = \Pi^2\left[\left(1 + \frac{2\chi}{\Pi^2}\right)^{\frac{1}{2}} - 1\right] + e^{-\chi} - 1$$

とおき,χ について微分すると,

$$g'(\chi) = \left(1 + \frac{2\chi}{\Pi^2}\right)^{-\frac{1}{2}} - e^{-\chi},$$

$$g''(\chi) = -\frac{1}{\Pi^2}\left(1 + \frac{2\chi}{\Pi^2}\right)^{-\frac{3}{2}} + e^{-\chi}$$

となる.$g(\chi)$ を Taylor 展開し,2 次の項までで近似すると,

$$g(\chi) \simeq g(0) + g'(0)\chi + \frac{1}{2!}g''(0)\chi^2$$

$g(0) = g'(0) = 0$, $g''(0) = 1 - \dfrac{1}{\Pi^2}$ より,

$$g(\chi) \simeq \frac{1}{2}\left(1 - \frac{1}{\Pi^2}\right)\chi^2$$

となる．(5.46) 式とこれより，$\frac{1}{2}\left(1-\frac{1}{\Pi^2}\right)\chi^2 \geq 0$ でなければならないから，$\Pi^2 \geq 1$ すなわち，

$$u_B \geq \sqrt{\frac{k_B T_e}{m_i}} \tag{5.47}$$

が要請される．右辺はプラズマ中を伝わる音波の速度，すなわち音速である．この式は，シースが形成されるためにはイオンがシース端で音速以上の速度をもって流入しなければならないということを意味し，ボーム (Bohm) のシース条件とよばれる．

このイオンの加速はプラズマ領域からシース端まで電位が徐々に降下する部分で行われる．この領域がプレシースである．この部分の電位降下はそう大きいものではなく，n_e が減少するが n_i も (5.43) 式に従って減少するので，依然として $n_e = n_i$ である．プレシースでは，イオンが音速まで加速されるのであるから，それに必要な電位差，すなわち図 **5.9** の ϕ_p は $e\phi_p = \frac{1}{2}m_i\left(\sqrt{\frac{k_B T_e}{m_i}}\right)^2$ を解いて

$$\phi_p = \frac{k_B T_e}{2e} \tag{5.48}$$

となる．これがプラズマ電位 (plasma potential) である．

5.6.2 シースの電位

さて，シース端よりシースに流入し固体壁に到達するイオンの粒子束は，

$$\Gamma_i = n_B u_B = n_B \left(\frac{k_B T_e}{m_i}\right)^{\frac{1}{2}} \tag{5.49}$$

である．プラズマ領域の電子密度は n_0 で，そこから電位が ϕ_p だけ低いシース端での電子密度は Boltzmann の関係式を使って

$$n_0 \exp\left(-\frac{e\phi_p}{k_B T_e}\right) = n_0 \exp\left(-\frac{1}{2}\right)$$

と求まる．シース端ではまだ $n_e = n_i$ であるから $n_B = n_0 \exp\left(-\frac{1}{2}\right)$ となる．したがって，

$$\Gamma_i = n_0 \exp\left(-\frac{1}{2}\right)\left(\frac{k_B T_e}{m_i}\right)^{\frac{1}{2}} \tag{5.50}$$

である．一方，プラズマ電位に対して $\phi_p - \phi_w \equiv \phi_f$ だけ低い電位をもつ壁に入射する電子の粒子束は，1 方向へ向かう粒子束 (2.9) 式と Boltzmann の関係式を用いて，

$$\Gamma_e = \frac{1}{4}n_0 \left(\frac{8k_B T_e}{\pi m_e}\right)^{\frac{1}{2}} \exp\left(-\frac{e\phi_f}{k_B T_e}\right) \tag{5.51}$$

と表される．壁に電荷が蓄積してゆくことはないので，イオンと電子のフラックスは等しい．$\Gamma_e = \Gamma_i$ とおいて，

$$\phi_f = \frac{k_B T_e}{2e} \ln \frac{\varepsilon m_i}{2\pi m_e} \tag{5.52}$$

が得られる．ここで，$\varepsilon = 2.7182\cdots$ である．すなわち，壁の電位は

$$\phi_w = \frac{k_B T_e}{2e}\left(1 - \ln \frac{\varepsilon m_i}{2\pi m_e}\right) = -\frac{k_B T_e}{2e} \ln \frac{m_i}{2\pi m_e} \tag{5.53}$$

と求められる．これを浮遊電位 (floating potential) という．このように，絶縁された壁の電位はイオンの種類と電子温度が決まれば定まることがわかる．

例題 5.9

(5.44) 式に変数変換を施して (5.45) 式を導け．

解答

(5.44) 式の右辺第 1 項を整理するために $\dfrac{e\phi(x)}{k_B T_e} \equiv -\chi$ とおき，これから求まる $\phi(x) = -\dfrac{k_B T_e}{e}\chi$ を (5.44) 式に代入し整理すると，

$$\frac{\varepsilon_0 k_B T_e}{e^2 n_B}\frac{d^2\chi}{dx^2} = \left(1 + \frac{2k_B T_e}{m_i u_B^2}\chi\right)^{-\frac{1}{2}} - \exp(-\chi)$$

となる．さらに $\dfrac{u_B}{(k_B T_e/m_i)^{\frac{1}{2}}} \equiv \Pi$ とおき，デバイ長が $\lambda_D = \left(\dfrac{\varepsilon_0 k_B T_e}{e^2 n_B}\right)^{\frac{1}{2}}$ であることを用いると，

$$\lambda_D^2 \frac{d^2\chi}{dx^2} = \left(1 + \frac{2\chi}{\Pi^2}\right)^{-\frac{1}{2}} - \exp(-\chi)$$

となる．また，$x \equiv \lambda_D \xi$ とおけば，

$$\frac{d^2\chi}{d\xi^2} = \frac{d^2\chi}{dx^2}\left(\frac{dx}{d\xi}\right)^2 = \lambda_D^2\frac{d^2\chi}{dx^2}$$

となるので，これを用いると

$$\frac{d^2\chi}{d\xi^2} = \left(1 + \frac{2\chi}{\Pi^2}\chi\right)^{-\frac{1}{2}} - \exp(-\chi)$$

となり，(5.45) 式を得る．

例題 5.10

ある Ar プラズマの電子温度が $2.5\,\text{eV}$ である．浮遊電位を求めよ．

解答

Ar イオンの質量は $m_i = 40 \times 1.66 \times 10^{-27} = 6.64 \times 10^{-26}\,\text{kg}$ である．また，電子温度は $\dfrac{k_B}{e}T_e = 2.5\,\text{eV}$，電子の質量は $m_e = 9.109 \times 10^{-31}\,\text{kg}$ であり，これらを (5.53) 式に代入すると，

$$\phi_w = -\frac{2.5}{2}\ln\frac{6.64 \times 10^{-26}}{2\pi \times 9.109 \times 10^{-31}} \simeq -11.70\,\text{V}$$

となる．また，

$$\phi_p = \frac{k_B T_e}{2e} = \frac{2.5}{2} = 1.25\,\text{V}$$

であるので，浮遊電位は，

$$\phi_f = \phi_p - \phi_w = 1.25 - (-11.70) = 12.95\,\text{V}$$

となる．

演習問題 5

1 s 種の粒子の速度分布関数 $f_s(\boldsymbol{r},\boldsymbol{v},t)$ の時間・空間的発展は，

$$\frac{\partial f_s}{\partial t} + \boldsymbol{v}\cdot\boldsymbol{\nabla} f_s + \frac{q_s}{m_s}(\boldsymbol{E}+\boldsymbol{v}\times\boldsymbol{B})\cdot\frac{\partial f_s}{\partial \boldsymbol{v}} = \left(\frac{\partial f_s}{\partial t}\right)_{\text{collision}} \tag{1}$$

の Boltzmann 方程式によって記述される．ここで右辺は衝突による f_s の変化を表す項である．衝突がないとして (1) 式を全速度にわたり積分することにより，(5.8) 式の連続の式を導け．

2 プラズマに外部磁場 $\boldsymbol{B}_0$ が加えられている場合の輸送係数を求めよ．

3 イオンと電子の再結合が支配的で空間的に一様なプラズマがある．再結合はイオンを A^+ として $\text{A}^+ + \text{e} \to \text{A}$ であるから，この反応のレートはイオン密度 n と電子密度 n の積に比例する．したがって，連続の式は，

$$\frac{dn(t)}{dt} = -\beta n^2(t) \tag{2}$$

と書かれる．β は比例定数であり，再結合係数という．$n(t=0)=n_0$ として，この式を解き，n の時間変化を示せ．

4 シースにおいて壁のごく近くで電子がほとんど存在しない領域を考え，チャイルド−ラングミュア (Child-Langmuir) の式を導出せよ．

第6章 プラズマ中の振動と波動

　空気中に音波や電波などの波が飛びかっているのと同様，プラズマ中にも振動や波動が存在する．プラズマ中では荷電粒子が伝導電流を運ぶことにより，空気/真空中の変位電流のみの場合と比べて自由度が高いため，プラズマ中の波動の種類は非常に多い．ここでは，その一部ではあるが重要な波動について学び，それらを活用するための準備とする．

6.1　プラズマ振動

　プラズマ振動はすでに 5.1 節で取り扱ったが，流体方程式を用いる解析を行ってみよう．プラズマ中に何らかの電界 E が生じたとすると荷電粒子は力を受け速度 u をもつ．この速度は (1) 運動量保存則で求めることができる．速度が空間的に一様でない場合，(2) 連続の式を通して密度 n の変化が生じ，空間電荷が発生する．そしてそれは (3) Poisson の式で決まる電界をつくり，荷電粒子を動かす．このように，図 **6.1** で示される現象を記述するには，上記の (1) から (3) の式を連立させる必要がある．今，以下を仮定する．

　(i) プラズマの温度は 0 で，熱運動をしていない．このような場合を冷たいプラズマとよぶ．

　(ii) イオンは重いので電界に追随せず動かない．

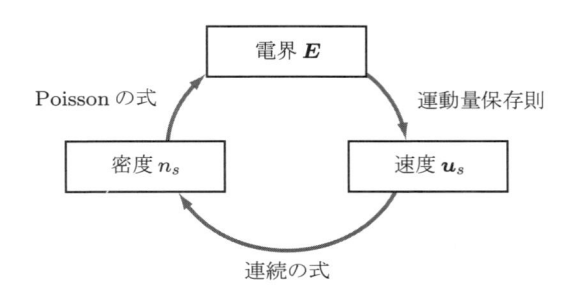

図 **6.1**　静電的高周波振動・波動における物理量の因果関係

(iii) 外部磁場は存在しない．

(iv) 衝突は無視できる．

5.2 節で導いた流体方程式と Poisson の式，すなわち上記の (1) から (3) の式を書くと，それぞれ，

$$m_e n_e \left[\frac{\partial \boldsymbol{u}_e}{\partial t} + (\boldsymbol{u}_e \cdot \boldsymbol{\nabla}) \boldsymbol{u}_e \right] = -e n_e \boldsymbol{E} \tag{6.1}$$

$$\frac{\partial n_e}{\partial t} + \boldsymbol{\nabla} \cdot (n_e \boldsymbol{u}_e) = 0 \tag{6.2}$$

$$\boldsymbol{\nabla} \cdot \boldsymbol{E} = \frac{e}{\varepsilon_0}(n_i - n_e) \tag{6.3}$$

である．仮定 (ii) により，流体方程式は (6.1) 式，(6.2) 式のように，電子に対する式のみでよい．(6.1) 式において，仮定 (i) により圧力の項はなく，仮定 (iii) により磁場による Lorentz 力の項もなく，仮定 (iv) により衝突項も消える．

ここで，物理量を平衡量と摂動量に分ける．平衡量とは電界の振動などが生じる前の時間的に一定な値であり，摂動量とは時間的空間的に変動する微小量である．前者を添え字 0，後者を添え字 1 で表すと，

$$\begin{aligned} n_e(\boldsymbol{r},t) &= n_0(\boldsymbol{r}) + n_1(\boldsymbol{r},t) \\ \boldsymbol{u}_e(\boldsymbol{r},t) &= \boldsymbol{u}_0(\boldsymbol{r}) + \boldsymbol{u}_1(\boldsymbol{r},t) \\ \boldsymbol{E}(\boldsymbol{r},t) &= \boldsymbol{E}_0(\boldsymbol{r}) + \boldsymbol{E}_1(\boldsymbol{r},t) \end{aligned} \tag{6.4}$$

さらに，仮定

(v) 変動前のプラズマは電荷中性であり，運動しておらず一様である，

を用いると，$\boldsymbol{E}_0$, $\boldsymbol{u}_0$ は 0 であり，$\boldsymbol{\nabla} n_0 = 0$ となる．

(6.4) 式を (6.1) 式に代入すると，

$$m_e \left[\frac{\partial \boldsymbol{u}_1}{\partial t} + (\boldsymbol{u}_1 \cdot \boldsymbol{\nabla}) \boldsymbol{u}_1 \right] = -e \boldsymbol{E}_1$$

のようになるが，左辺第 2 項は摂動量と摂動量の積であり，2 次の微小量であるので無視する．(6.2) 式で出てくる $n_1 \boldsymbol{u}_1$ も同様に無視される．(6.3) 式の右辺において，イオン密度は n_0 であるから，

$$\boldsymbol{\nabla} \cdot \boldsymbol{E}_1 = \frac{e}{\varepsilon_0} \left[n_0 - (n_0 + n_1) \right] = -\frac{e n_1}{\varepsilon_0}$$

となる．摂動量は時間空間的に正弦波状の変化をすると仮定して，

$$n_1(\boldsymbol{r},t) = n_1 \exp\left[i(\boldsymbol{k} \cdot \boldsymbol{r} - \omega t) \right] \tag{6.5}$$

などとおく．ここで ω は摂動の角周波数，k は波数ベクトルで，波長 λ は $\lambda = 2\pi/k$ である[1]．また，右辺の n_1 は振幅と位相差を表す複素数である．左辺の $n_1(r,t)$ と同記号で意味は異なるが，(6.5) 式はすべての物理量について適用するので，誤解は生じない．以上のことから $\nabla \to ik$，$\dfrac{\partial}{\partial t} \to -i\omega$ となるので，

$$-im_e \omega \boldsymbol{u}_1 = -e\boldsymbol{E}_1$$

$$-i\omega n_1 + in_0 \boldsymbol{k} \cdot \boldsymbol{u}_1 = 0$$

$$i\boldsymbol{k} \cdot \boldsymbol{E}_1 = -\frac{en_1}{\varepsilon_0}$$

が得られ，これらから，

$$\omega = \left(\frac{e^2 n_0}{\varepsilon_0 m_e}\right)^{\frac{1}{2}} \equiv \omega_p \tag{6.6}$$

が導かれる．すなわち，プラズマの電子は空間的には依存性のない，時間的には角周波数 ω_p で変化する振動をする．これはプラズマ振動である．

6.2 プラズマの比誘電率

電磁界 $\boldsymbol{E}$，$\boldsymbol{H}$ に対する Maxwell の方程式 ((1.26) 式) を再掲すれば，

$$\nabla \times \boldsymbol{E} = -\frac{\partial \boldsymbol{B}}{\partial t}, \quad \nabla \times \boldsymbol{H} = \boldsymbol{J} + \frac{\partial \boldsymbol{D}}{\partial t} \tag{6.7}$$

(6.7) 式中の物理量はすべて角周波数 ω の摂動量であり $\exp(-i\omega t)$ に比例するとして，比誘電率 ε_r の媒質に対する (6.7) 式の第 2 式を書けば，

$$\nabla \times \boldsymbol{H}_1 = -i\omega \varepsilon_0 \varepsilon_r \boldsymbol{E}_1 \tag{6.8}$$

である．

プラズマ中では導電電流も流れることを考慮する必要がある．荷電粒子の運動により運ばれる電流密度は，

$$\boldsymbol{J}_1 = en_0 \boldsymbol{u}_{i1} - en_0 \boldsymbol{u}_{e1} \tag{6.9}$$

であるが，電界の周波数は高く，イオンは追随して動くことはないとすると，(6.9) 式右辺第 1 項は 0 である．冷たいプラズマの電子の運動量保存則は，(5.9) 式から，2 次の項は無視して，

---

[1] 1.3 節参照．

$$m_e n_0 \frac{\partial \boldsymbol{u}_{e1}}{\partial t} = -e n_0 \boldsymbol{E}_1 - m_e n_0 \nu_m \boldsymbol{u}_{e1} \tag{6.10}$$

である[2]．ここで，(5.10) 式を用いた．この解は，

$$\boldsymbol{u}_{e1} = -\frac{e}{m_e} \boldsymbol{E}_1 \frac{1}{-i\omega + \nu_m} \tag{6.11}$$

であるので，これを (6.9) 式に代入し，(6.7) 第2式の右辺に用いれば，

$$\nabla \times \boldsymbol{H}_1 = -i\omega\varepsilon_0 \left[1 - \frac{\omega_p{}^2}{\omega(\omega + i\nu_m)} \right] \boldsymbol{E}_1 \tag{6.12}$$

である．これを (6.8) 式と比較することにより，

$$\varepsilon_p \equiv 1 - \frac{\omega_p{}^2}{\omega(\omega + i\nu_m)} \tag{6.13}$$

がプラズマの比誘電率を表すことがわかる．

6.3 プラズマ中の電磁波

真空中を伝わる電磁波は 1.3 節で取り扱った．プラズマ中では変位電流ばかりでなく導電電流も流れることを考慮して，波動を記述する方程式を導く．ここでは，プラズマは熱運動がない冷たいプラズマとし，衝突もないとする．

電磁界 $\boldsymbol{E}$，$\boldsymbol{H}$ に対する Maxwell の方程式 (6.7) 式の 2 式から $\boldsymbol{H}$ を消去すると，

$$\nabla(\nabla \cdot \boldsymbol{E}) - \nabla^2 \boldsymbol{E} = -\mu_0 \frac{\partial \boldsymbol{J}}{\partial t} - \mu_0 \varepsilon_0 \frac{\partial^2 \boldsymbol{E}}{\partial t^2} \tag{6.14}$$

となる．前節と同じく，物理量を平衡量と摂動量に分け，摂動量が $\exp[i(\boldsymbol{k} \cdot \boldsymbol{r} - \omega t)]$ に比例すると仮定すれば，(6.14) 式は

$$-\boldsymbol{k}(\boldsymbol{k} \cdot \boldsymbol{E}_1) + k^2 \boldsymbol{E}_1 = i\omega\mu_0 \boldsymbol{J}_1 + \frac{\omega^2}{c^2} \boldsymbol{E}_1 \tag{6.15}$$

である．光速を c として $\mu_0 \varepsilon_0 = c^{-2}$ の関係を用いている．ここで電界の周波数は高く，イオンは追随して動くことはないとすると，$\boldsymbol{J}_1 = -e n_0 \boldsymbol{u}_{e1}$ である．プラズマの電子の運動量保存則 $m_e \frac{\partial \boldsymbol{u}_{e1}}{\partial t} = -e\boldsymbol{E}_1$ から $\boldsymbol{u}_{e1} = -\frac{ie}{m_e \omega} \boldsymbol{E}_1$ となるので，(6.15) 式は，

$$c^2 \boldsymbol{k}(\boldsymbol{k} \cdot \boldsymbol{E}_1) + (\omega^2 - c^2 k^2)\boldsymbol{E}_1 = \frac{e^2 n_0}{\varepsilon_0 m_e} \boldsymbol{E}_1 \tag{6.16}$$

ここでは電磁波を考えているので，波の電界は進行方向 ($\boldsymbol{k}$ の方向) に垂直であり，(6.16) 式の左辺第 1 項は 0 である．したがって，両辺を $\boldsymbol{E}_1 (\neq 0)$ で割って，

---

[2] ν_m は ν_{me} と書くべきであるが，自明であるので，e を省略した．

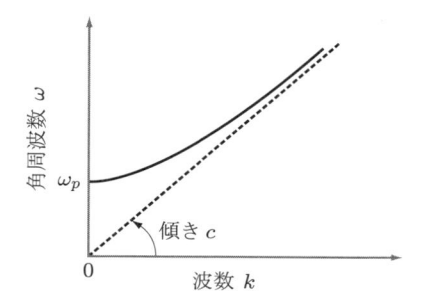

図 **6.2** 電磁波の分散関係

$$\omega^2 = {\omega_p}^2 + c^2 k^2 \tag{6.17}$$

となり，波の周波数と波数との関係を表す式が得られる．このような式を分散式あるいは分散関係式 (dispersion relation) とよび，(6.17) 式は，プラズマ中を伝わる電磁波の分散関係式である．これをグラフで示すと図 **6.2** のようになる．

波の伝搬速度，すなわち位相速度 (phase velocity) は，(6.17) 式より，

$$\frac{\omega}{k} = \frac{c}{\sqrt{1 - \dfrac{{\omega_p}^2}{\omega^2}}} \tag{6.18}$$

と求められる．一般に比誘電率が ε_r の媒質での電磁波の位相速度は，$c/\sqrt{\varepsilon_r}$ であるから，(6.18) 式は，プラズマの比誘電率が，

$$\varepsilon_p \equiv 1 - \frac{{\omega_p}^2}{\omega^2} \tag{6.19}$$

であることを示している．これは，もちろん，(6.13) 式 (ここでは無衝突なので，$\nu_m = 0$ とおく) に一致する．

媒質中での波の屈折率 (refractive index) は $\tilde{n} \equiv kc/\omega$ で与えられるから，(6.18) 式と (6.19) 式から，

$$\tilde{n}^2 = 1 - \frac{{\omega_p}^2}{\omega^2} \tag{6.20}$$

図 **6.2** より，$\omega = \omega_p$ では $k = 0$ となり波は遮断 (カットオフ cutoff) される．すなわち，プラズマは $\omega > \omega_p$ では比誘電率 < 1 の誘電媒質として波を伝搬させるが，$\omega < \omega_p$ ではプラズマは金属のように振る舞い，波を反射してしまう．カットオフを与える周波数は

$$f_c\,[\text{Hz}] \simeq 9\sqrt{n_0\,[\text{m}^{-3}]} \tag{6.21}$$

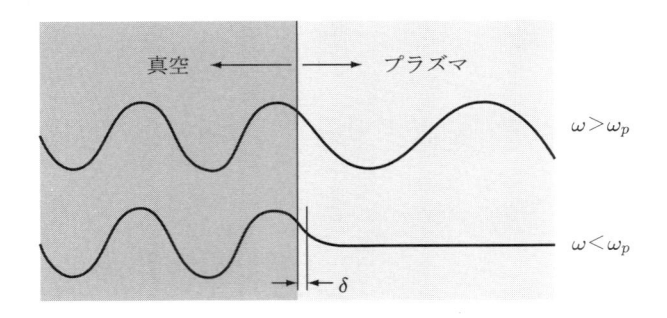

図 **6.3** 電磁波の伝搬の様子

である.

$\omega < \omega_p$ では (6.18) 式からわかるように，ω/k は純虚数になる．ω を実数とし，$k \equiv i/\delta$ (δ: 実数) とおくと，$\mathrm{e}^{ik\cdot r} = \mathrm{e}^{-r/\delta}$ であるから，波が δ 程度の距離で減衰することを表している．これらの様子を図 **6.3** に示す．また，十分に高密度 $\omega_p{}^2 \gg \omega^2$ のときは，(6.18) 式から

$$\frac{\omega}{k} = \frac{c}{\sqrt{-\frac{\omega_p{}^2}{\omega^2}}} = \frac{c\omega}{i\omega_p} \quad \text{すなわち,} \quad \delta = \frac{i}{k} = \frac{c}{\omega_p} \tag{6.22}$$

となり，この δ をプラズマの表皮厚さ (skin depth) という．

例題 **6.1**

プラズマ中の電磁波の群速度 (group velocity) を求め，それが c を超えないことを示せ．

解答

(6.17) 式を用いると，プラズマ中を伝わる電磁波の角周波数 ω と波数 k の間には $\omega = \left(\omega_p{}^2 + c^2 k^2\right)^{\frac{1}{2}}$ の関係がある．群速度は $v_g = \dfrac{d\omega}{dk}$ で与えられるので，

$$v_g = \frac{d}{dk}\left(\omega_p{}^2 + c^2 k^2\right)^{\frac{1}{2}} = \frac{1}{2}\frac{2c^2 k}{\sqrt{\omega_p{}^2 + c^2 k^2}} = \frac{c}{\sqrt{1 + \left(\frac{\omega_p}{ck}\right)^2}}$$

となる．このとき，上式右辺の分母は 1 より大きいので，v_g は c よりも小さい．

例題 **6.2**

衝突が多く，$\nu_m \gg \omega$ のときは表皮厚さはどのようになるか．

解答

プラズマの比誘電率は $\varepsilon_p = 1 - \dfrac{\omega_p{}^2}{\omega(\omega + i\nu_m)}$ で与えられ，極端な低密度でない限り，第 2 項に比べ 1 は無視できる．$\nu_m \gg \omega$ のときは

$$\varepsilon_p \simeq i\frac{\omega_p{}^2}{\omega \nu_m}$$

と近似できる．電磁波の分散関係式は $\dfrac{\omega}{k} = \dfrac{c}{\sqrt{\varepsilon_p}}$ で与えられるので，

$$\frac{\omega}{k} = \frac{c}{\sqrt{i\dfrac{\omega_p{}^2}{\omega \nu_m}}}$$

$$k = \frac{\omega_p}{c}\sqrt{i\frac{\omega}{\nu_m}}$$

となる．ここで $\sqrt{i} = \dfrac{1}{\sqrt{2}}(1+i)$ に注意して，k の虚数部：$\mathrm{Im}(k)$ を計算すれば，

$$\mathrm{Im}(k) = \frac{\omega_p}{\sqrt{2}\,c}\sqrt{\frac{\omega}{\nu_m}}$$

となる．よって表皮厚さは，

$$\delta = \frac{1}{\mathrm{Im}(k)} = \frac{\sqrt{2}\,c}{\omega_p}\sqrt{\frac{\nu_m}{\omega}}$$

となる．

Plasma Gallery　プラズマと通信

スペースシャトルなどの宇宙航行機が帰還する場合，地球の上層大気圏に突入すると，図 **A** のように，大気との摩擦により機体の回りが高温になり，気体分子・原子が電離されてプラズマとなる．このプラズマの密度に対応するプラズマ周波数が，航行機と地上基地との間の通信に使われる電磁波の周波数より高くなるので，6.3 節で述べられているように，電磁波はカットオフとなり両者間の通信が遮断される．これを communications blackout などといい，スペースシャトルでは 16 分間程度続く．

時々夜空に現れる流星群（図 **B**）も，彗星が太陽の近くで撒き散らした塵の中に地球が突入して上層大気の分子・原子と塵が衝突することにより大気が電離されてプラズマとなり発光するものである．このプラズマが電磁波を反射することを利用して，地球上の遠く離れた 2 点間で通信を行おうとするのが，本章演習問題 **1** にある流星バースト通信である．

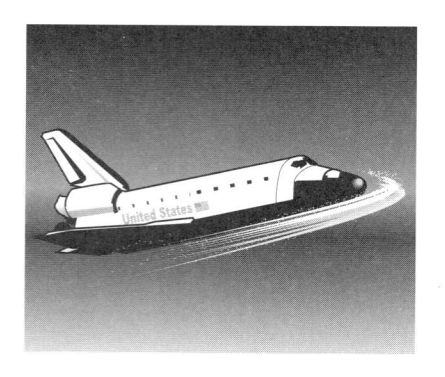

図 A　大気圏突入

図 B　しし座流星群 (2001)
（京都大学大学院博士後期課程　西田圭佑氏提供）

6.4　外部磁場の方向に伝わる電磁波

z 方向に外部磁場 $\boldsymbol{B}_0$ が加えられたプラズマ中を図 **6.4** のように z 方向に伝搬する電磁波を考えよう．電界は x 成分と y 成分をもつ．(6.15) 式の中の $\boldsymbol{J}_1$ を求めるために，電子の運動量保存則，$-i\omega m_e \boldsymbol{u}_1 = -e(\boldsymbol{E}_1 + \boldsymbol{u}_1 \times \boldsymbol{B}_0)$ を解くと，

6.4 外部磁場の方向に伝わる電磁波

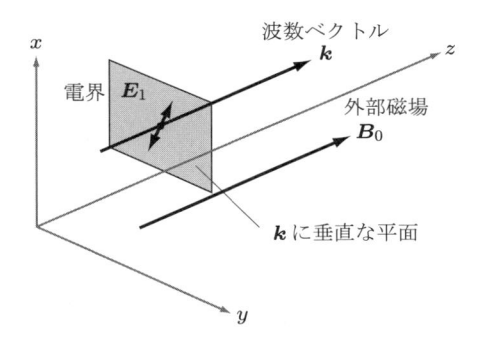

図 6.4 外部磁場方向に伝搬する電磁波

$$u_{1x} = \frac{e}{m_e\omega}\left(-iE_{1x} - \frac{\omega_c}{\omega}E_{1y}\right)\left(1 - \frac{\omega_c^2}{\omega^2}\right)^{-1}$$
$$u_{1y} = \frac{e}{m_e\omega}\left(-iE_{1y} + \frac{\omega_c}{\omega}E_{1x}\right)\left(1 - \frac{\omega_c^2}{\omega^2}\right)^{-1} \quad (6.23)$$

となる．ここで $\omega_c = \dfrac{eB_0}{m_e}$ は電子サイクロトロン（角）周波数である[3]．これを用いて $\boldsymbol{J}_1$ を求め，(6.15) 式に代入し，$\boldsymbol{k} \perp \boldsymbol{E}_1$ を考慮して整理すると，

$$\left(\omega^2 - c^2k^2 - b\right)E_{1x} + ib\frac{\omega_c}{\omega}E_{1y} = 0$$
$$\left(\omega^2 - c^2k^2 - b\right)E_{1y} - ib\frac{\omega_c}{\omega}E_{1x} = 0 \quad (6.24)$$

が得られる．ただし，$b = \omega_p^2\left(1 - \dfrac{\omega_c^2}{\omega^2}\right)^{-1}$ である．

さて，(6.24) 式は $\begin{pmatrix} A & B \\ C & D \end{pmatrix} \boldsymbol{E}_1 = 0$ の形をもつ．これが自明でない解をもつためには，係数行列式 $\begin{vmatrix} A & B \\ C & D \end{vmatrix} = AD - BC$ が 0 でなければならない．このことから，$\omega^2 - c^2k^2 - b = \pm b\dfrac{\omega_c}{\omega}$ が成り立つ．これを変形して，

$$\omega^2 - c^2k^2 = \frac{\omega_p^2}{1 \mp (\omega_c/\omega)} \quad (6.25)$$

が得られ，これを屈折率の式で書くと，

---

[3] (1.20) 式を参照.

$$\tilde{n}^2 = \begin{cases} 1 - \dfrac{\omega_p{}^2}{\omega^2}\dfrac{\omega}{\omega - \omega_c} & (6.26) \\ 1 - \dfrac{\omega_p{}^2}{\omega^2}\dfrac{\omega}{\omega + \omega_c} & (6.27) \end{cases}$$

となる．分母の中の符号がマイナスの (6.26) 式を R 波，分母の中の符号がプラスの (6.27) 式を L 波とよぶ．その理由は次のようである．

(6.24) 第 2 式から，

$$\frac{iE_{1x}}{E_{1y}} = \frac{\omega^2 - c^2 k^2 - b}{b\omega_c/\omega} \tag{6.28}$$

となるが，この右辺は (6.25) 式を用いれば，R 波の場合は 1，L 波の場合は -1 となることがわかる．これより，R 波では，E_0 を振幅を表す実定数として，

$$\begin{aligned} E_{1x} &= \mathrm{Re}\left(E_0 \mathrm{e}^{-i\omega t}\right) = E_0 \cos \omega t \\ E_{1y} &= \mathrm{Re}\left(iE_0 \mathrm{e}^{-i\omega t}\right) = E_0 \sin \omega t \end{aligned} \tag{6.29}$$

となるから，この波の電界ベクトルは，外部磁場の方向に見て，時間とともに右回りに回転している．一方，L 波は，同様にして，左回りに回転していることが示される．この様子を図 **6.5** に示す．

R 波，L 波のカットオフ周波数は，それぞれ (6.26) 式と (6.27) 式で，$k = 0$ とおいて ω について解くことにより求まり，それらを ω_R と ω_L とする．一方，$k \to \infty$ と

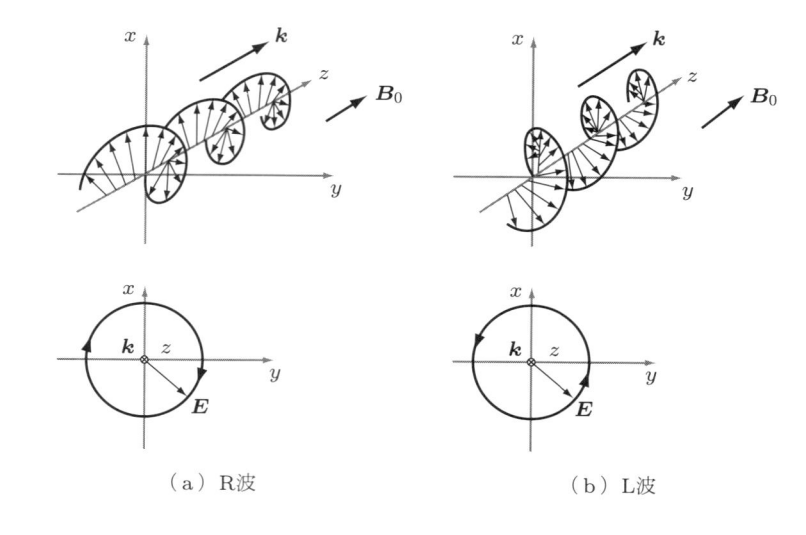

（a）R 波 　　　　　　　　　　　　（b）L 波

図 **6.5** R 波と L 波の電界ベクトル

6.4 外部磁場の方向に伝わる電磁波

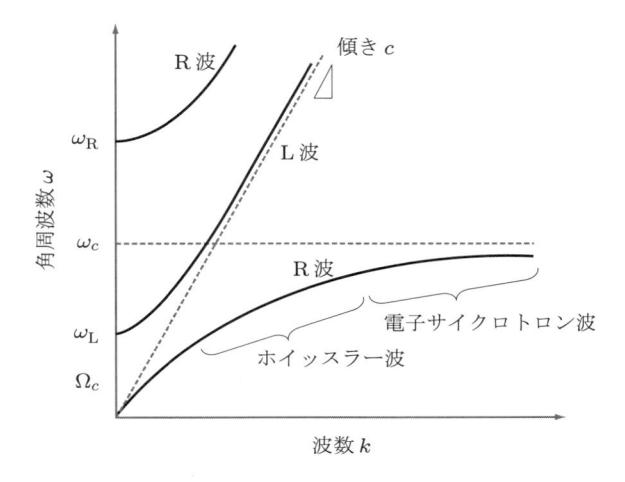

図 6.6 R波とL波の分散関係式

なる場合を共鳴 (resonance) とよび，R波では $\omega = \omega_c$ のときに生じる．これを電子サイクロトロン共鳴 (electron cyclotron resonance: ECR) という．今の場合，L波には共鳴は現れないが，イオンの運動も考慮に入れた理論では，$\omega = eB_0/m_i \equiv \Omega_c$ のイオンサイクロトロン周波数で共鳴が生じる．カットオフでは位相速度が無限大になり，共鳴では0になる．R波とL波の分散関係式をグラフに描くと**図 6.6**のようになる．

R波は，ω_c に近い領域では，電子サイクロトロン波とよばれ，$\Omega_c \ll \omega \ll \omega_c$ の領域では，ホイッスラー (whistler) 波あるいはヘリコン (helicon) 波とよばれることがある．

例題 6.3

(6.28) 式が R波，L波の場合にそれぞれ 1，-1 となることを示せ．

解答

R波，L波はそれぞれ (6.26) 式，(6.27) 式で表される．ここから式の変形を逆にたどれば (6.25) 式の前の式 $\omega^2 + c^2 k^2 - b = \pm b\omega_c/\omega$ になる．これを (6.28) 式に代入すればよい．

例題 6.4

R 波, L 波のカットオフ角周波数 ω_R, ω_L を求め，それらと ω_p, ω_c, $\sqrt{\omega_c{}^2+\omega_p{}^2}$ との大小関係を述べよ．

解答

(6.26) 式より，ω_R は $\omega^2-\omega_c\omega-\omega_p{}^2=0$ の根，(6.27) 式より，ω_L は $\omega^2+\omega_c\omega-\omega_p{}^2=0$ の根である．ω_R, ω_L は正であるから，

$$\omega_R = \frac{1}{2}\left(\omega_c + \sqrt{\omega_c{}^2+4\omega_p{}^2}\right)$$

$$\omega_L = \frac{1}{2}\left(-\omega_c + \sqrt{\omega_c{}^2+4\omega_p{}^2}\right)$$

となる．次に

$\omega_R{}^2 - \omega_c\omega_R - \omega_p{}^2 = 0$ より，

$$\omega_R{}^2 - \omega_p{}^2 = \omega_c\omega_R > 0 \qquad \therefore \quad \omega_R > \omega_p \tag{1}$$

$$\omega_R(\omega_R - \omega_c) = \omega_p{}^2 > 0 \qquad \therefore \quad \omega_R > \omega_c \tag{2}$$

$$\omega_R{}^2 - \left(\omega_c{}^2 + \omega_p{}^2\right) = \omega_c(\omega_R - \omega_c) > 0$$

$$\therefore \quad \omega_R > \sqrt{\omega_c{}^2 + \omega_p{}^2} \tag{3}$$

の関係を得る．同様に，

$$\omega_L{}^2 - \omega_p{}^2 = -\omega_c\omega_L < 0 \qquad \therefore \quad \omega_L < \omega_p \tag{4}$$

の関係を得る．また，(4) 式より当然

$$\omega_L < \sqrt{\omega_c{}^2 + \omega_p{}^2} \tag{5}$$

の関係がある．

6.5 体積波と表面波

磁場が印加されていない場合のプラズマにおける波動伝搬では，6.2 節で述べたように波の角周波数 ω がプラズマ（角）周波数 ω_p より小さいときは伝搬できない．これはプラズマ内部を伝わる波（体積波という）が存在し得ないというだけであり，プラズマの表面を伝わる表面波 (surface wave) が伝搬できる場合がある．図 **6.7** のように，ガラス板とプラズマが $z=0$ を境界にして，それぞれ，$z<0$ と $z>0$ の領域に広がっているとし，境界面に沿って x 軸をとる．角周波数 ω の電界 $\boldsymbol{E}_1\,(\propto \mathrm{e}^{-i\omega t})$ に対する Maxwell の式は，

6.5 体積波と表面波

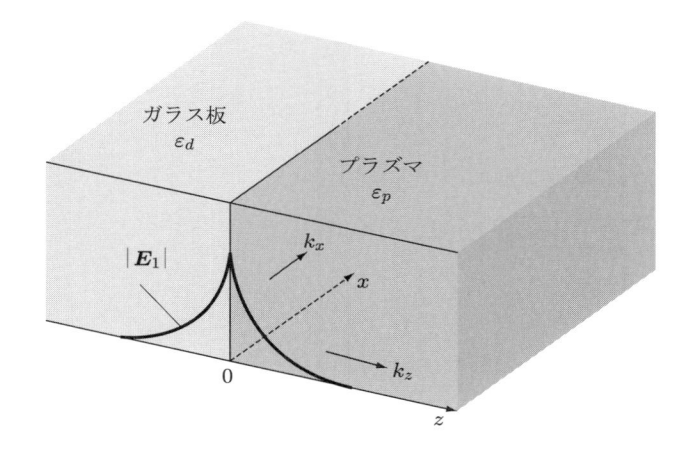

図 6.7 表面波の伝搬状態

$$\nabla \times \boldsymbol{E}_1 = i\omega \boldsymbol{B}_1, \quad \nabla \times \boldsymbol{H}_1 = -i\omega\varepsilon_0\varepsilon_r \boldsymbol{E}_1 \tag{6.30}$$

である.ただし,ε_r はプラズマ中では (6.19) 式で与えられる ε_p,ガラス中ではガラスの比誘電率 ε_d である.両式から,

$$\nabla(\nabla \cdot \boldsymbol{E}_1) - \nabla^2 \boldsymbol{E}_1 = \frac{\omega^2}{c^2}\varepsilon_r \boldsymbol{E}_1 \tag{6.31}$$

波の電界を $\boldsymbol{E}_1 = (E_x, 0, E_z)$,波数を $\boldsymbol{k} = (k_x, 0, k_z)$ とおき,(6.31) 式を書き下すと,

$$\begin{aligned}\left(k_0{}^2\varepsilon_r - k_z{}^2\right) E_x + k_x k_z E_z &= 0 \\ k_x k_z E_x + \left(k_0{}^2\varepsilon_r - k_x{}^2\right) E_z &= 0\end{aligned} \tag{6.32}$$

となる.ただし,$k_0 \equiv \omega/c$ は真空中の波数である.係数行列式を 0 とおいて,波の分散関係式を求めると,ガラス中では $k_x{}^2 + k_d{}^2 = k_0{}^2\varepsilon_d$,プラズマ中では $k_x{}^2 + k_p{}^2 = k_0{}^2\varepsilon_p = k_0{}^2(1 - \omega_p{}^2/\omega^2)$ となる.ここで,$k_z = k_d$ ($z < 0$), k_p ($z > 0$) とおいた.プラズマの密度が高くオーバーデンス (overdense) ($\omega < \omega_p$) のときは,$k_p{}^2 < 0$ となるのでプラズマ中の電界は図 **6.7** のように z 方向に指数関数的に減衰する.したがって電界は境界面に集中するのでこれを表面波とよぶ.

E_x と k_x は $z = 0$ で連続であるから,

$$E_x = E_0 \exp(ik_x x + ik_z z)$$

と書ける.ただし E_0 は定数で,k_z は上で定義したとおり z の正負により値が異なる.
また,(6.32) 第 1 式から,

$$E_z = \begin{cases} -\dfrac{E_0 k_x}{k_d} e^{i(k_x x + k_d z)} & (z < 0) \\ -\dfrac{E_0 k_x}{k_p} e^{i(k_x x + k_p z)} & (z > 0) \end{cases} \tag{6.33}$$

となる．(6.30) 第1式の y 成分から求まる

$$H_y = \frac{1}{i\omega\mu_0}(ik_z E_x - ik_x E_z)$$

は $z = 0$ で連続であることから，

$$\frac{\varepsilon_d}{k_d} = \frac{\varepsilon_p}{k_p} \tag{6.34}$$

が得られる．これを変形すると，分散関係式：

$$k_x = k_0 \sqrt{\frac{\varepsilon_d \varepsilon_p}{\varepsilon_d + \varepsilon_p}} = k_0 \sqrt{\frac{\varepsilon_d(\omega_p^2 - \omega^2)}{\omega_p^2 - \omega^2(1 + \varepsilon_d)}} \tag{6.35}$$

を求めることができる．これを図 **6.8** に示す．この式の根号の中の分母が 0 のときに $k_x \to \infty$ となることから，

$$\omega = \frac{\omega_p}{\sqrt{1 + \varepsilon_d}} \tag{6.36}$$

において共鳴がおきる．表面波は $\omega < \omega_p/\sqrt{1 + \varepsilon_d}$ の周波数領域を伝搬できることになる．

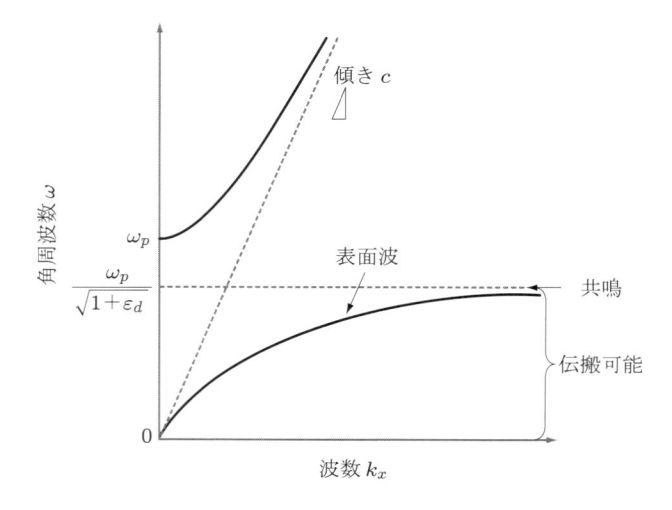

図 **6.8** 表面波の分散関係

6.5 体積波と表面波

通常はガラス板やプラズマは金属壁に囲まれている．図 **6.7** で x 方向の幅が a で両端が金属板である場合は両端で $E_z = 0$ とならなければならないので，$k_x = m\pi/a$ (m は整数) を満たす表面波の定在波が立つことになる．m の各値に対応する波を固有モード (eigenmode) とよぶ．

表面波がプラズマとガラス板の境界層を伝搬するとき，プラズマ中の電界により Joule 加熱[4]が生じ電子が波からエネルギーをもらう．前述の定在波が励起される場合は特に電界が共鳴的に大きくなり，電子のエネルギー吸収が大きくなると期待される．

例題 6.5

(6.34) 式および (6.35) 式を導出せよ．

解答

$z = 0$ における H_y は

$$H_y = \frac{E_0 e^{ik_x x}}{\omega \mu_0} \times \begin{cases} k_d - k_x \left(-\dfrac{k_x}{k_d}\right) & (z = 0_-) \\ k_p - k_x \left(-\dfrac{k_x}{k_p}\right) & (z = 0_+) \end{cases}$$

H_y は $z = 0$ で連続であるから，この 2 式は等しい．すなわち，

$$\frac{k_d{}^2 + k_x{}^2}{k_d} = \frac{k_p{}^2 + k_x{}^2}{k_p}$$

である．$k_x{}^2 + k_d{}^2 = k_0{}^2 \varepsilon_d$，$k_x{}^2 + k_p{}^2 = k_0{}^2 \varepsilon_p$ であったから，

$$\frac{\varepsilon_d}{k_d} = \frac{\varepsilon_p}{k_p}$$

となる．
次に，この式から

$$\frac{k_0{}^2 \varepsilon_d - k_x{}^2}{\varepsilon_d{}^2} = \frac{k_0{}^2 \varepsilon_p - k_x{}^2}{\varepsilon_p{}^2}$$

$$(\varepsilon_d{}^2 - \varepsilon_p{}^2) k_x{}^2 = k_0{}^2 (\varepsilon_p \varepsilon_d{}^2 - \varepsilon_d \varepsilon_p{}^2)$$

よって

$$k_x = k_0 \sqrt{\frac{\varepsilon_d \varepsilon_p (\varepsilon_d - \varepsilon_p)}{(\varepsilon_d + \varepsilon_p)(\varepsilon_d - \varepsilon_p)}}$$

となり，ε_p に (6.19) 式を代入すれば (6.35) 式になる．

---

[4] (3.15) 式を参照．

演習問題 6

1 海外のラジオの短波放送が日本で聞こえるのは電磁波がどのように伝搬するからか，理由を説明せよ．さらに，海外のFM放送は日本で聞こえるか？ただしここでは地球磁場の影響は無視する．

2 (6.23)式を導出せよ．

3 $\omega < \omega_c$ の範囲でR波の位相速度が極大になる ω の値を求めよ．

4 ホイッスラー波について説明せよ．

第7章 プラズマの生成と測定

　プラズマが生成され，それが維持されるためには，電子が外部電源からエネルギーを得て，高速で中性粒子に衝突し，電離増殖して荷電粒子を供給することが必要である．プラズマは一方で，拡散により絶えず損失している．この供給と損失のバランスからプラズマの定常状態が決まる．本章では，まず電子が外部電源からエネルギーを受け取る機構を考察する．直流放電はすでに第3章で詳しく述べたので，主として高周波やマイクロ波を電源とする場合を対象とする．次に，定常プラズマにおける供給と損失のバランスについて述べ，プラズマ密度や電子温度がどのように決まるかを説明する．その後，プラズマの各種パラメータを測定する方法について，その原理を解説する．

7.1 直流放電によるプラズマ生成

　直流放電は通常第3章図**3.2**のような平行平板電極を用いて，数百 Pa 以上の圧力で行うが，さらに低圧力での放電が必要な場合，陰極の形状を工夫したり，磁場を印加したりすることがある．図**7.1**（a）は，陰極を円筒状にし，表面積を大きくして電子放出を増大させるとともに，生じた電子を半径方向の電位 ϕ がつくるポテンシャルエネルギー $-e\phi$ の谷に閉じ込め，寿命を長くすることを目的としたもので，ホロー(hollow) 陰極という．（b）は，PIG (Philips Ionization Gauge) 型とよばれ，（a）

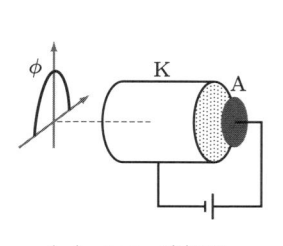

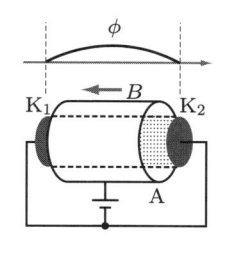

（a）ホロー陰極型　　　（b）PIG 型　　　（c）直流マグネトロン型

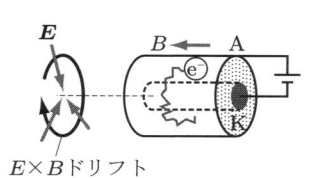

図 **7.1**　直流放電における電極の種類（K: 陰極，A: 陽極）

と同様，電子を陰極間の電位がつくる谷に閉じ込める．ホロー陰極は，気体レーザー装置や高輝度ランプに用いられる．

発生した高速電子をプラズマ内に長く留めておくために，各種の磁場の印加が行われることが多い．磁場中の荷電粒子の運動は，サイクロトロン（角）周波数をもつ旋回運動と，電界による $\boldsymbol{E} \times \boldsymbol{B}$ ドリフト運動との合成になる．電子の旋回半径は十分に小さくなし得るので，プラズマ中の電子の運動はドリフト運動に注目すればよく，これによる電子の軌道がプラズマ内で閉じる様にしてやれば電子はプラズマ内に捕捉されることとなる．（b）の PIG 型に磁場を印加すると，電子は陽極方向へ到達しにくくなるため，損失が少なくなり，電離の効率が上昇する．（c）は直流マグネトロン放電とよばれるもので，$\boldsymbol{E} \times \boldsymbol{B}$ ドリフトにより電子をドリフトさせて電極面に入りにくくし，捕捉を行おうとするものである．直流放電や直流マグネトロン放電はスパッタ装置に用いられている．

7.2 高周波放電によるプラズマ生成

7.2.1 容量結合プラズマ

◆ **プラズマとシース内の電圧電流**　図 **3.12** に示される平行平板電極間に高周波放電が開始したあとは，図 **7.2** に示すように，プラズマが電極間に生成され，両電極の近傍にはシースが形成されて正弦波定常状態になる．この状態を解析するため，いくつかの仮定をおく．すなわち，

(i) 1 次元でありすべての量は x 方向にのみ変化する，
(ii) イオンは高周波電界には追随しない，
(iii) イオンはプラズマ，シース領域すべてにわたり一定密度である，
(iv) 電子密度はプラズマ領域ではイオン密度に等しく，シース内では 0 である，

とする．

図 **7.2** のように物理量を定義する．仮定 (iii) により，イオン密度 n_i はすべての領域で一定であり，仮定 (iv) により，電子密度 n_e はプラズマ中では $n_i \equiv n$ で，シース中では 0 となるよう描かれている．プラズマを流れる電流 I_p と電圧 V_p の関係は，プラズマを (6.13) 式で与えられる比誘電率の誘電体をもつ断面積 A，厚さ d のキャパシタと考えて，

$$\frac{I_p}{V_p} = j\omega\varepsilon_0 \left[1 - \frac{\omega_p{}^2}{\omega(\omega - j\nu_m)}\right]\frac{A}{d} \tag{7.1}$$

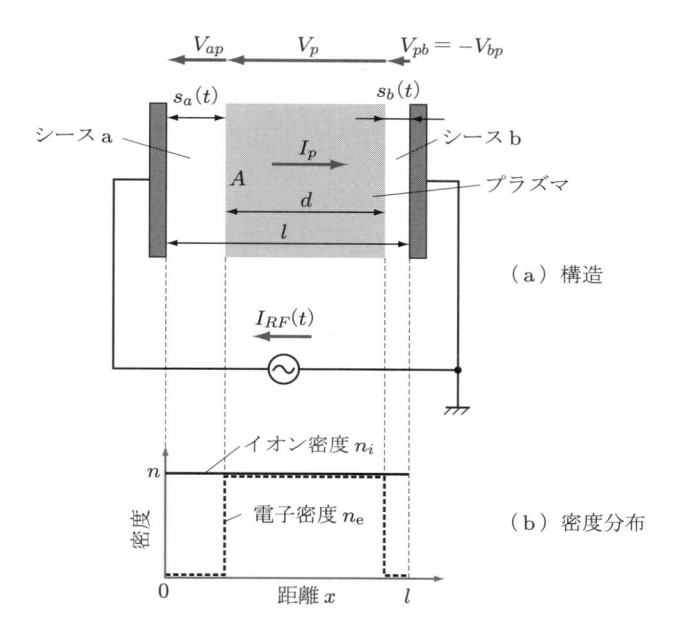

図 **7.2** 容量結合プラズマのモデル

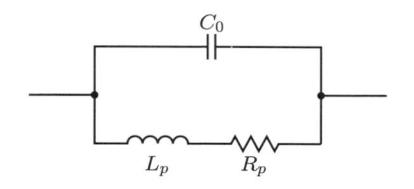

図 **7.3** プラズマの等価回路

となる[1].

(7.1) 式を図 **7.3** のように

$$Y_p = j\omega C_0 + \frac{1}{j\omega L_p + R_p} \tag{7.2}$$

の形に書いたとき，各素子の値が，真空の容量 $C_0 = \varepsilon_0 A/d$，プラズマの等価インダクタンス $L_p = \omega_p^{-2} C_0^{-1}$，等価抵抗 $R_p = \nu_m L_p$ のように定まる．

---

[1] 本節において，電気的等価回路を考える場合，電圧，電流などの量の時間依存性を電気電子工学分野の慣例に従って $\exp(j\omega t)$ とおく．電気的等価回路以外の場合は，$\exp(-i\omega t)$ の時間依存性を用いている．

シース内では，シースとプラズマとの境界位置が高周波の各位相で変化することによる変位電流が主たる電流になる．図 7.2 のシース a において，Poisson の式；$\frac{\partial E_a}{\partial x} = \frac{en}{\varepsilon_0}$ より電界 E_a を求めると，

$$E_a(x,t) = \frac{en}{\varepsilon_0}[x - s_a(t)] \tag{7.3}$$

である．ただし，$s_a(t)$ はシース a とプラズマとの境界位置であり，境界条件として $x = s_a$ で $E_a = 0$ とした．これは，プラズマ中では電界が 0 であることによる．シース中の変位電流は，

$$I_{ap}(t) = \varepsilon_0 A \frac{\partial E_a}{\partial t} = -enA\frac{ds_a}{dt} \tag{7.4}$$

と表される．高周波電源からの電流を

$$I_{RF} = I_0 \cos \omega t \tag{7.5}$$

とおけば，これは I_{ap} に等しいから，$-enA\frac{ds_a}{dt} = I_0 \cos \omega t$ より

$$s_a = s_0(1 - \sin \omega t) \tag{7.6}$$

となる（ある時刻ではシースの幅は 0 になることから積分定数を決めている）．また，$s_0 = I_0/(en\omega A)$ である．これらより，シース a の両端電圧，プラズマに対する電極 a の電圧は，

$$\begin{aligned} V_{ap}(t) &= -\int_{s_a}^0 E_a\,dx = \int_0^{s_a} E_a\,dx = \frac{en}{\varepsilon_0}\left[\frac{x^2}{2} - s_a x\right]_0^{s_a} \\ &= -\frac{en}{\varepsilon_0}\frac{s_a{}^2}{2} = -\frac{en}{2\varepsilon_0}s_0{}^2(1-\sin\omega t)^2 \end{aligned} \tag{7.7}$$

となり，電源の周波数 ω 以外に 2ω の成分，すなわち高調波が現れることになる．シース b にかかる電圧も同様にして，

$$V_{bp}(t) = -\int_{l-s_b}^l E_b\,dx = -\frac{en}{2\varepsilon_0}s_0{}^2(1+\sin\omega t)^2 \tag{7.8}$$

となる．(7.7) 式および (7.8) 式をそれぞれ図 7.4（a）および（b）に示す．
両シース a, b の電圧の和 $V_{ab} = V_{ap} - V_{bp}$ は

$$V_{ab} = \frac{2ens_0{}^2}{\varepsilon_0}\sin\omega t \tag{7.9}$$

となり，これは電源電圧に比例した正弦波である．通常，プラズマにかかる電圧 V_p は V_{ab} に比べて無視できるので，両電極間の電圧は，図 7.4 に示すように，V_{ab} になる．また，(7.7)～(7.9) 式を参照して，電極間の電位分布を模式的に描いたものが図 7.5 である．(7.9) 式において $V_0 \equiv 2ens_0{}^2/\varepsilon_0$，すなわち $V_{ab} = V_0 \sin \omega t$ とすると，(7.7) 式

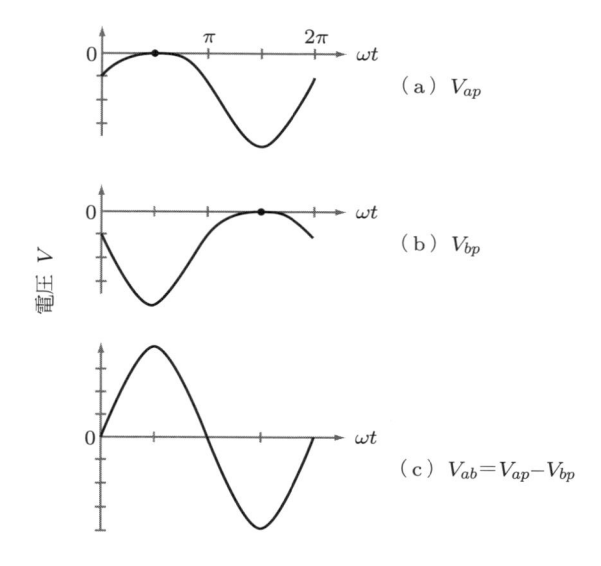

7.2 高周波放電によるプラズマ生成

図 **7.4** 電圧の時間変化

と (7.8) 式は，それぞれ

$$\left.\begin{array}{l} V_{ap} \\ V_{bp} \end{array}\right\} = -\frac{V_0}{4}(1 \mp \sin\omega t)^2 \qquad (7.7)' \\ (7.8)'$$

となる．また $V(x=l)=0$ である．$\omega t=0$ のとき，プラズマから見た両電極の電位はどちらも $-V_0/4$ になるので図 **7.5**（a）のようになる．$\omega t = \pi/2$ のときはプラズマから見た a 電極の電位は 0, b 電極は $-V_0$ であり，図 **7.5**（b）になる．以下同様である．これらはある時刻の瞬時電圧であり，高周波の周波数で周期的に変化している．実験的に測定する場合，この変化を時間平均したものになることが多い．(7.7)′ 式と (7.8)′ 式を ωt について 1 周期で平均すると

$$\overline{V}_{ap} = \overline{V}_{bp} = -\frac{V_0}{4} \cdot \frac{3}{2} = -\frac{3}{8}V_0$$

となる．図 **7.5**（b）の点線はこれを示している．また，(7.5) 式と (7.9) 式から，電源から見たプラズマのアドミタンスを計算すると

$$Y = \frac{I_{RF}}{V_{ab}} = \frac{I_0 \varepsilon_0}{-j2ens_0{}^2} = j\omega\frac{\varepsilon_0 en\omega A^2}{2I_0}$$

となり容量性負荷であることがわかる．

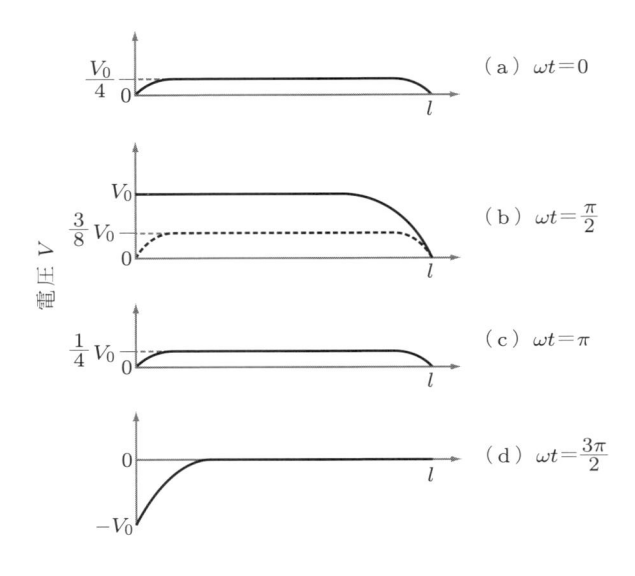

図 7.5 電位分布

◆ **自己バイアス電圧**　通常の高周波放電では，図 7.2 のように両電極が同一面積であることは少なく，高周波電源が接続される電極より，接地される電極の面積の方がずっと大きい．また，高周波電源と電極の間にブロッキングキャパシタが接続される場合が多い．このような時は，プラズマと電源側の電極間の平均シース電圧 $\overline{V}_{ap}$ の方がプラズマと接地電極間のシース電圧 $\overline{V}_{bp}$ よりも大きい．この差に相当する

$$V_{\text{bias}} = -\left(\overline{V}_{ap} - \overline{V}_{bp}\right) \tag{7.10}$$

の値だけ電源側の電極が自己バイアスされる．この様子を図 7.6 に示す．

◆ **電力吸収機構**　定常放電における電子の電力吸収は，プラズマ中での Joule 加熱とシース中での統計加熱による．前者はプラズマ中の高周波電界により加速された電子が中性粒子と弾性衝突（運動量移行衝突）して熱化するものである．統計加熱は，図 7.5 のように角周波数 ω で振動するシース-プラズマ境界において電子が周期的にシース側からプラズマ側へと吐き出されるときに加速を受けエネルギーを得るものである．たとえば図 7.5 で $\omega t = \pi/2 \sim \pi$ のときにシース a にいた電子は $\omega t \sim 3\pi/2$ で強い電界により右方向へ加速される．

Joule 加熱により電子 1 個が電界 $\boldsymbol{E}$ $(\propto e^{-i\omega t})$ から受け取る電力は (3.15) 式で与えられている．したがって，図 7.2 の場合のプラズマによる電力吸収は，

(a) 電極間電圧

(b) 構造

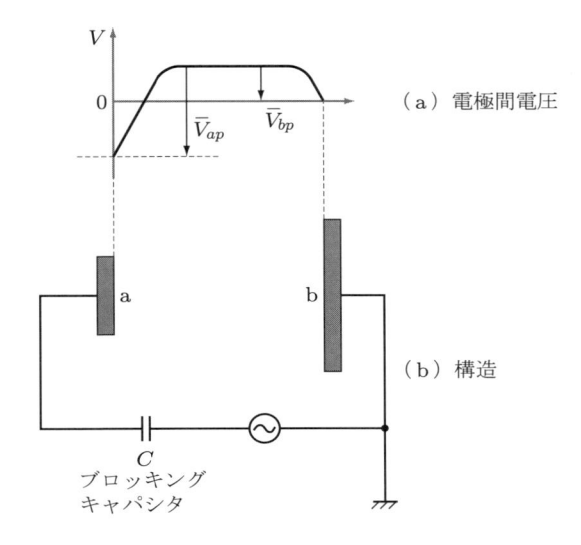

図 **7.6** 自己バイアス

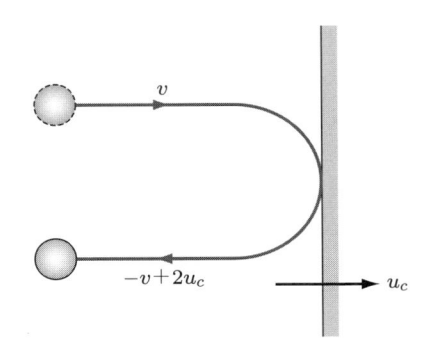

図 **7.7** 動いている壁への剛体球の衝突

$$P_J = n_e \frac{e^2 E^2}{2m_e} \frac{\nu_m}{\omega^2 + \nu_m{}^2} Ad \tag{7.11}$$

である．

次に統計加熱について説明する．シース-プラズマ境界に入射する電子の速度を v とし，シースが動く速度を u_c とすると，反射された電子の速度は，$v_r = -v + 2u_c$ である．これは，図 **7.7** のように速度 u_c で動いている壁に速度 v の剛体球が衝突して，はね返される場合を考えればよい．

シース端における電子の速度分布関数を $f_c(v)$ とおくと，時間間隔 dt の間に速度範

囲 dv の電子が単位面積あたりシースと衝突する数は $(v-u_c)\,f_c(v)\,dv\,dt$ と書ける．よって，これらの電子による電力吸収は，

$$dp_c = \frac{1}{2}m_e\left(v_r{}^2 - v^2\right)(v - u_c)\,f_c(v)\,dv \tag{7.12}$$

である．$u_c \ll v_{Te}$ とし，また $u_c = u_0\cos\omega t$ を用いると，

$$p_c = -2m_e\int_{u_c}^{\infty} u_c\,(v - u_c)^2\,f_c(v)\,dv$$

$$= -2m_e\int_{0}^{\infty} u_0\cos\omega t\,(v - u_0\cos\omega t)^2\,f_c(v)\,dv$$

となる．この式を ωt の 1 周期にわたって時間平均する．それを $\langle p_c \rangle$ とすると，

$$\langle p_c \rangle = 2m_e u_0{}^2 \int_0^{\infty} v f_c(v)\,dv = \frac{1}{2}m_e u_0{}^2 n\overline{v} \tag{7.13}$$

が得られる．ここで $\overline{v}$ は電子の平均速度である．よって，図 **7.2** のシースにおける電力吸収は

$$P_c = 2\langle p_c\rangle A = m_e u_0{}^2 n\overline{v} A \tag{7.14}$$

である．このように，CCP[2] では，エネルギー吸収機構として，Joule 加熱と統計加熱の両方が働いていると考えられる．

ここで，(7.14) 式を導く際に (7.12) 式において $f_c(v)$ が時間的に一定であるとしているが，これは実は正しくない．今の仮定のもとでは，シース端の速度 u_c とともに動く座標系の上で $f_c(v)$ が一定である，とすべきである．このように訂正して (7.13) 式を計算すると 0 になってしまう．すなわち統計加熱は存在しない．しかし，実際には，イオン密度の空間分布は図 **7.2** のように一様ではなく，結果的に (7.12) 式から (7.14) 式が現実の場合に近い．さらに，最近 CCP でよく行われている，周波数の異なる二つの高周波電源を用いる場合には，第 2 の周波数で $f_c(v)$ が変調されるため，第 1 の周波数による統計加熱がより効果的になるといわれている．

例題 7.1

(7.7) 式で電圧に高調波が含まれることを示せ．

解答

(7.7) 式を展開すると，

$$V_{ap}(t) = -\frac{en}{2\varepsilon_0}s_0{}^2(1-\sin\omega t)^2 = -\frac{en}{2\varepsilon_0}s_0{}^2\left(1 - 2\sin\omega t + \sin^2\omega t\right)$$

---

2) 3.2.3 項参照．

となる．ここで，三角関数の半角の公式 $\sin^2 \omega t = \dfrac{1-\cos 2\omega t}{2}$ を用いて，

$$V_{ap}(t) = -\frac{en}{2\varepsilon_0}s_0{}^2\left(1 - 2\sin\omega t + \frac{1-\cos 2\omega t}{2}\right)$$

$$= -\frac{en}{2\varepsilon_0}s_0{}^2\left(\frac{3}{2} - 2\sin\omega t - \frac{1}{2}\cos 2\omega t\right)$$

となる．この式は $\cos 2\omega t$ をもつので，(7.7) 式は 2 倍高調波を含む．

例題 7.2

(7.13) 式の時間平均の計算を示せ．

解答

(7.13) 式の時間平均を計算すると

$$\langle p_c \rangle = \frac{1}{2\pi}\int_0^{2\pi} p_c \, d(\omega t)$$

$$= -\frac{m_e u_0}{\pi}\int_0^\infty f_c \, dv$$

$$\times \int_0^{2\pi} \left(v^2\cos\omega t - 2vu_0\cos^2\omega t + u_0{}^2\cos^3\omega t\right) d(\omega t)$$

となる．ここで，$\langle \cos n\omega t \rangle = 0 \ (n=1,2,\ldots)$，$\cos^2\omega t = \dfrac{1}{2}(1+\cos 2\omega t)$ などにより，

$$\langle p_c \rangle = 2m_e u_0{}^2 \int_0^\infty v f_c(v) \, dv$$

となる．$\int_0^\infty v f_c(v)\,dv$ は第 2 章 (2.9) 式より $\dfrac{1}{4}n\left(\dfrac{8k_B T_e}{\pi m_e}\right)^{\frac{1}{2}} = \dfrac{1}{4}n\bar{v}$ である．

7.2.2 誘導結合プラズマ

図 **7.8** に示すようなソレノイドコイル (solenoid coil) を巻いた半径 a，長さ l の円筒形プラズマにおいて，コイルに高周波電流を流すと，電磁誘導によりプラズマ中に θ 方向の誘導電界が生じる．3.2.3 項で述べたようにこの電界によりプラズマを生成・維持する方式が誘導結合プラズマ (ICP) であり，CCP より生成密度が高い場合が多い．図中の局所座標系において，プラズマ中の電界 E_y は，Maxwell の方程式より，

$$\frac{d^2 E_y}{dx^2} = -\frac{\omega^2 \varepsilon_p}{c^2}E_y \tag{7.15}$$

で表される (ε_p は (6.13) 式で与えられている)．$x=0$ 付近にはシースが形成されており，密度は実際は不均一であるが，これを無視して，$x \geq 0$ で密度 n とすれば，

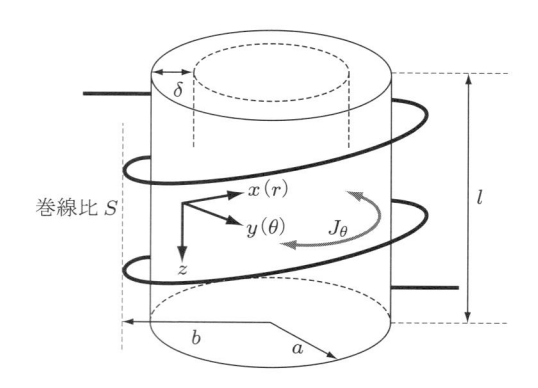

図 7.8 誘導結合プラズマ

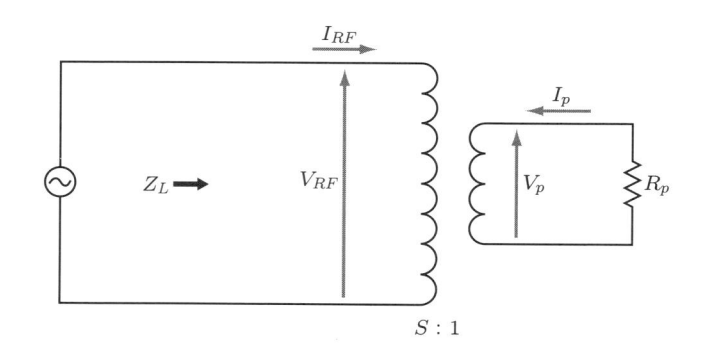

図 7.9 誘導結合プラズマの等価回路

$$E_y = E_0 \exp\left(-\frac{x}{\delta}\right) \tag{7.16}$$

となり，E_y は指数関数的に減衰しプラズマ表面付近にのみ存在することになる．δ は表皮厚さで，$\nu_m \ll \omega$ のとき $\delta = c/\omega_p$ ((6.22)式)，$\nu_m \gg \omega$ のとき $\delta = (c/\omega_p)\sqrt{2\nu_m/\omega}$ である[3]．

図 7.8 で，表皮厚さ δ を θ 方向に流れる電流密度を J_θ，それがつくる磁界を H_z とすると，$H_z = J_\theta \delta$，磁束 $\Phi = \mu_0 H_z \pi a^2$，全電流 $I_p = J_\theta \delta l$ などより，プラズマのインダクタンスは，$L_p = \Phi/I_p = \mu_0 \pi a^2/l$ となる．プラズマの抵抗を R_p とし，半径 b の S 回巻ソレノイドコイルとプラズマとの間を，図 7.9 のように巻線比 S の理想トランスと考えると，

---

[3] ICP では通常 $\omega_p \gg \omega$ である．また，(6.22)式，およびその後の例題 6.2 を参照．

$$\begin{pmatrix} V_{RF} \\ V_p \end{pmatrix} = \begin{pmatrix} j\omega L_{11} & j\omega L_{12} \\ j\omega L_{21} & j\omega L_{22} \end{pmatrix} \begin{pmatrix} I_{RF} \\ I_p \end{pmatrix}$$

が成り立つ．ここで，$L_{11} = \mu_0 \pi b^2 S^2/l$, $L_{22} = L_p$, $L_{12} = L_{21} = \mu_0 \pi a^2 S/l$ であり，漏れ磁束はないものとした．この式と $V_p = -R_p I_p$ を用いると，1次側，すなわち電源側から見たインピーダンスは，

$$Z_L = \frac{V_{RF}}{I_{RF}} \simeq \frac{j\omega \mu_0 \pi S^2 (b^2 - a^2)}{l} + S^2 R_p \tag{7.17}$$

となり，誘導性である．ただし，$R_p \ll \omega L_{22}$ とした．Joule 加熱による電子の電力吸収は電源側から見て $P_J = \frac{1}{2} I_{RF}^2 S^2 R_p$ である．

ICP においても統計加熱が起こりうる．プラズマ中から半径方向にシースに向かって走ってきた電子は，シースで跳ね返されるが，このとき $E_y (= E_\theta)$ による短い加速を受けてプラズマ中にもどる．電子の運動エネルギーの変化分を，速度分布と E_θ の位相について平均をとれば，電子は正味加熱されることが示される．

例題 7.3

ICP における統計加熱について吸収電力を与える式を示せ．

解答

図 7.8 においてプラズマ表面を $x = 0$ とし，電界は次のように表す．

$$E_y(x, t) = E_0 e^{-\frac{x}{\delta}} \cos(\omega t + \phi)$$

δ は表皮厚さ，ϕ は位相である．

プラズマ中からシースに向かって半径方向に速さ v_x で走行してきた電子が，$t = 0$ で表面に到達し反射されたとすると，電子の位置 x は，

$$x(t) = \begin{cases} -v_x t & (t < 0) \\ v_x t & (t > 0) \end{cases}$$

となる．電子は $E_y(x(t), t)$ を感じるので，v_y の変化は，

$$\Delta v_y = -\int_{-\infty}^{\infty} dt \frac{eE_y}{m_e} = \frac{2e}{m_e} E_0 \delta \frac{v_x}{v_x^2 + \omega^2 \delta^2} \cos \phi$$

となる．電子の運動エネルギーの変化分の ϕ 平均は，

$$\Delta W = \frac{1}{2} m_e \overline{(\Delta v_y)^2} = \frac{1}{4} m_e \left(\frac{2eE_0 \delta}{m_e}\right)^2 \frac{v_x^2}{(v_x^2 + \omega^2 \delta^2)^2}$$

さらに速度 v_x についての平均をとることにより，

$$p_c = \int_{-\infty}^{\infty} dv_y \int_{-\infty}^{\infty} dv_z \int_0^{\infty} dv_x v_x f_c \Delta W$$

が単位面積中の統計加熱による電力吸収である．よって，

$$P_c = 2\pi a l p_c$$

となる．p_c を求めるためには，数値計算が必要となる．

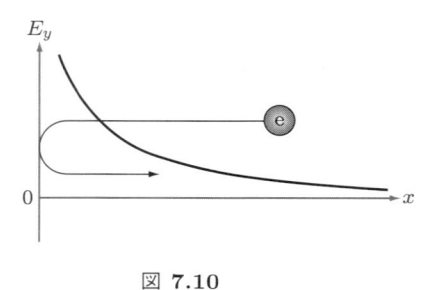

図 7.10

7.2.3 ヘリコン波プラズマ

　磁場が存在すると，実験室サイズのプラズマでも高周波領域で波動が伝搬可能である．ホイッスラー波はイオン，電子両サイクロトロン周波数にはさまれた周波数領域の R 波であるが，有限サイズのプラズマ中では，これをヘリコン波とよぶ場合が多い．
　6.4 節と同様に，(6.15) 式に (6.23) 式を代入するが，今の場合，ヘリコン波の分散関係式を求めるために，$\bm{k} = (k_\perp, 0, k_\parallel)$ のように磁力線に対して斜めに伝搬する波を考える．6.4 節との違いは (6.15) 式第 1 項の x 成分のみであり，(6.15) 式は

$$\begin{aligned}(\omega^2 - c^2 k^2 - b + c^2 k_\perp{}^2) E_{1x} + ib\frac{\omega_c}{\omega} E_{1y} &= 0 \\ (\omega^2 - c^2 k^2 - b) E_{1y} - ib\frac{\omega_c}{\omega} E_{1x} &= 0\end{aligned} \quad (7.18)$$

となる．係数行列式を 0 とおくと，(7.19) 式のようになる．

$$\left(\omega^2 - c^2 k_\parallel{}^2 - b\right)\left(\omega^2 - c^2 k^2 - b\right) = \left(b\frac{\omega_c}{\omega}\right)^2 \quad (7.19)$$

ヘリコン波の周波数領域は，$\omega \ll \omega_c$ であり，また，$k^2 \gg k_0{}^2$ である（$k_0 = \omega/c$）．よって，

$$\omega^2 - b = \frac{\omega^2(\omega^2 - \omega_c^2 - \omega_p{}^2)}{\omega^2 - \omega_c^2} \simeq c^2 k_0{}^2\left(1 + \frac{\omega_p{}^2}{\omega_c{}^2}\right) \simeq \mathrm{O}(c^2 k_0{}^2) \ll c^2 k^2$$

となり[4]，(7.19) 式は近似的に，$c^2 k k_\parallel = |b|\omega_c/\omega$，すなわち，

---

4) $\mathrm{O}(a)$ は a のオーダーの大きさを表す．

$$\omega = \frac{k_0{}^2 \omega_p{}^2}{k_\parallel k \omega_c} \tag{7.20}$$

に帰着する．波長がプラズマサイズと同程度以上であるため，電磁界はプラズマを囲む円筒容器壁で反射を繰り返しながら伝搬するので，境界条件を満たすもののみが存在可能である．半径 a の金属容器中の一様な円筒プラズマでは，$E_\perp$ は $J_{m\pm1}(k_\perp r)\exp[i(m\theta + k_\parallel z - \omega t)]$ に比例し，境界条件：$E_\theta(r=a)=0$ により $k_\perp$ の値が固定される．これを，$k_\perp = k_{mn}$ とすれば，通常 $k_\perp \gg k_\parallel$ であるので，

$$\omega \simeq \frac{e k_0{}^2}{\varepsilon_0 k_\parallel k_{mn}} \frac{n_e}{B_0} \tag{7.21}$$

となる．これはヘリコン波の固有モードの分散関係式である．

7.2.4 高周波放電装置

　高周波領域の電源を用いて CCP や ICP を生成するには，**図 7.11** のような構成が用いられる．（a）は平行平板電極，（b）は半円筒電極による CCP 装置，（c）はソレノイドコイル，（d）はスパイラルコイルを用いる ICP 装置である．（a）と（c）には高周波回路の配線図も示されている．高周波電源（発振器）からの出力は同軸ケーブルにより通過電力計（方向性結合器）PM を経て点線で囲まれたマッチング回路でインピーダンスマッチング (matching) をとったあと，電極やコイルに供給される．CCP の場合は，ブロッキングキャパシタを用いて片方の電極に自己バイアス電圧を発生させることが多い．マッチング回路は電極（容量性）やコイル（誘導性）の負荷インピーダンスを，高周波電源の出力インピーダンス（$Z_0 = 50\,\Omega$）にマッチング（整合）させ，負荷からの反射電力をなくすためのものである．可変の L は製作しづらいので，（b）のマッチング回路では可変 C により実効的に L の値を変えている．もちろんこの回路を（a）に使用してもよい．誘導性負荷の場合は，（c），（d）のように可変 C のみでマッチング回路を構成できる．

　図 **7.11**（e）のような構成で，管軸方向に磁場を印加し，アンテナ（この場合はサドルコイル様で $m=1$ モード）を励振すると，$10^{18}\,\mathrm{m}^{-3}$ 以上の高密度のプラズマが生成され，ヘリコン波が伝搬していることが確かめられている．この場合，ヘリコン波の分散関係式 (7.21) 式において，ω は一定で $k_\parallel$ はアンテナの軸方向長で決まる定数であるから，$n_e \propto B_0$ となり，外部磁場を強くすると，高い密度のプラズマが得られることになる．これをヘリコン波プラズマとよぶ．波動電界による電子のエネルギー吸収機構として，Joule 加熱，ランダウ (Landau) 減衰がある．最近では，波動による電子の捕捉，ヘリコン波と同時に存在する静電的波動 (Trivelpiece-Gould モード) の

(a) CCP装置(平行平板電極)

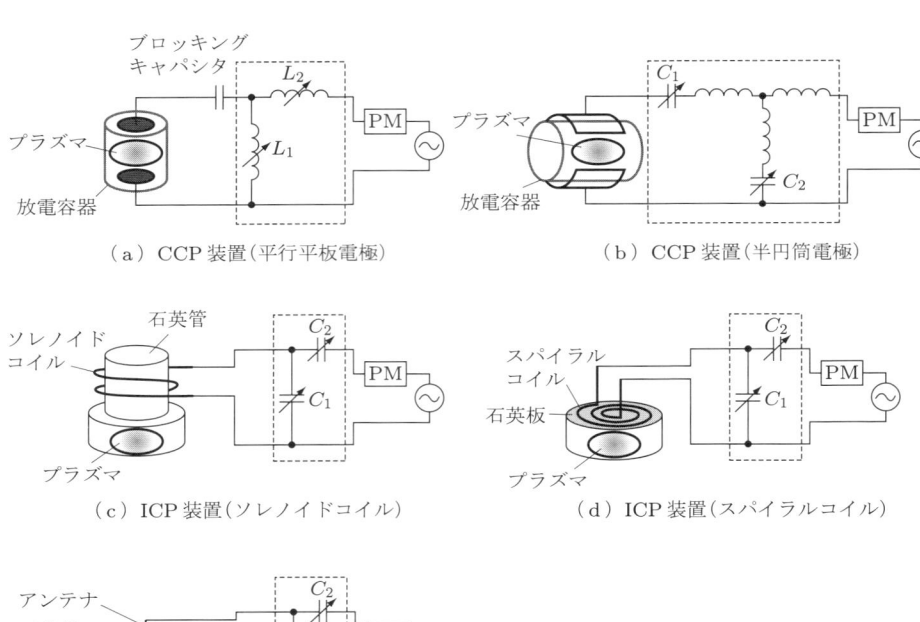

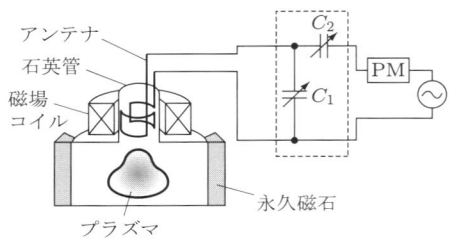

(b) CCP装置(半円筒電極)

(c) ICP装置(ソレノイドコイル)

(d) ICP装置(スパイラルコイル)

(e) ヘリコン波プラズマ装置

図 7.11 高周波プラズマ発生装置

効果,低域混成共鳴の関与などが指摘されており,完全には理解されていない.

7.3 マイクロ波放電によるプラズマ生成

7.3.1 マイクロ波プラズマ

　マイクロ波放電は,直流,高周波と並んで,プラズマ生成に広く用いられている.マイクロ波放電は周波数的には高周波放電の延長上にあるから,無電極放電が可能である,振動電界により電子が捕捉されるなど,高周波放電と同様の特長をもつ一方,周波数が高く波長が短いことによる著しい差異を示す場合もある.

7.3 マイクロ波放電によるプラズマ生成　**151**

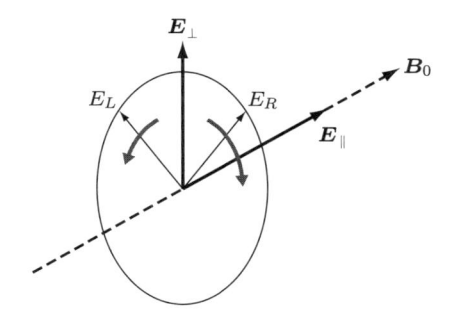

図 **7.12**　電界の各成分への分解

　マイクロ波電源からのマイクロ波は，いろいろなアンテナにより，容器中のプラズマに対し，局所電界として，あるいはプラズマ中を伝搬する電磁波の電界として与えられる．いずれの場合も電子が角周波数 ω，振幅 E の電界から吸収する単位体積あたりの電力は，(3.15) 式を参照して，

$$P_{abs} = n_e \frac{e^2 E^2 \nu_m}{2m_e(\omega^2 + \nu_m^2)} \tag{7.22}$$

となる．ここで，n_e は電子密度，ν_m は運動量移行衝突周波数である．プラズマ中の電磁波は，前述のように $\omega < \omega_p$ ではカットオフとなるので，よく用いられる周波数 2.45 GHz のマイクロ波電源を使う場合は，(6.21) 式により，密度 7.4×10^{16} m^{-3} 以上のプラズマ中には電界は浸透せず，これが生成密度の上限となる．また，この密度を超えるプラズマはオーバーデンスプラズマとよばれる．

　今，外部磁場 $\boldsymbol{B}_0$ を印加した場合を考える．図 **7.12** に示すように，マイクロ波電界を磁場に垂直方向の成分 $\boldsymbol{E}_\perp$ と平行方向の成分 $\boldsymbol{E}_\parallel$ に分け，さらに $\boldsymbol{E}_\perp$ を右回り成分 E_R と左回り成分 E_L に分ける．すなわち，$\boldsymbol{B}_0$ を z 方向とすると，

$$\boldsymbol{E} = E_R \frac{\hat{\boldsymbol{x}} + i\hat{\boldsymbol{y}}}{\sqrt{2}} + E_L \frac{\hat{\boldsymbol{x}} - i\hat{\boldsymbol{y}}}{\sqrt{2}} + E_\parallel \hat{\boldsymbol{z}}$$

とおいて，電子の単位体積あたりの電力吸収を計算すると，

$$\begin{aligned}
P_{abs} &= \frac{1}{4}\left(\boldsymbol{J}^* \cdot \boldsymbol{E} + \boldsymbol{J} \cdot \boldsymbol{E}^*\right) \\
&= \frac{1}{2}\,\mathrm{Re}\left(\boldsymbol{J} \cdot \boldsymbol{E}^*\right) = \frac{1}{2}\,\mathrm{Re}\left(-en_e \boldsymbol{u} \cdot \boldsymbol{E}^*\right) \\
&= n_e \frac{e^2 \nu_m}{2m_e} \\
&\quad \times \left[\frac{E_R{}^2}{(\omega - \omega_c)^2 + \nu_m^2} + \frac{E_L{}^2}{(\omega + \omega_c)^2 + \nu_m^2} + \frac{E_\parallel{}^2}{\omega^2 + \nu_m^2}\right]
\end{aligned} \tag{7.23}$$

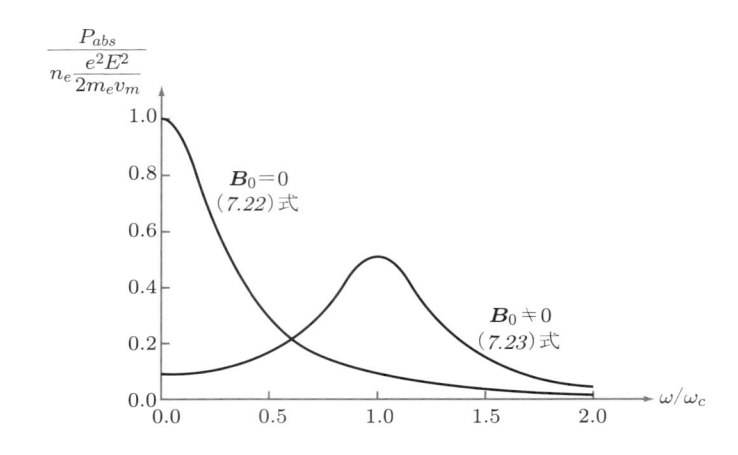

図 **7.13** サイクロトロン共鳴の効果

となる．ただし*は共役複素数を表す．

(7.22) 式と (7.23) 式を $E^2 = E_R{}^2 + E_L{}^2$, $E_R{}^2 = E_L{}^2$, $E_\parallel = 0$ として適当な条件の下でグラフにしてみると図 **7.13** のようになる．このように，$\omega = \omega_c$ の電子サイクロトロン共鳴では，$B_0 = 0$ の場合に比べて P_{abs} がきわめて大きくなり，電子の電力吸収を増加させることができる．これを利用して生成したプラズマを電子サイクロトロン共鳴プラズマあるいは ECR プラズマとよぶ．

7.3.2 表面波プラズマ

磁場がない場合は，体積波が，あるプラズマ密度でカットオフになるのに対し，表面波は 6.5 節で述べたように，より高い密度でも伝搬でき，電界のエネルギーをプラズマの広い範囲の電子に供給することが可能である．今，図 **7.14**（a）に示すように，半径 $R = 0.11\,\mathrm{m}$ の円筒プラズマの上に $\varepsilon_r = 4$，厚さ $0.017\,\mathrm{m}$ の石英ガラス板をおき，その上を金属板で覆った構造を考える．表面波がプラズマとガラス板の境界層を伝搬するとき，プラズマ中の電界により Joule 加熱が生じ電子が波からエネルギーをもらう．空間的な固有モードである定在波が励起される場合は特に電界が共鳴的に大きくなり，電子のエネルギー吸収が大きくなると期待される．円形断面中の定在波の振幅は，方位角方向には $\sin m\theta$ または $\cos m\theta$，半径方向には $\mathrm{J}_m(\rho_{mn}r/R)$ の依存性をもつはずである．ここで，ρ_{mn} は Bessel 関数 J_m の n 番目の根である．図 **7.14**（b）には，密度 $2 \times 10^{18}\,\mathrm{m}^{-3}$ の円筒プラズマと石英ガラス板との境界面における E_z の振幅がプロットされている．等高線の実線は正，点線は負を表し，色が濃い部分程，振幅が大きいことを示す．方位角方向に $m = 4$，半径方向に $n = 3$ の構造をもつ固有

7.3 マイクロ波放電によるプラズマ生成

(a) 装置構造

(b) 計算結果

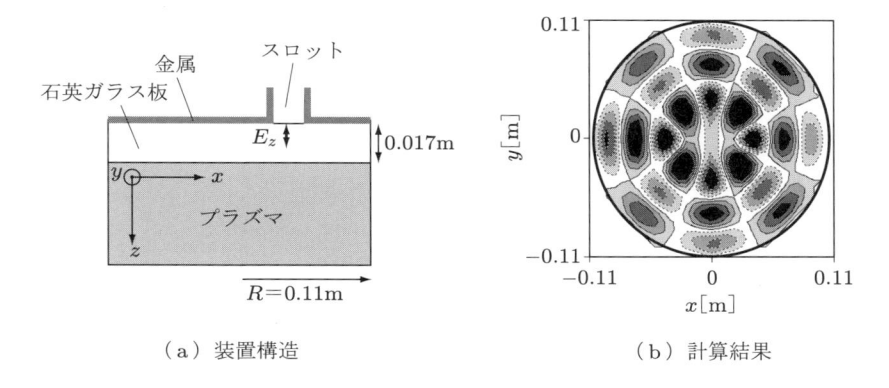

図 7.14 表面波定在波，(a) 装置構造，(b) 計算結果 [3]

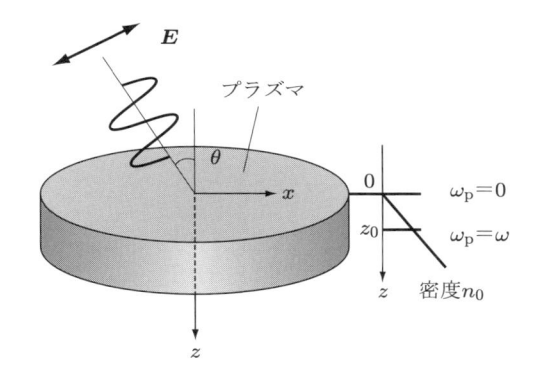

図 7.15 密度勾配のあるプラズマに傾きをもって入射する電界の様子

モードが励起された場合を示している．

図 7.14（a）でプラズマの密度が境界層から徐々に増加している場合を考えよう．図 7.15 のようにマイクロ波がスラブ状プラズマに向かって，z 軸に対して角度 θ で入射する場合を考える．真空とプラズマの境界に沿って入射面上に x 軸をとり，Maxwell の方程式を書き下すと，

$$\begin{aligned}\left(k_x{}^2 - k_0{}^2 \varepsilon_p\right) E_z + ik_x \frac{\partial E_x}{\partial z} &= 0 \\ ik_x \frac{\partial E_z}{\partial z} - \frac{\partial^2 E_x}{\partial z^2} - k_0{}^2 \varepsilon_p E_x &= 0\end{aligned} \quad (7.24)$$

となる．ここで，$k_0 = \omega/c$ は真空中の波数，$k_x = k_0 \sin\theta$ は x 軸方向の波数である．$\theta = 0$ の場合，波動電界は E_x 成分のみであり，(7.24) 第 2 式は，$d^2 E_x/dz^2 + k_0{}^2 \varepsilon_p E_x = 0$ と簡単になる．入射波の電界振幅を $E_x(z = -\infty) = E_0$ とおき，この

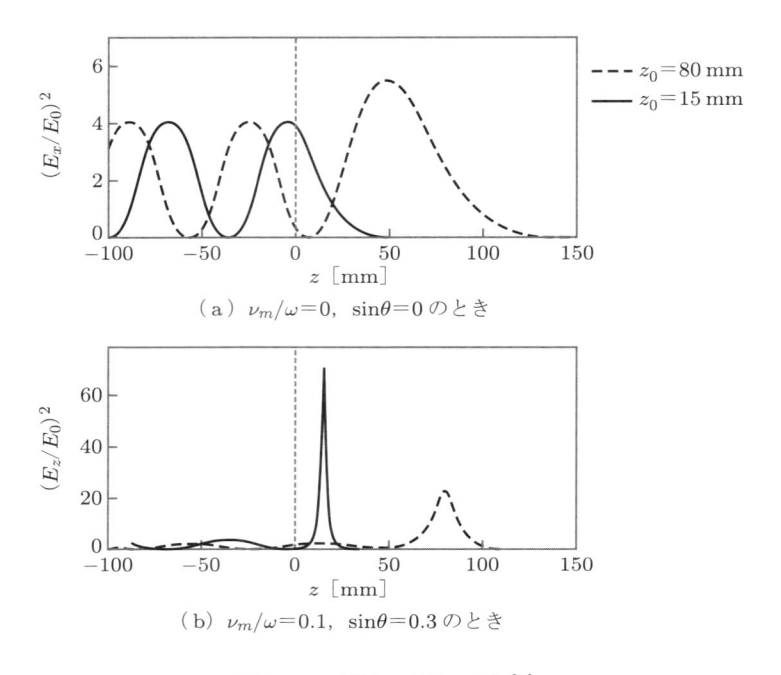

図 7.16 電界の空間の変化[4]

(a) $\nu_m/\omega = 0$, $\sin\theta = 0$ のとき

(b) $\nu_m/\omega = 0.1$, $\sin\theta = 0.3$ のとき

式を解いて，$(E_x/E_0)^2$ をプロットすると図 7.16（a）のようになる．図中の z_0 は $\omega = \omega_p$, すなわちカットオフ密度に対応する位置である．電界は $z = 0$ からプラズマ中に進入するが，z_0 までは達せず，$0 < z < z_0$ における電界振幅も $|E_x/E_0| < 3$ と小さい（$z < 0$ の真空中では入射波と反射波が重なり振幅がほぼ $2E_0$ となる）．ここで，電子の衝突周波数 ν_m は 0 と仮定した．この結果は，波の波長が密度勾配の特性長よりずっと大きく，波の電界が密度勾配と直角方向の場合は，波の振幅の増大は起こらないことを示している．

次に $\theta \neq 0$ の場合は，(7.24) 第 1 式と Maxwell 方程式 ((6.8) 式) の発散をとった式から，

$$\frac{d^2 E_z}{dz^2} + \left(k_0^2 \varepsilon_p - k_x^2\right) E_z + \frac{d}{dz}\left(E_z \frac{d\ln\varepsilon_p}{dz}\right) = 0 \tag{7.25}$$

を得る．図 7.16（b）に示された $\sin\theta = 0.3$ の場合の E_z の振幅を見ると，$z = z_0$ の位置できわめて大きくなっており，波の増幅が生じている．これは，密度勾配方向の電界が電子を強制振動させて荷電分離を引き起こし，その振動周波数がプラズマ周波数と一致する位置で共鳴的に強い電界を励起することによるものであり，波の波長と密度勾配の特性長の大小関係によらず生じる共鳴吸収 (resonant absorption) 現象

である.このように,$\omega = \omega_p$ の位置で電界振幅がきわめて大きくなり,低衝突領域でも波の吸収効率が高い.これは電磁波が電子プラズマ波とよばれる静電波にモード変換し,それがランダウ減衰によりエネルギーを電子に与えたわけである.いい換えれば,プラズモンが励起され無衝突加熱が生じている,と表現される.また,$\omega = \omega_p$ の位置に局在する強い電界による統計加熱も考えられる.

7.3.3 電子サイクロトロン波共鳴プラズマ

外部磁場が印加されると,マイクロ波の周波数と電子のサイクロトロン周波数が一致する電子サイクロトロン共鳴(ECR)において,マイクロ波電界と電子の強い相互作用が生じ,(7.23)式で示されたように電力吸収が大きくなる.このような場合のプラズマは ECR プラズマとよばれ,他の方式に比べて,低気圧放電が可能,電子温度が高い,などの特長を備えている.しかし,マイクロ波を磁場に直角の方向から励起した場合は,波はある密度の場所でカットオフされ,それ以上高密度側へは伝搬しない.高密度のプラズマを得ようとすれば,カットオフ密度の存在しない R 波を,$\omega < \omega_c$ の領域から ECR 層へ向かって伝搬させる必要がある.

すなわち,図 7.17 (a) のように,プラズマに z 軸方向の磁場 B を印加し,その強度が z が大きくなるにつれて徐々に弱くなるようにした発散磁場を与える.そして,z のある位置でマイクロ波の周波数が電子サイクロトロン周波数に等しくなる ($\omega = \omega_c$) ECR 層を設定する.z の小さい位置,つまり強磁場側から磁場に平行方向にマイクロ波を放射する.アンテナの励起するマイクロ波電界は磁場に垂直な面内にある必要がある.これにより,(6.26) 式の分散関係式に従う R 波が高密度プラズマ中を伝搬して

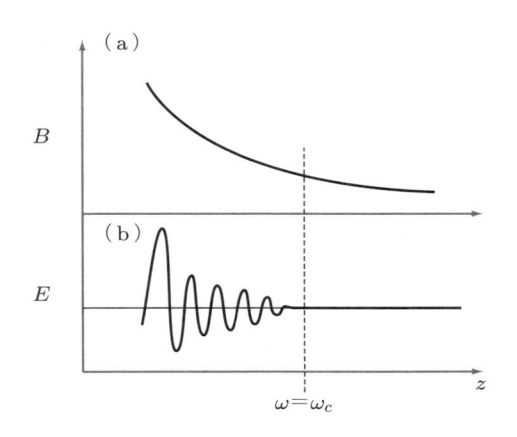

図 **7.17** サイクロトロン減衰

ゆく．$\omega \simeq \omega_c$ 近傍の R 波が電子サイクロトロン波とよばれることは，6.4 節図 **6.6** において述べた．ECR 層手前近傍では，電子サイクロトロン波の位相速度が遅くなり，電子の z 方向速度（～熱速度）に近くなって，右回りにサイクロトロン運動をしている電子に対し，電子とともに進みながら同じ右回りの電界を与える．このため，波の電界が電子を強く加速し，電子にエネルギーを与え，一方で図 **7.17**（b）のように波の振幅は小さくなってゆく．これを波のサイクロトロン減衰という．この機構は無衝突でもおきるので，低い気体圧力領域でプラズマ生成が可能である．R 波が伝搬してサイクロトロン減衰によりプラズマが生成される場合も ECR プラズマとよぶ．

例題 7.4

$\omega \to \omega_c$ で R 波の位相速度が小さくなることを示せ．

解答

R 波の分散関係式は (6.26) 式で与えられる．屈折率の定義より，

$$\tilde{n}^2 = \frac{c^2 k^2}{\omega^2} = \frac{c^2}{v_\phi^2}$$

であるので，(6.26) 式を用いると R 波の位相速度 v_ϕ は，

$$v_\phi = \frac{c^2}{\sqrt{1 - \dfrac{\omega_p^2}{\omega(\omega - \omega_c)}}}$$

この式の分母の根号の中は，$\omega < \omega_c$ では正であり，ω が小さい方から ω_c に近づくにつれ大きくなってゆく．したがって $\omega \to \omega_c$ で v_ϕ は小さくなり，ω_c の極限で 0 になる．

例題 7.5

図 **7.17** で R 波の振幅が共鳴点よりも強磁場側で減衰してしまうのはなぜか．

解答

z 方向に速さ v_z で走っている電子は角周波数 ω，波数 k の R 波の電界の角周波数 ω そのものを感じているのではなく，ドップラーシフトした角周波数 $\omega \pm k v_z$ を感じている．この値が電子のサイクロトロン（角）周波数に等しいとき，すなわち $\omega \pm k v_z = \omega_c$ のときにサイクロトロン共鳴がおきるので，$\omega = \omega_c$ の位置からずれる．

7.3.4 マイクロ波プラズマ発生装置

マイクロ波プラズマを発生させるための装置は，マイクロ波発振器，伝送回路，アンテナ，放電容器，および（必要に応じて）磁場発生装置から構成される．マイクロ波発振器としては，クライストロン，マグネトロン，ジャイロトロン等があり，実験室プラズマ，プロセス用プラズマの発生には 2.45 GHz，数 kW 程度のマグネトロンが用いられる場合が多い．マグネトロンから負荷であるアンテナへの伝送回路には，矩形，円形導波管や同軸線路を用い，途中にパワーモニタおよび反射電力をバイパスし吸収するサーキュレータとダミーロードを取り付ける．これらは図 4.14 で示した通りである．また，アンテナとの間にはマッチング回路としてスタブチューナーなどを取り付け，負荷からの反射を低減させるのは高周波プラズマ発生装置と同様である．マイクロ波電力をプラズマに結合させるアンテナは特に重要なもので，種々の形式のものが工夫されている．図 7.18 はマイクロ波プラズマ発生装置の例を示す．（a）は放電管を導波管中に挿入し，その場所での電界を利用するもの，（b）は同軸線（管）と電気あるいは磁気ダイポールアンテナによる入射を用いるものの例である．（c）は円形導波管から石英窓を通して管軸方向に入射する場合を示す．各図における電源の記号

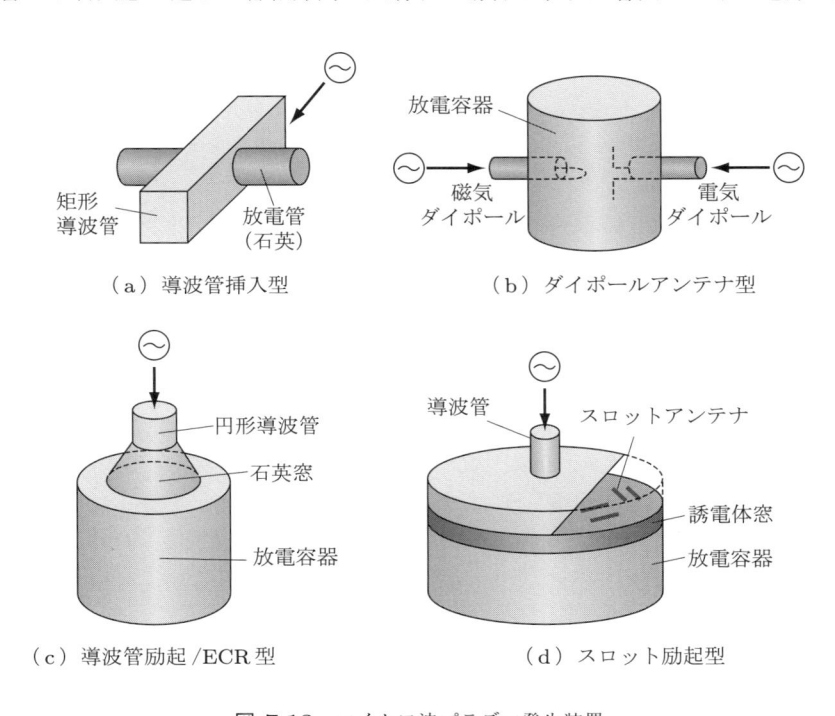

図 7.18 マイクロ波プラズマ発生装置

のところには図 4.14 の回路が入ると考えてよい．

　一般に無磁場の場合，数 kW 程度までのマグネトロンで放電させるには，気体圧力は 10 Pa 程度以上が必要である．気体圧力を下げる必要がある場合は，何らかのトリガー放電を用いるか，放電開始後気体圧力を下げる．プラズマ中の電磁波は，前述のように $\omega < \omega_p$ ではカットオフとなるので，2.45 GHz のマイクロ波は密度 7.4×10^{16} m^{-3} 以上のプラズマ中には電界は浸透せず，これが生成密度の上限となる．

　表面波を用いる場合は，たとえば，長い円筒プラズマの端に設置したアンテナから表面波を励起すれば，プラズマ柱に沿って全表面へ電力を供給することができる．最近は，図 7.18（d）のような放電容器で，スロットアンテナをおき，表面波を円形の誘電体窓とプラズマとの間に伝搬させて円形表面全体に電力を供給することにより，大口径の平板状プラズマを生成している．

　図 7.18（b），（c）において外部磁場を印加し，ある場所でマイクロ波の周波数が電子サイクロトロン周波数に等しくなる ECR 層が存在するように設定すると（2.45 GHz の場合 875 G），すでに見たように電子のエネルギー吸収が増し，低い気体圧力領域での放電が可能である．しかし，アンテナを磁場に直角の方向から挿入し，波を励起した場合は，波はある密度の場所でカットオフされそれ以上高密度側へは伝搬しない．高密度のプラズマを得ようとすれば，カットオフ密度の存在しない R 波を用いる．すなわち，図 7.18（c）において発散磁場あるいはミラー磁場を軸方向に印加し，放電容器のある場所に ECR 層を設定して，磁場に垂直な面内に電界をもつマイクロ波を，強磁場側から磁場に平行方向に放射する．R 波は高密度プラズマ中を伝搬し，ECR 層近傍で電力を電子に供給し衝突電離を起こさせる．これにより，低い気体圧力領域で，容易に 10^{18} m^{-3} 以上の密度を得ることができる．磁場の印加はまた，電子の閉じ込めの改善にも寄与する．

> **Plasma Gallery**
>
> マイクロ波放電（1）
> 　図 7.18（b）のような金属円筒容器中にマイクロ波アンテナを設置したものを用意し，それを円筒容器の上から眺めたものが図 A である．容器は直径 150 mm で，右側から直径約 25 mm のガラス管の中に入れた電気ダイポールアンテナを半径方向に挿入してある．また，容器外には永久磁石が並べられており，容器内の半径 65〜70 mm の円周に ECR 層が存在する．容器内に Ar ガスを 0.03 Pa の圧力で導入し，アンテナに 2.45 GHz のマイクロ波を供給すると，電力が 100 W 以下のときは ECR 層に沿って円環状の発光が見られ，ECR 条件がプラズマを効率よく生成することが確認される．図 A

は 400 W を供給した場合であり，ECR 層に沿って相対的に強い発光が見られるが，プラズマは容器内全体に広がって生成されていることがわかる．

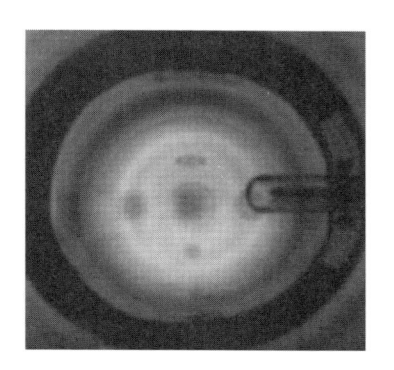

図 **A**　ECR プラズマ

マイクロ波放電（2）

　半径 $R = 250\,\text{mm}$ の金属製円筒容器の上端に，図 **7.18**（d）のように，厚さ 30 mm の誘電体窓（石英板）とスロットアンテナをおき，2.45 GHz のマイクロ波を照射してマイクロ波放電により Ar プラズマを生成する．Ar ガスの流量は 100 sccm である．この場合，生成されたプラズマと，誘電体窓の境界面に沿って表面波が伝搬し，周囲の円筒金属壁で反射することにより定在波を形成することがある．定在波の電界の強いところは電子が強く加速されエネルギーが高くなり，電離が盛んにおきてプラズマ密度もが高い．そのような場所は発光が強くなり，逆に電界の弱いところは発光が弱くなる．この様子を円筒容器下側からカメラで撮影したものが図 **B** から図 **D** である．図中の実線の円は半径 250 mm を表している．円形断面中の定在波であるから，方位角方向には

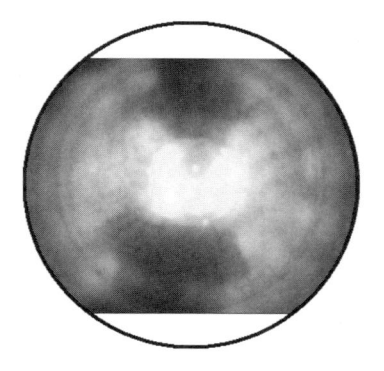

図 **B**　圧力 6.7 Pa，入射電力 2.42 kW，反射 0.28 kW

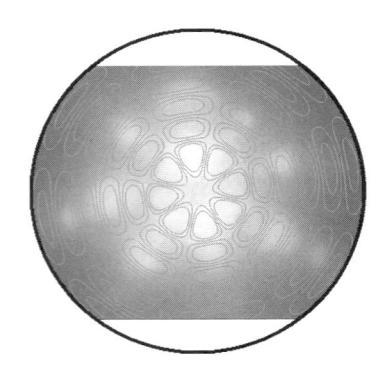

図 C 圧力 2.7 Pa, 入射電力 1.50 kW, 反射 0.11 kW

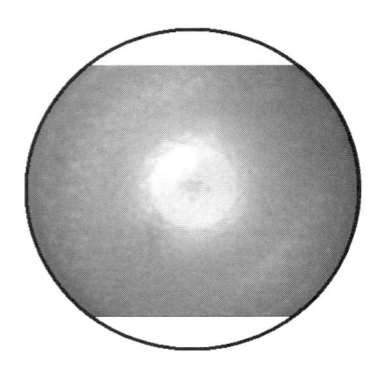

図 D 圧力 2.7 Pa, 入射電力 1.50 kW, 反射 0.03 kW

$\sin m\theta$ または $\cos m\theta$, 半径方向には $J_m(\rho_{mn}r/R)$ の依存性をもつ（7.3.2 項を参照). また, 電界を E とすると発光強度は E^2 に比例することに注意しよう. 図 B を観察すると, 方位角方向に沿って, 明るい位置が 2 ヶ所, 暗い位置が 2 ヶ所あり, $m = 1$ であることがわかる. n の値は図からはわかりにくいが, 他の測定で $n = 5$ と判定されている. 一方図 C では, 半径 150 mm 位で見ると, $m = 4$ のパターンが現れている. しかし, n については判然としない. そこで, $[J_4(\rho_{4n}r/R)]^2 \cos^2 4\theta$ の等高線を n を変化させて描き, 発光分布と適合させると $n = 6$ を得る. この場合の等高線を図 C に示している. この場合, このような定在波が現れるとプラズマ密度が不均一になり, 応用面で不都合が生じる場合が多い. そこで, 放電条件をさらに調整し, 反射電力をほぼ 0 にすると, 図 D のように均一なプラズマを得ることができる.

7.4 粒子バランスとパワーバランス

　高速の電子が発生すると，それらは衝突電離により新たな電子イオン対を生成することができる．生成されたプラズマの電子，イオンは拡散，再結合等により放電領域から失われる．発生と損失がバランスしているとき，プラズマが定常的に維持されていることになる．

　今，体積 V，表面積 S の容器に密度 n_0，電子温度 T_e のプラズマが外部の電源からの入力電力 P_{abs} により定常的に維持されていると仮定する．また，中性粒子（たとえば Ar）の密度は n_N とする．2.5 節に述べたことから電離衝突周波数は $\nu_i = n_N \overline{\sigma_i v}$ である．したがって，単位時間，単位体積あたりの電離衝突回数は $n_0 \nu_i$ であり，これだけの電子・イオン対が新しく生じることになる．この電離によるエネルギー損失は $n_0 \nu_i e V_i$ である．V_i は電離電圧であり，Ar の場合は約 15.7 eV である．他の衝突に基づく損失をすべて加え合わせて，単位時間，単位体積あたりの全エネルギー損失は $e n_0 \sum_j \nu_j V_j$ で表される．ただし，$j = i$（電離），$j = e$（励起），$\cdots$ などである．体積 V の容器内の単位時間あたりの全エネルギー損失は

$$P_V = V e n_0 \sum_j \nu_j V_j \tag{7.26}$$

となる．

　定常状態であるから，容器内で単位時間に新たに発生した電子・イオン対 $V n_0 \nu_i$ に等しい数の電子・イオン対が容器壁から損失しているはずである．このとき 1 対がもち去るエネルギーは，電子の平均運動エネルギー $2k_B T_e$，およびイオンがプリシースとシースで加速されることによるエネルギー $E_i = k_B T_e/2 + e V_{\text{sheath}}$ の和であるから，容器壁で単位時間に失われる全エネルギーは

$$P_S = V n_0 \nu_i (2 k_B T_e + E_i) \tag{7.27}$$

である．これらの損失が電源からの入力とバランスしているので，

$$P_{abs} = P_V + P_S = V n_0 \nu_i \left(\frac{e \sum_j \nu_j V_j}{\nu_i} + 2 k_B T_e + E_i \right) \tag{7.28}$$

がパワーバランスの式となる．また，容器壁での電子・イオン対の速度はボームの速度 u_B と考えられるので，単位時間あたりの損失数は $n_0 u_B S$ とも書き，$V n_0 \nu_i$ の代わりにこれを用いるとパワーバランスの式は，

$$P_{abs} = n_0 u_B S \left(\frac{e \sum_j \nu_j V_j}{\nu_i} + 2 k_B T_e + E_i \right) \tag{7.29}$$

としてもよい.

定常状態では,容器内で電離により生じた荷電粒子数が容器壁で損失する荷電粒子数に等しいので,

$$n_0 \nu_i V = n_0 u_B S h^* \tag{7.30}$$

が粒子バランスの式となる.ただし,h^* はシース端の密度と容器中心部の密度との比を与える補正係数であり,その値はイオンの平均自由行程などの関数である.この式の両辺を n_0 で割ると T_e に関する式となり,容器サイズと中性粒子の種類および密度を与えれば T_e が求まることになる.容器サイズが一定のもとで中性粒子密度(気体圧力)を増加させると,T_e は減少することがわかる.(7.30) 式から T_e が定まると,その値を (7.28) 式あるいは (7.29) 式に代入することにより,電源からの入力電力の関数としてプラズマ密度を求めることができる.

粒子バランス,パワーバランスの式を実際の実験に当てはめた例を次に示そう.実験では直径 0.5 m の Ar プラズマをスロット励起型マイクロ波放電[5]により生成し,種々の気体圧力 p において入射電力 P_{in},空間平均電子密度 $\bar{n}_0$,および電子温度を測定する.(7.29) 式において,$P_{abs} = \eta_{\exp} P_{in}$ とおいてマイクロ波の吸収効率 $\eta_{\exp}$ を求めることが目的である.なお,同式では電離衝突と励起衝突のみを考慮した.(7.30) 式により T_e を計算すると,p が 13 Pa から 0.13 Pa まで変化した場合 T_e は 1.7 eV から 3.3 eV まで増加することがわかるが,これは実験結果とほぼ一致する.図 **7.19** は $\eta_{\exp}$ の p 依存性を示したものである.p が 13 Pa から 1 Pa 程度までは $\eta_{\exp}$ は p すな

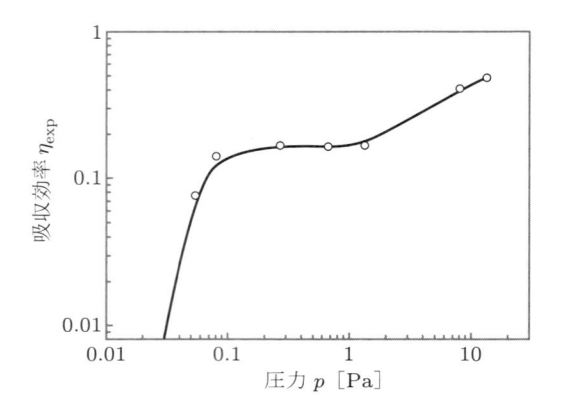

図 **7.19** 吸収効率の圧力依存性 [4]

---

5) 図 **7.18**(d)参照.

わち中性粒子密度とともに低下し，Joule 加熱による電力吸収を示すが，p が 1 Pa 以下では η_{exp} の低下はわずかであり別の吸収機構が関与していることを予測させる．その機構として，7.3.2 項で述べた無衝突加熱あるいは統計加熱が考えられる．それ以下の圧力で η_{exp} が急激に低下するのは，放電維持が不可能になったことに対応する．

7.5 プローブ測定

　プローブ (probe) 測定とは一般に図 **7.20** のような回路を用いて，陽光柱のようなプラズマの内部においた電極（プローブ）の電圧電流特性を解析することである．そのためにはプローブによってプラズマが乱されてはいけない．プラズマ内ではその電気的中性が失われるのは，Debye 長 λ_D 程度の範囲であり，これが十分に小さければ，プローブによる電界は短い距離で遮へいされてしまうので，プラズマが乱されることはそれほど大きくない．この遮へいは，プローブ近傍の空間電荷層すなわちシースにより実現されている．

　プラズマ電位を V_S，プローブ電圧を V_P とし，プローブ表面積を S とする．プローブ電圧を変えた場合のプローブ電流 I_P は図 **7.21** のような変化を示す．電流がプローブからプラズマへ向かうときを $I_P > 0$ としている．これをプローブ特性という．

　V_P が十分負である場合，プラズマ内の電子はプローブ表面より反発され，イオンはプローブに流入する．これは，プローブを壁に，$V_S - V_P$ を $\phi_p - \phi_w$ に置き換えれば，図 **5.9** と同じ状況である．シース内での電離もプローブからの電子放出もないとすればプローブ電流はイオン電流のみである．シースから壁と見なせるプローブ電極へ向かうイオンフラックスは (5.50) 式で与えられるから，

$$I_P = -I_{is} = -Se\Gamma_i = -Sen_i\mathrm{e}^{-\frac{1}{2}}\left(\frac{k_B T_e}{m_i}\right)^{\frac{1}{2}} \tag{7.31}$$

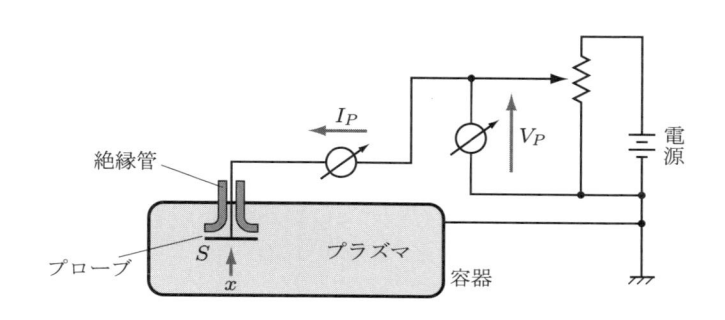

図 **7.20**　プローブ測定

となる．これをイオン飽和電流という．図 7.21 における A の領域の I_P がイオン飽和電流に相当する．

V_P を負の大きな値から漸次増大させていくと，プローブに向かう電子のうち特に速度の大きいものが逆電界 ($V_P - V_S < 0$) に打ち勝ってプローブに達するようになり，I_P は図 7.21 の領域 B のようになる．図 7.20 のようにプローブ表面に垂直に向かう方向を x 方向にとると，この電子電流密度は，

$$J_e = e \int_{v_C}^{\infty} \int_{-\infty}^{\infty} \int_{-\infty}^{\infty} v_x f_e(v_x, v_y, v_z) \, dv_x \, dv_y \, dv_z \tag{7.32}$$

である．ここで，v_C は $m_e v_c^2/2 = e(V_S - V_P)$ で定義され，

$$v_C = \sqrt{\frac{2e(V_S - V_P)}{m_e}}$$

となる．また

$$f_e = n_0 \left(\frac{1}{\pi v_T^2}\right)^{\frac{3}{2}} \exp\left(-\frac{v_x^2 + v_y^2 + v_z^2}{v_T^2}\right),$$

$$v_T = \sqrt{\frac{2k_B T_e}{m_e}}$$

であり，

$$\int_{-\infty}^{\infty} e^{-\frac{w^2}{v_T^2}} \, dw = \sqrt{\pi} \, v_T$$

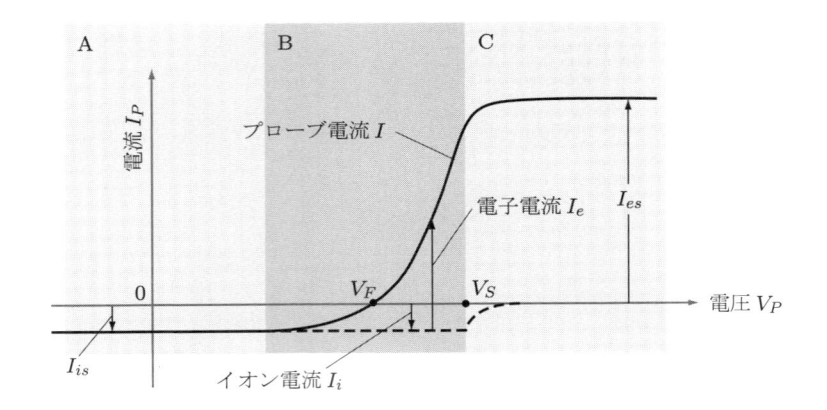

図 7.21 プローブ特性

であることから[6]，v_y, v_z に関する積分は簡単に実行できる．したがって，

$$I_e = en_e S \int_{v_c}^{\infty} v_x \left(\frac{1}{\pi v_T^2}\right)^{\frac{1}{2}} e^{-\frac{v_x^2}{v_T^2}} dv_x$$

$$= en_e S \left(\frac{1}{\pi v_T^2}\right)^{\frac{1}{2}} \cdot \frac{v_T^2}{2} e^{-\frac{v_c^2}{v_T^2}}$$

$$= en_e S \cdot \frac{1}{2\sqrt{\pi}} \cdot v_T \exp\left[-\frac{2e(V_S - V_P)}{m_e \cdot v_T^2}\right]$$

$$= \frac{1}{4} en_e S \cdot \sqrt{\frac{8k_B T_e}{\pi m_e}} \exp\left[-\frac{e(V_S - V_P)}{k_B T_e}\right]$$

ここで，$\sqrt{\frac{8k_B T_e}{\pi m_e}} = \int_0^\infty v \hat{F}(v) dv = \overline{v}$ であることに注意しよう．よって，

$$I_e = I_{es} \exp\left[\frac{e(V_P - V_S)}{k_B T_e}\right] \tag{7.33}$$

となる．ただし，$I_{es} = eS\frac{1}{4}n_e \overline{v}$ である．この I_{es} は 2.1 節で求めた 1 方向に向かう粒子の自由なフラックスがつくる電流である．$V_p \geq V_s$ ではプローブ電極近傍のシース電界は消失しているので，この I_{es} がプローブ電流である．I_{es} を電子飽和電流といい，図 **7.21** の領域 C の I_P の値である．

(7.33) 式の対数をとれば

$$\ln I_e = \text{const.} + \frac{eV_P}{k_B T_e} \tag{7.34}$$

となる．したがって次式が得られる．

$$\frac{d(\ln I_e)}{dV_P} = \frac{e}{k_B T_e} \tag{7.35}$$

すなわち，$\ln I_e - V_P$ 特性の直線の勾配により電子温度 T_e が求められる．

また，(7.31) 式よりイオン密度 n_i が，(7.33) 式の I_{es} から n_e が求まる．本来，このようにして求めた n_i と n_e は同じ値になるはずで，どちらか一方を測定すればよいわけであるが，種々の理由により一致しない場合が多い．一般的には，(7.31) 式から求めた n_i をプラズマ密度として採用する．

例題 7.6

$n_i = n_e = 5 \times 10^{17}\,\text{m}^{-3}$, $T_e = 3\,\text{eV}$ の Ar プラズマのイオン飽和電流と電子飽和電流の値を求めよ．ただし，プローブは直径 5 mm の円板とする．

---

[6] (1.17) 式を参照.

解答

(7.31) 式と (7.33) 式より，イオン飽和電流と電子飽和電流は，

$$I_{is} = S e n_i e^{-\frac{1}{2}} \left(\frac{k_B T_e}{m_i}\right)^{\frac{1}{2}} \tag{1}$$

$$I_{es} = e S \frac{1}{4} n_e \overline{v} \tag{2}$$

で与えられる．Ar イオンは $m_i \simeq 6.64 \times 10^{-26}$ kg である．また，直径 5 mm の円板の面積は，$S = \pi \left(\frac{5 \times 10^{-3}}{2}\right)^2 \simeq 1.96 \times 10^{-5}$ m^2 である．さらに，電子の平均速度 $\overline{v}$ は，$k_B \cdot T_e$ [K] $= e \cdot T_e$ [eV] の単位変換を利用して，

$$\overline{v} = \left(\frac{8 k_B T_e}{\pi m_e}\right)^{\frac{1}{2}} = \left(\frac{8 \times 1.602 \times 10^{-19} \times 3}{3.14 \times 9.109 \times 10^{-31}}\right)^{\frac{1}{2}} \simeq 1.15 \times 10^6 \text{ m/s}$$

となる．(1) 式および (2) 式は，

$$I_{is} = 1.96 \times 10^{-5} \times 1.602 \times 10^{-19}$$
$$\times 5 \times 10^{17} \times 2.72^{-\frac{1}{2}} \times \left(\frac{1.602 \times 10^{-19} \times 3}{6.64 \times 10^{-26}}\right)^{\frac{1}{2}}$$
$$\simeq 2.6 \times 10^{-3} \text{ A}$$
$$I_{es} = 1.602 \times 10^{-19} \times 1.96 \times 10^{-5} \times \frac{1}{4} \times 5 \times 10^{17} \times 1.15 \times 10^6$$
$$\simeq 4.5 \times 10^{-1} \text{ A}$$

となる．

7.6　分光測定

　分光測定とは，プラズマが発するさまざまな波長の光を分析してプラズマの情報を得ることである．さらに，外部からプラズマへレーザー (laser) 光などを入射し，その伝搬中におきる過程を分析して情報を得ることも多い．

7.6.1　上準位の密度の測定

　第 2 章では原子が電子励起準位から基底準位に光を放射して遷移することを述べた．一般的に，上準位 p に励起された粒子が，自然放射によって下準位 q へ遷移することによって放出される波長 Λ の光の強度 Ψ_Λ は次のように表される．

$$\Psi_\Lambda = A(p,q) n(p) \tag{7.36}$$

(7.36) 式の $A(p,q)$ は Einstein の A 係数とよばれ，上準位の原子 1 個あたり単位時間に遷移が発生する回数を示した量である．$n(p)$ は準位 p にある励起原子の密度 (準位 p のポピュレーション) を表した量である．二つの量の積 $A(p,q)n(p)$ は単位体積単位時間あたりの光子の放出回数となる．

　上準位 p や下準位 q のエネルギー値は原子固有のものであり，したがってその差に対応する波長 Λ も原子固有であるから，プラズマからの発光のスペクトルを測定し，その線スペクトル (line spectrum) の波長を読み取ることにより，そのプラズマ中に存在する励起状態の原子の種類を特定することができる．これが，プラズマの分光測定の基本である．発光スペクトルを測定する計測器を分光器といい，光をプリズムや回折格子を用いてスペクトル分解し，光電子増倍管や charge coupled device (CCD) などで検出する構成になっている．

　次に，(7.36) 式を用いれば，プラズマからの発光線の強度と A 係数から，$n(p)$ を求めることが可能である．しかし，実際には実験で得られた強度データに絶対感度の補正を行わなければならない．補正方法としては標準光源との比較校正が用いられる．標準光源とは，規定電圧または電流で点灯したときに再現性よく一定の光度・光束を発生できるもので，その一例を図 **7.22** に示す．

　図 **7.22** の縦軸は「単位面積 $[\mathrm{m}^2]$ の領域が，単位立体角 $[\mathrm{sr}]$ あたり，単位時間 $[\mathrm{s}]$ あたりに，単位波長幅 $[\mathrm{nm}]$ に含まれる波長をもつ光子を放出する数」である．供試分光器でこの標準光源を測定し，その出力を，分光器の視野を考慮して，図 **7.22** と比較することにより，波長ごとの感度係数 $S(\lambda)$ を求めることができる．すなわち，校正されたスペクトル強度 $I(\lambda)[\mathrm{photons\,sr^{-1}\,nm^{-1}\,m^{-2}\,s^{-1}}]$ は，分光器出力を $C(\lambda)$ とすると，$I(\lambda) = S(\lambda)C(\lambda)$ である．

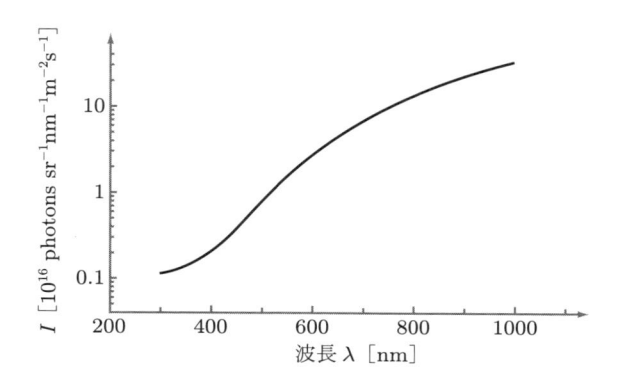

図 **7.22** 校正タングステンハロゲン光源の出力例

実際にある特定の波長 Λ の発光強度を得るためには，そのプロファイル全体にわたる，スペクトル $I(\lambda)$ の積分値を求めなくてはならない．すなわち，

$$\Psi_\Lambda = \frac{4\pi \left[\int^\Lambda I(\lambda)\,d\lambda\right]}{L} \quad [\mathrm{m^{-3}\,s^{-1}}] \tag{7.37}$$

ここで，$\int^\Lambda$ は中心波長 Λ のプロファイル全体に関しての積分であることを意味する．また L は視線が通過するプラズマの長さである．観測されるのは視線に沿った発光強度の積分値であるので，単位体積あたりの量を得るためには L で割らなくてはならない．結果として得られるのは，発光強度の視線上の平均値となる．

例として Ar ガスを放電させて得られた弱電離プラズマからの発光スペクトルを図 **7.23** に示す．実線が測定スペクトル，点線は各種データベース[1, 5]による相対値である．Ar 原子の発光スペクトルのもっとも特徴的な波長は 813 nm であり，それは電子励起衝突により生成された $3\mathrm{s}^2 3\mathrm{p}^5 4\mathrm{p}$ の準位にある励起状態の原子から $3\mathrm{s}^2 3\mathrm{p}^5 4\mathrm{s}$ への遷移によるものである．

この遷移の A 係数の値は $3.31 \times 10^7\,\mathrm{s^{-1}}$ であるから[1]，

$$\Psi_{813} = \frac{4\pi \left[\int^{813} S(\lambda) C(\lambda)\,d\lambda\right]}{L} \quad [\mathrm{m^{-3}\,s^{-1}}]$$

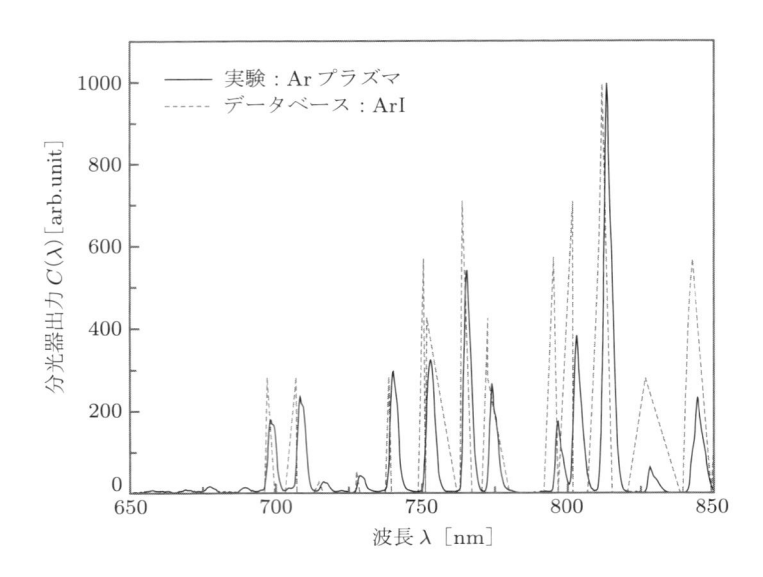

図 **7.23** 発光スペクトル

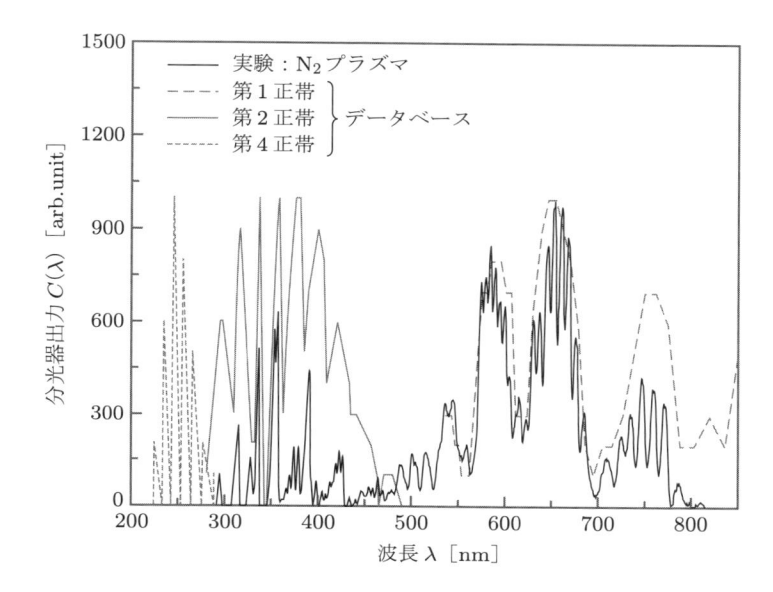

図 7.24 N$_2$ 放電プラズマからの発光スペクトル

により，Ψ_{813} を求め，(7.36) 式に代入すれば，このプラズマ中の $3s^23p^54p$ の準位にある励起状態の Ar 原子の密度 $n(3s^23p^54p)$ を求めることができる．

一方，図 **7.24** は，N$_2$ ガスを放電させて得られた弱電離プラズマからの発光スペクトルを示している．実線が測定スペクトル，灰色の線はデータベース[2]からの相対値である．先ほどの Ar の場合と異なり，スペクトルの広がりが大きい．これは，分子の電子励起衝突の場合，電子励起準位の遷移ばかりではなく，振動励起準位間や回転励起準位間の遷移が含まれるため，低・中分解能の分光器では密集した線スペクトルを識別できずに幅広に表示する．このようなスペクトルを帯スペクトル (band spectrum) という．

7.6.2 コロナ平衡モデルによる基底準位密度

前項では励起状態にある原子の密度が求められたのであるが，基底状態の密度を求めるにはどのようにするのだろうか．

単位時間単位体積あたりに励起が起こる頻度は衝突する電子の密度 n_e と励起される原子の基底状態密度 $n(1)$ にそれぞれ比例する．今，励起される準位として準位 3 を考えると，頻度は

$$C(1,3)n_e n(1)\,[\mathrm{m^{-3}\,s^{-1}}] \tag{7.38}$$

となり，$C(1,3)$ は基底状態から励起準位 3 への電子衝突励起速度係数とよばれる量である．励起速度係数は励起断面積から求めることができる．励起断面積は衝突する電子の速度 v または運動エネルギー E の関数で定義される．プラズマ中の電子の規格化速度分布関数を $\hat{F}_e(v)$ とし，$C(1,3)$ を断面積 $\sigma_{1\to 3}(v)$ を用いて表現すると

$$C(1,3) = \int_0^\infty \sigma_{1\to 3}(v)\hat{F}_e(v)v\,dv \tag{7.39}$$

である．電子温度が定義されると，$C(1,3)$ は電子温度の関数となる．

(7.38) 式は準位 3 へ流入するポピュレーションの流れの大きさと解釈することもできる．励起準位 3 の密度 $n(3)$ が定常的である場合を考えると，流入と流出が等しい．発光線の原因である自然放出遷移は，この流出であると考えられる．準位 3 から遷移する先は準位 2 と基底準位 1 とする．流出項を式で表すと次式のようになる．

$$[A(3,2) + A(3,1)]n(3) \ [\text{m}^{-3}\,\text{s}^{-1}] \tag{7.40}$$

流入と流出が等しいという考えから $n(3)$ は次のように書ける．

$$n(3) = \frac{C(1,3)n_e}{[A(3,1) + A(3,2)]}n(1) \tag{7.41}$$

(7.41) 式のように励起準位ポピュレーションが表せる時，その準位は「コロナ平衡」にあるという．このモデルが適用できるプラズマでは，電子密度と電子温度を何らかの方法で求めることができれば，(7.41) 式より基底準位の密度 $n(1)$ が求められる．ここで励起準位の密度 $n(3)$ は前項の方法で求めることができる．

例題 7.7

コロナ平衡モデル以外のモデルについて説明せよ．

解答

プラズマを構成する粒子間の相互作用には原子の電離や再結合，励起や脱励起などの原子過程が含まれる．コロナ平衡モデルでは無視した励起準位間の遷移を含むこのような原子過程を考慮したモデルとして衝突放射モデルがある．また，プラズマが高密度で粒子間衝突が多く，励起状態数密度が電子温度と熱平衡の Boltzmann 分布をしていると仮定した局所熱平衡モデルがある．

7.6.3 分光分析

プラズマに含まれるある種の原子や分子を検出する方法として，上記の検出法のほかに，次のような検出法があり，特にレーザーを用いた方法ではきわめて微量の原子・

分子の検出が可能になる．

◆ **吸収分光法**　分子はいろいろな振動励起準位をもち，それらのエネルギー差に相当する光を吸収して遷移する．この場合の波長領域は赤外線となり，ランプと分光器の組み合わせや波長可変レーザーを光源として，光の波長をスキャンしながら気体に入射する．波長が特定の分子の振動励起準位差に一致したときに透過光の強度が減少するので，それを検出し，あらかじめわかっている各分子の吸収線と比較することによって分子の種類を決定することができる．ランプと分光器を光源とする場合，回折格子形分光器では弱い赤外光の利用率が悪いのでフーリエ変換赤外分光器が用いられる．

◆ **ラマン散乱**　レーザー光を照射すると，分子の振動励起準位に対応した固有振動数だけ長波長側にずれた散乱光が生じるので，分光器により波長シフトを計測すると，その分子を同定できる．

◆ **CARS**　ラマン散乱光は通常，非常に微弱なので測定が困難になる場合がある．これを改良するために，二つのレーザー光を用いて，その差の周波数が分子の固有振動数に一致したときに生じる強いコヒーレントなラマン散乱光を利用するものがCARS (Coherent Anti-Stokes Raman Scattering) である．感度と空間分解能に優れ，たとえば排気ガスや燃焼ガスの微量成分分析に用いられる．

◆ **レーザー誘起蛍光法**　可視から近紫外領域の波長可変レーザーを用いて基底準位の原子・分子を電子励起準位に光励起し，そこからの遷移による蛍光を測定する方法である．レーザー光の波長を特定の原子・分子に同調させておくと，その粒子の密度を時間空間的に分解して測定できる．

7.7　電磁波干渉計測

磁場のない冷たいプラズマ中を伝搬する角周波数 ω の電磁波の屈折率は，(6.20) 式で与えられている．図 **7.25** に示すように，電磁波の通路を二つに分け，プラズマ中と大気中を伝搬させると両者の間には位相差が生じ，その値は ω_p すなわちプラズマ密度により変化する．両通路を通過した電磁波を干渉させてこの位相差を測定すればプラズマ密度を求めることができる．

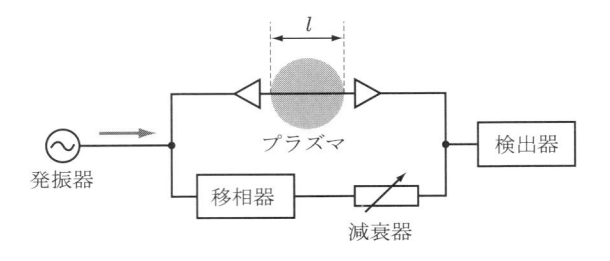

172　第7章　プラズマの生成と測定

図 7.25　電磁波干渉計

電磁波の波数は，大気中では $k_0 \; (=\omega/c)$，プラズマ中では $\omega_p \ll \omega$ のとき，

$$k_p = \tilde{n} k_0 = k_0 \left(1 - \frac{\omega_p^2}{\omega^2}\right)^{\frac{1}{2}} \simeq k_0 \left(1 - \frac{\omega_p^2}{2\omega^2}\right) \tag{7.42}$$

となるので，位相差は，

$$\Delta\theta = \int_0^l [k_0 - k_p(x)]\, dx = \frac{k_0 e^2}{2m\varepsilon_0 \omega^2} \int_0^l n(x)\, dx \tag{7.43}$$

である．ただし，l はプラズマ中の行路長で $\omega_p \ll \omega$ を仮定している．(7.43) 式の $\Delta\theta$ を測定すれば，線積分密度 $\overline{nl} \equiv \int_0^l n(x)\, dx$ を求めることができる．図 7.25 の発振器は，$\omega_p \ll \omega$ が満たされるように，測定されるプラズマに応じてマイクロ波発振器（クライストロンなど），レーザー発振器（遠赤外レーザー）などが用いられる．

例題 7.8

検出器において $\Delta\theta$ を測定する原理を述べよ．

解答

図 7.25 において，移相器・減衰器側の信号を $A\cos\omega t$，プラズマ側の信号を $B\cos(\omega t + \Delta\theta)$ とする．検出器ではこれらの信号の積が生成されるので，

$$AB\cos\omega t \cos(\omega t + \Delta\theta) = \frac{1}{2}AB\left\{\cos(2\omega t + \Delta\theta) + \cos\Delta\theta\right\} \tag{1}$$

となる．(1) 式に LPF（低域通過フィルタ）を適応すると高周波成分 $2\omega t$ を含む項は除去されるので，

$$AB\cos\omega t \cos(\omega t + \Delta\theta) \simeq \frac{AB}{2}\cos\Delta\theta \tag{2}$$

となり $\Delta\theta$ が検出される．

7.8 質量分析

真空計により気体の圧力あるいはその温度のもとでの粒子密度が測定できるが，粒子の種類を特定することはできない．これを可能にするのが，4重極質量分析計であり，その構造を図 **7.26** に示す．4本のロッドには図のように直流電圧と高周波電圧が加えられており，内側の空間の電位は，

$$\phi(x,y,t) = (U - V\cos\omega t)\frac{x^2 - y^2}{r_0^2} \tag{7.44}$$

と与えられる．z 方向に入射してくるイオンの $\bm{r} = (x, y)$ 面での運動方程式は，

$$\frac{d^2}{d\tau^2}\begin{Bmatrix} x \\ y \end{Bmatrix} + (a - 2b\cos 2\tau)\begin{Bmatrix} x \\ -y \end{Bmatrix} = 0 \tag{7.45}$$

のようになる．ここで，$2\tau = \omega t, a = \dfrac{8eU}{mr_0^2\omega^2}, b = \dfrac{4eV}{mr_0^2\omega^2}$ である．(7.45) 式の x 成分は第1章 (1.33) 式で表される Mathieu の方程式である．また y 成分は $a \to -a$, $\omega t \to \omega t + \pi$ の置き換えをすればやはり Mathieu の方程式になる．1.4 節で示されたように，a, b の値に依存して解は安定になったり不安定になったりするが，安定な解

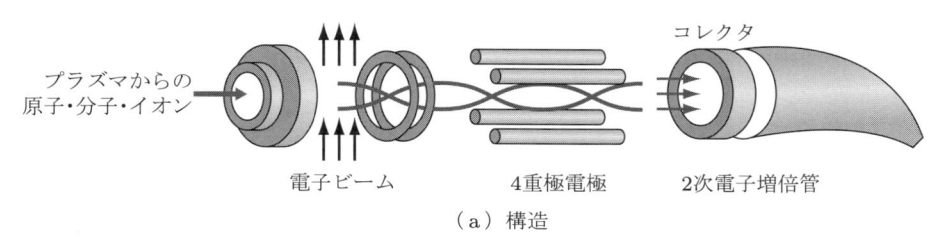

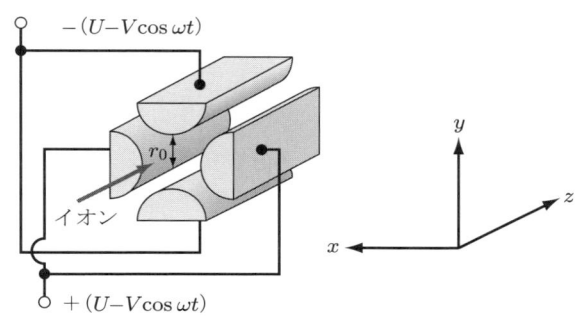

(a) 構造

(b) 4重極電極

図 **7.26** 4重極質量分析器

(a) x, y の安定領域

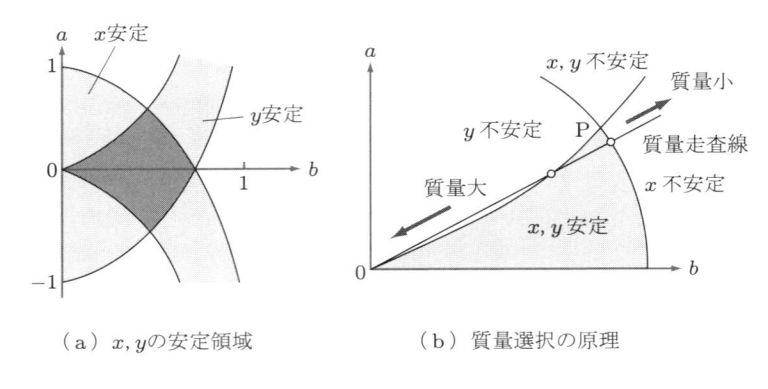

(b) 質量選択の原理

図 **7.27** 安定・不安定領域

は，イオンがロッドで囲まれた空間を通過してその先にあるコレクタに到達することを意味し，不安定な解は，$|x|$, $|y|$ が大きくなりイオンがロッドや壁に衝突してコレクタに達しないことを意味する．(7.45) 式の安定領域は，x に対する図 **1.12** と，y に対する図 **1.12** を b 軸に対して反転したものの積であるから，$a = 0$ 付近を注目すると，図 **7.27**（a）の ▨ の部分になる．図 **7.27**（b）はさらに詳細に解の安定領域を示したものである．

今，周波数を一定として，電圧の比 U/V を一定に保ちながら高周波電圧 V を変えていく．このとき (a, b) 座標面では $a/b = 2U/V =$ 一定 なので一本の直線に対応する．この直線上には a, b の定義から異なる質量電荷比 m/e の粒子の関係が表されており，左側は m/e の値が大きく，右側は小さい．U/V の比を大きくしていくと m/e の狭い範囲のイオンだけが 4 重極電極間を通過できるようになり，直線が安定領域の頂点部 P を通る時 ($a/b = 0.336$) には特定の m/e をもつ 1 種類の粒子だけが通過できる．これらの関係をあらかじめ知っていれば U を掃引することにより質量を判断することができる．

図 **7.28** は，N_2 と Ar の混合ガスをマイクロ波により放電させて生成したプラズマからサンプルされた粒子を質量分析器に導入して質量スペクトルを測定したものである．特定の質量数の位置に信号の強いピークが見られ，その質量数の値から，N, N_2, Ar の原子，分子が存在することが示されている．

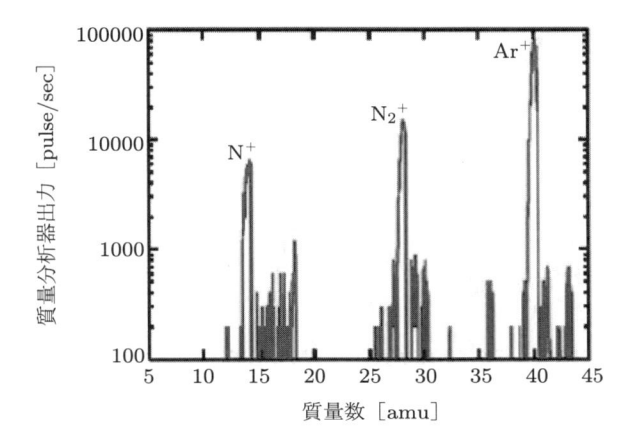

図 **7.28** 質量分析の一例

演習問題 7

1 (7.23) 式を導け．

2 (7.24), (7.25) 式を導け．

3 CCP における電子のエネルギー吸収では Joule 加熱と統計加熱のどちらがより寄与しているか．

4 図 **7.11**（c）において，電源と負荷のパラメータが**問図 7.1** のようであるとする．点線で囲んだ部分がコイルとプラズマの合成等価インピーダンスである．Smith 図表を用いて，反射が 0 となるように C_1, C_2 の値を決定せよ．

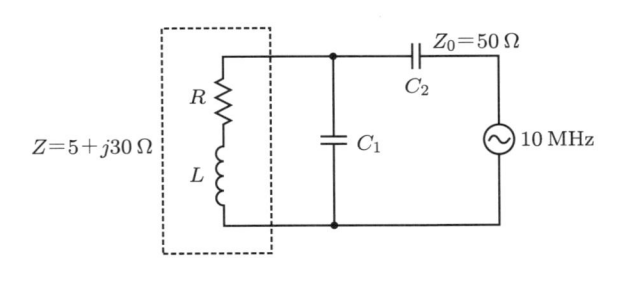

問図 **7.1**

5 あるプラズマのプローブ測定により**問図 7.2**のような電子電流対プローブ電圧の特性が得られた．このプラズマのおよその電子温度 T_e [eV] を求めよ．

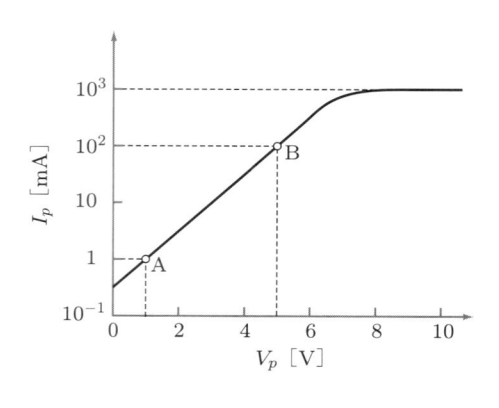

問図 **7.2**

6 発光分光による電子温度推定法について述べよ．

第8章 放電プラズマの応用

これまでに述べてきた放電やプラズマの基礎的性質を，高度に利用した機器や装置がさまざまな分野で開発され，利用に供されている．ここでは弱電離プラズマを用いる応用のうち，プラズマ TV，気体レーザー，プラズマによる LSI 製造などについて，その構造や動作原理を理解し，放電やプラズマをどのように制御して望む動作をさせているのかを学ぶ．

8.1 プラズマ TV—プラズマディスプレイパネル

プラズマ TV すなわちプラズマディスプレイパネル (PDP) の原理は 1927 年にベルシステムで考案されたもので，70 年代にはモノクロディスプレイとして実用化されていた．日本では 70 年頃から NHK や各メーカで開発研究が行われた結果，今日の商品化が実現されている．

PDP は AC 型，DC 型，ハイブリッド型などがあるが，AC 型が主流であり，図 8.1 にその詳細を示す．(a) は PDP の一部を切り出して間隔を広げ，その概観を示したものである．赤緑青（RGB）の蛍光体を塗布したセル 3 個を一組としたユニットがマトリックス状に配列されており，各セルの発光を時間的・空間的にコントロールして画面を構成し，大画面 TV として表示する．図 (b) に示すように，各セルは 2 枚のガラス板（背面，前面）ではさまれており，背面ガラス板の内側には金属製のアドレス電極が，前面ガラス板の内側には ITO (Indium Tin Oxide) 透明導電材と金属のバスラインにより構成された維持電極（表示電極ともいう）が，互いに直交して配列されている．それらの電極の交点を指定することにより特定のセルを選択発光させることができる．セルは一辺が $100 \sim$ 数 $100\,\mu\mathrm{m}$ の直方体で，内部には Ne と Xe の混合ガスが数 $10\,\mathrm{kPa}$ の圧力で封入されており，そのセルをはさむアドレス電極と維持電極の間に高電圧パルスが印加され，Townsend の放電開始条件が満たされると，放電し，各種の電子衝突励起にともなう発光が生じる．それらの発光のうち，Xe の脱励起による紫外線がセルの内面に塗られた蛍光体に照射され，蛍光体の種類に応じた可視光を放射する．

図 8.1 (c) において，一つのセルに注目すると，上側には 2 本の維持電極があり，

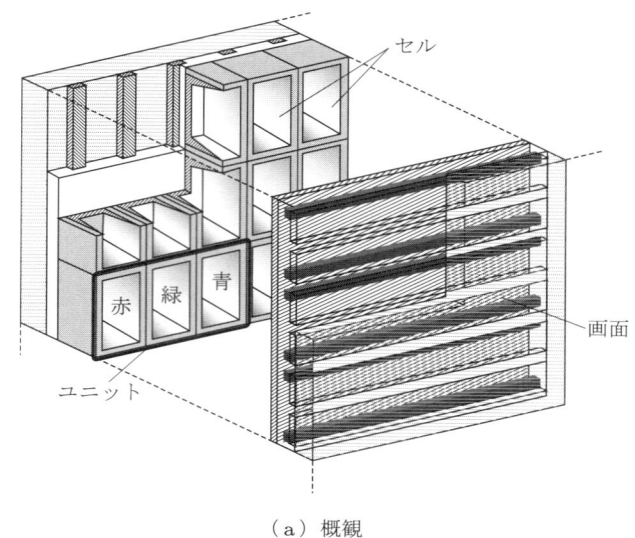

178 第8章 放電プラズマの応用

(a) 概観

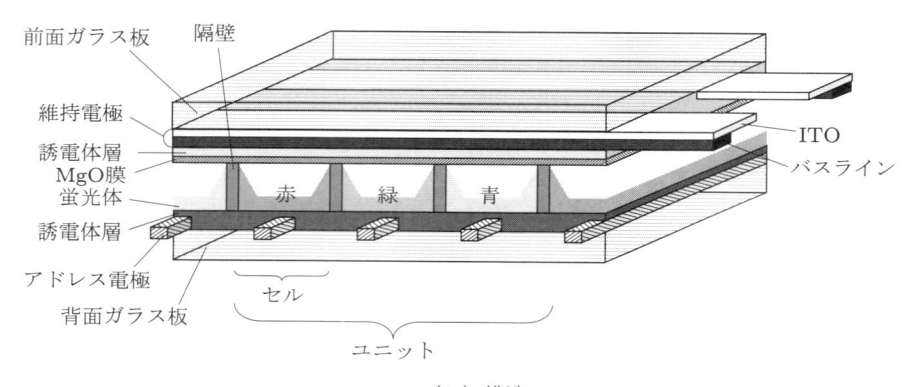

(b) 構造

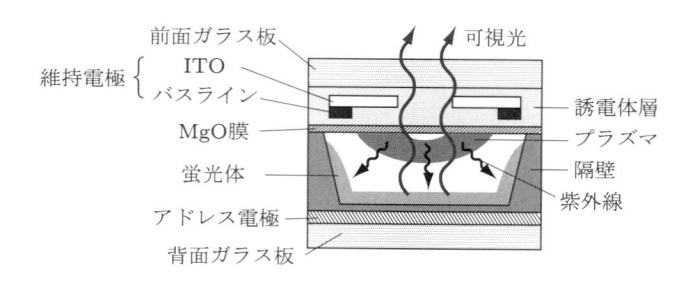

(c) (b)を右側から見た図

図 8.1 PDP の構造

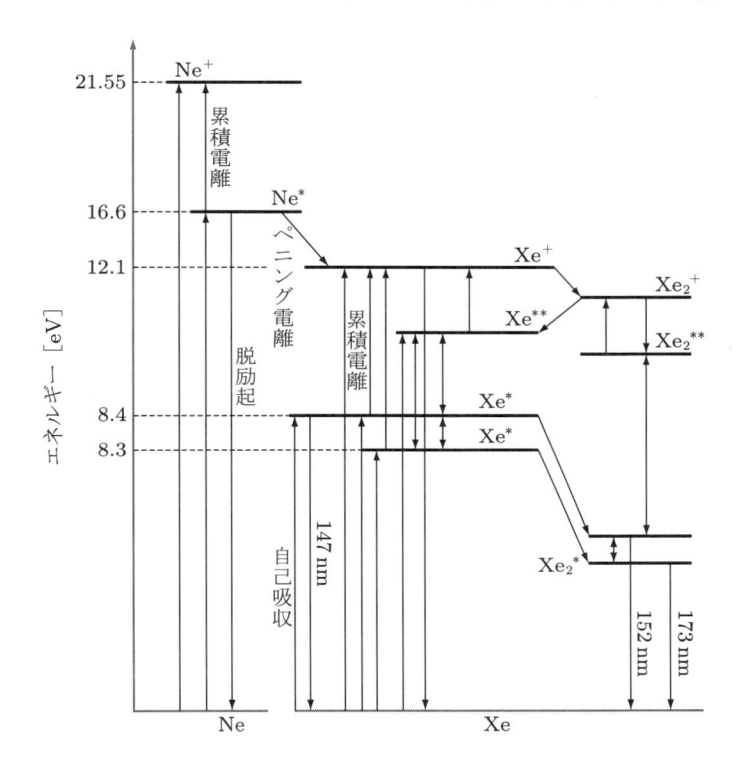

図 8.2　Ne と Xe 原子のエネルギー準位図

下側には 1 本のアドレス電極がある．両維持電極間には Paschen の法則から決まる放電開始電圧よりも少し低い電圧を印加しておき，そのセルを光らせるタイミングになったとき，対向するアドレス電極に放電開始電圧を上回るパルス電圧を印加して放電を開始させる．一旦放電が開始するとアドレス電極の電圧を取り除いても，維持電極間に存在する低い電圧（放電維持電圧という）で放電が持続する．この電圧は AC 電圧であり，また維持電極は誘電体で覆われていることから，放電形態はバリア放電であり，メモリ効果が有効に利用されている．さらに，γ 作用を高めるために誘電体の表面には 2 次電子放出係数の大きな MgO 膜を塗布してある．

　図 8.2 は Ne と Xe 原子のエネルギー準位図を示す．Ne 原子への電子衝突により，Ne^+ も生成されるが，電子励起衝突により 16.6 eV の準安定状態の Ne^* が大量につくられる．Xe の電離電圧は 12.1 eV と，Ne の準安定状態のエネルギーより低いため，ペニング効果により Xe^+ が効率よく生成され，放電電圧を低減させるのに役立っている．

蛍光体に照射される紫外線としては，8.4 eV の共鳴励起準位からの 147 nm の光と，8.3 eV の準安定準位の Xe*，Xe，Ne の間の 3 体衝突による励起分子 Xe_2^* からの 173 nm の光が利用される．

PDP は大画面，視野角が大，動画特性に優れる，などの特徴があるものの，消費電力が大きい，すなわち，電力あたりの発光量が小さいという点を克服する必要がある．

8.2 ガスレーザー

レーザー発振を行うためには，原子や分子の発光遷移の上準位と下準位の間に反転分布をつくる必要があり，これをポンピングとよぶ．He-Ne レーザーや炭酸ガスレーザーなどのガスレーザーでは，高電圧放電を利用したポンピングを用いる．これらのレーザーは，それぞれ，位置決めのための照準光など，レーザーメスや金属切断などに利用されている．

8.2.1 He-Ne レーザー

図 8.3 に示す He-Ne レーザーでは，ミラー 2 枚で構成された光共振器の間に細い放電管を配置し，He と Ne の混合ガスを詰める．陰極（カソード）–陽極（アノード）間に直流高電圧を印加してグロー放電を起こすと，図 8.4 に示されているように，He 原子への電子衝突により，準安定状態の He* が生成され，これが Ne 原子と衝突するとエネルギー準位のほぼ等しい励起準位 $2p^54s$ や $2p^55s$ の Ne* をつくる．これをエネルギー移乗とよぶ．この準位の寿命は 10^{-7} s 程度であり，たとえば $2p^55s$ の準位と，寿命が 10^{-8} s 程度の $2p^53p$ の準位との間に反転分布が形成される．この準位間のエネルギー差は 632.8 nm に対応するため，この赤いレーザー光が放出される．

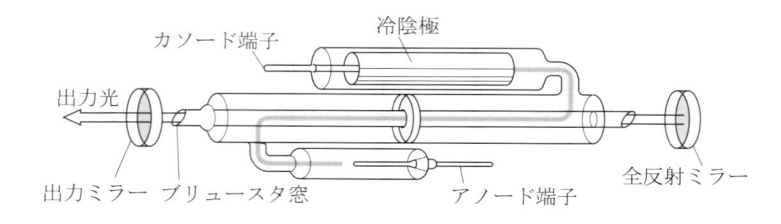

図 8.3 He-Ne レーザー [6] 1)

---

1) ブリュースタ窓は窓材の屈折率を $\tilde{n}$ とするとき，レーザー光の窓への入射角 θ を $\tan\theta = \tilde{n}$ と設定したもの．入射面内の電界成分に対して反射率が 0 となり，出力光はその方向に偏光する．

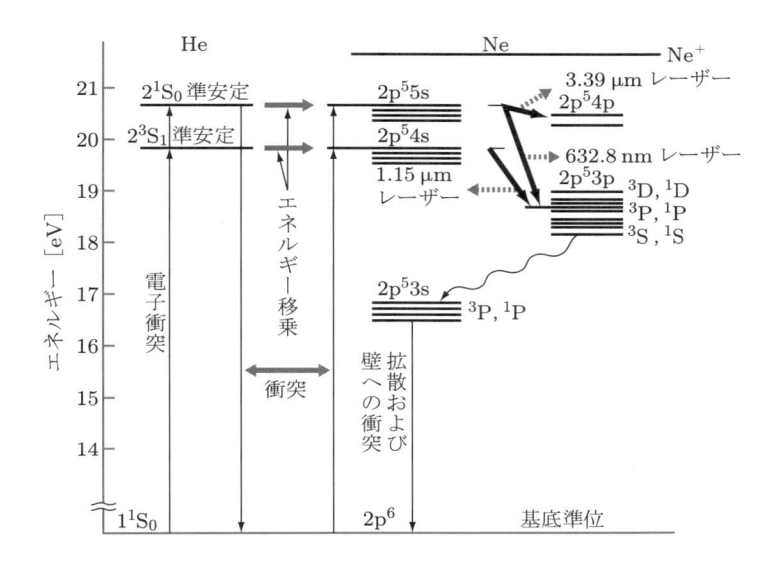

図 8.4　He と Ne 原子のエネルギー準位図

8.2.2　炭酸ガスレーザー

　炭酸ガスレーザーは CO_2 分子の振動励起準位間に生じる反転分布を利用した，効率の高いガスレーザーである．図 8.5 は CO_2 分子の 3 種類の振動状態を示しており，（a）対称的な伸縮振動，（b）折れ曲がり屈曲振動，（c）非対称な伸縮振動，それぞれの量子数を m, n, l とすると，分子の振動準位は $(m\ n\ l)$ と表される．炭酸ガスレーザーでは，CO_2 分子と N_2 分子を混合してガラス管の中に流し，グロー放電させる．図 8.6 に示したエネルギー準位図において，励起状態の N_2 分子から CO_2 分子への共鳴的エネルギー移乗により，(0 0 1) 準位の CO_2 分子の密度が増加する．CO_2 分子の (0 0 1) と (1 0 0) 準位の間，および (0 0 1) と (0 2 0) 準位の間に反転分布がつくられ，それぞれ，10.6 μm と 9.6 μm の赤外光のレーザー発振が生じる．なお，上準位の寿命は 1 ms 程度，下準位の寿命は 10 μs 程度である．下準位に達した CO_2 分子は (0 1 0) 準位を経由して基底準位にもどる．

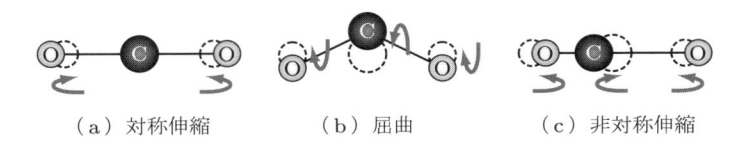

　　　（a）対称伸縮　　　　（b）屈曲　　　　（c）非対称伸縮

図 8.5　CO_2 分子の振動状態

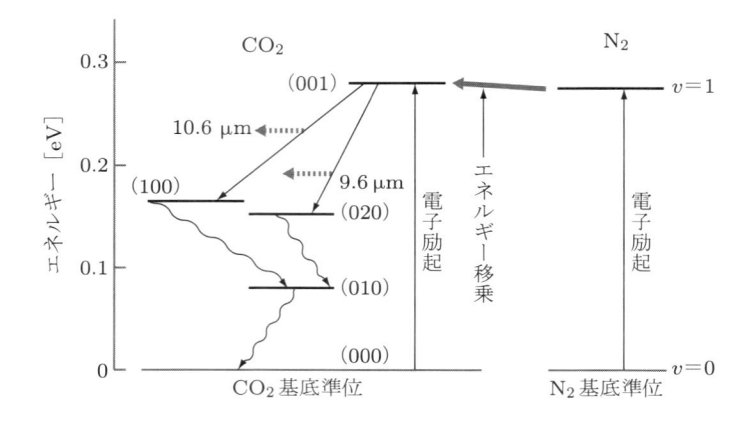

図 8.6　CO_2 と N_2 分子のエネルギー準位図

Plasma Gallery　ガスレーザー

　世界で初めて発振したレーザーはルビー結晶を用いた固体レーザーで，1960年のことであった．プラズマを用いるガスレーザーの最初は，同じ年にベル研究所のジェイバン (Javan) が成功させた He-Ne レーザーであり，その原理などは 8.2 節に述べている．Javan がこの原理を考えついたあと，実際に発振させるまでに彼は 2 年を要し，ベル研究所は 200 万ドルを使ったそうである．

　図 A は 8.2 節で説明した炭酸ガスレーザーと同様のガスレーザーの 1 種であるシアン (HCN) レーザー発振器の概略図を示している．ホロー陰極を用いた直流放電であるが，電極間距離が 2.4 m と非常に長い．He ガス圧力を 300 Pa 程度に設定した場合の放電開始電圧は約 5 kV である．このときの陽光柱の様子を図 B に示す．このレーザーは HCN 分子の振動により赤外光を発振させるのが目的であるので，He に加えてメタン

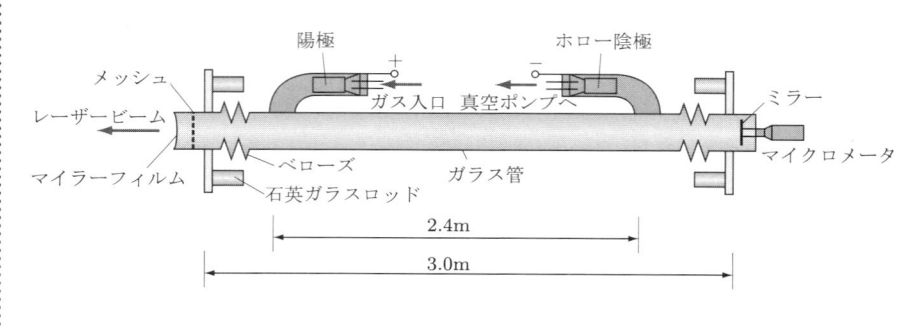

図 A　HCN レーザー

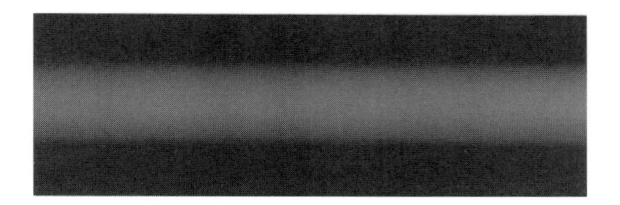

図 B　He 放電[8]（著者ら撮影）

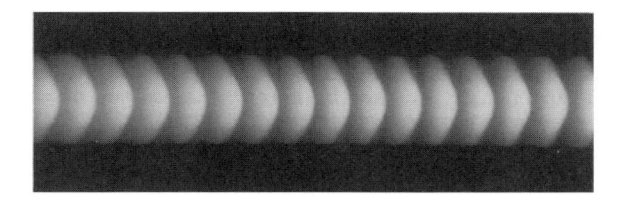

図 C　He/CH$_4$/N$_2$ 放電[8]（著者ら撮影）

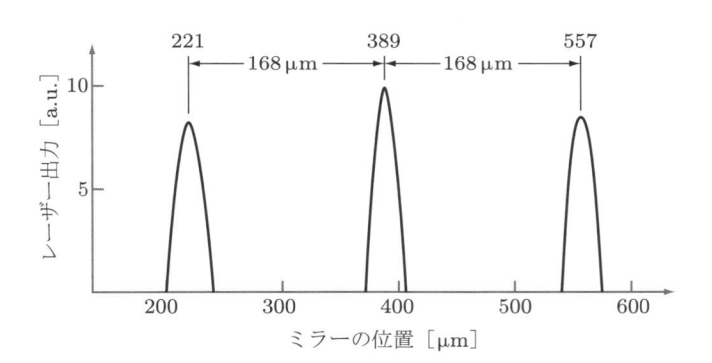

図 D　発振条件

(CH$_4$) と N$_2$ を He の 15% 程度の流量で混合する．この混合ガスでの放電の様子は，図 B と全く異なり，図 C のように縞状の発光が周期的に現れる．縞模様が図 C のように静止している場合もあれば移動してゆく場合もある．このような発光をストリエーション (striation) という．なお，このときの電極間電圧は 3.6 kV，放電電流は約 1 A である．striation がおきる理由は，電界で加速された電子が分子に衝突し励起発光させ，電子はエネルギーを失うがまたある距離加速されると再び励起発光を起こす，ということが順次繰り返されるためであるといわれている．

図 A で，放電管の左端にある金属メッシュと右端にある全反射ミラーで共振器が構成されており，ミラーの位置を変えながらレーザー光の強度を測定すると，図 D のように

特定の位置で大きな出力が得られる．これは共振器長がちょうどレーザー光の半波長の整数倍になったときに共振してレーザー発振を起こすためであり，この図から発振波長が約 336 μm であることがわかる．これは炭酸ガスレーザー光よりも非常に長い波長であり，遠赤外線という．

8.3　プラズマによるシリコン膜の微細加工

現代の LSI は，シリコン基板の上に微小トランジスタと配線を形成したものであり，その作製にはシリコンやそれに不純物をドープしたものを積み重ねたり（堆積），シリコンのある部分を切り取ったり（エッチング）する工程が繰り返し行われることになる．

8.3.1　シリコン薄膜の堆積

図 **8.7** はシリコン原子の結合状態を示しており，左から結晶状態，微結晶（ポリ結晶）状態，アモルファス状態を表す．規則正しい結晶状態は，高温での溶融引き上げ

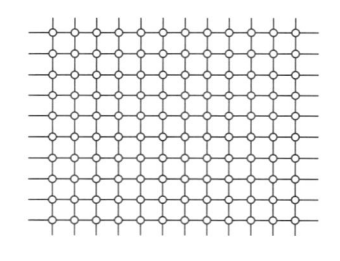

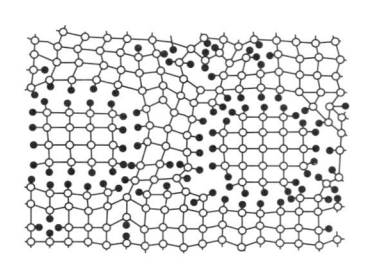

（a）結晶状態　　　　（b）微結晶状態

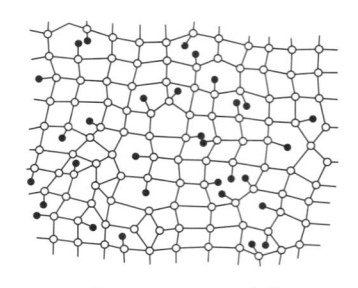

（c）アモルファス状態

図 **8.7**　Si 原子の結晶状態

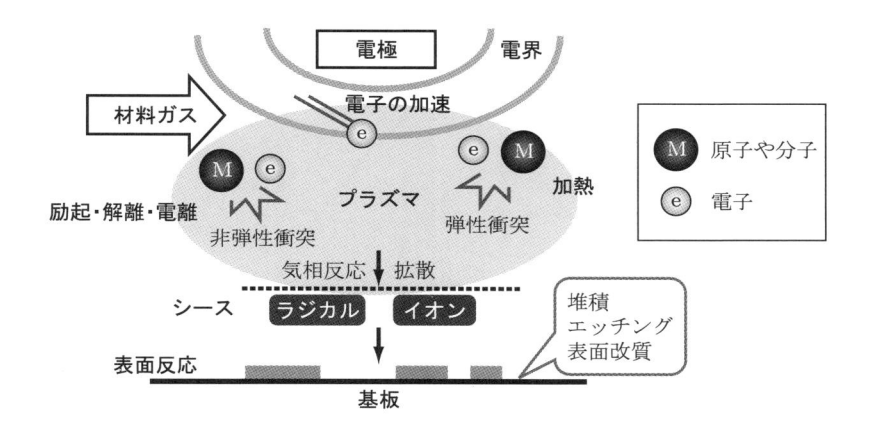

図 8.8 プラズマの生成・維持から表面反応までの過程

法でしか作製できないが，それ以外は放電プラズマを用いて低温で形成することが可能であり，工業的に大変有利になる．

放電プラズマ中にシリコン原子を含んだ材料ガスを導入すると，電界により加速されたエネルギーの高い電子が衝突し，各種の気相反応が生じてラジカルやイオンが生成される．それらがサブストレートと称するシリコン基板に到達すると，各種の表面反応が生じる．この様子を図 8.8 に示す．シリコン薄膜の堆積のためには，材料ガスとしてのシランガス (SiH_4) をバッファガスである Ar で希釈したものを用いることが多い．これを平行平板電極間に導入して，高周波電圧による容量結合プラズマ (CCP) を発生させる．また，誘導結合プラズマ (ICP) を用いることもある．

図 8.9 は SiH_4 に対する電子衝突断面積を表している．弾性（運動量移行）衝突，付着，解離（主要なものの合計），解離（性）電離の各衝突についての電子エネルギー依存性が示されている．解離衝突により，各種の化学的活性な中性種（ラジカルとよぶ）である SiH_3, SiH_2, SiH，などが発生し，これらがシリコン基板表面に流入する．図 8.10 に示すように，SiH_3 ラジカルがシリコン原子の結合手に結合し，H 原子 4 個が気化して取り除かれると，新しい Si 原子層が生まれ，これを繰り返すことによって薄膜が形成されてゆく．

この過程を少し詳しく見てみよう．図 8.9 に示されるような衝突により，プラズマ中で各種のラジカルやイオンが生成される．中でも解離反応

$$SiH_4 + e \rightarrow SiH_3 + H + e$$

$$SiH_4 + e \rightarrow SiH_2 + H_2 + e$$

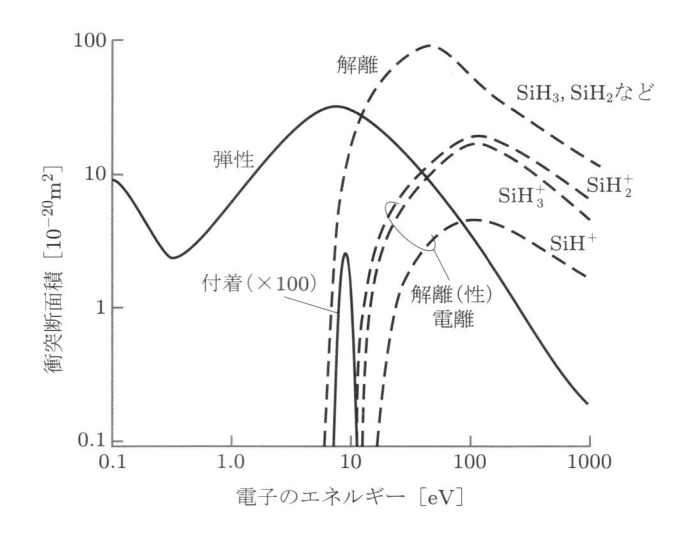

図 8.9 SiH$_4$ に対する電子衝突断面積の概略値

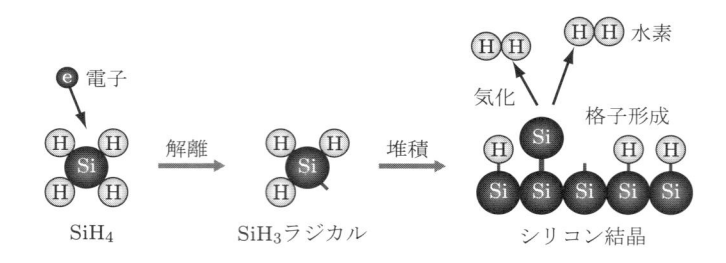

図 8.10 Si 結晶の生成過程

などにより生成される SiH$_3$, SiH$_2$, SiH はその量が多い．ある種の粒子がある面を一方向 (x 軸方向とする) に貫く粒子束は，

$$\Gamma = n \cdot \frac{1}{2}\overline{|v_x|} = n\sqrt{\frac{kT}{2\pi m}} = p\frac{1}{\sqrt{2\pi mkT}}$$

となる．ここに p はその粒子種の分圧である．シリコン基板面に垂直に x 軸をとると，Γ が基板に入射する粒子束である．基板すなわちシリコン結晶表面に入射した分子は表面から引力を受けながら，その運動エネルギーにより表面に沿って動き回っており，これをマイグレーション (migration) という．それらの一部は，結晶表面のある吸着サイトに van der Waals 力により物理吸着される．この状態の吸着分子が，活性化エネルギー相当のエネルギーを受けると，そのサイトに化学的に捕獲される．これを化

学吸着とよぶ．基板の単位面積あたり単位時間に捕獲される分子数を k_a とすると，入射粒子が基板に付着する確率は，

$$s = \frac{k_a}{\Gamma}$$

となる．この付着は，シリコン結晶表面の吸着サイトに分子がすでにどの程度吸着されているかに依存する．表面の吸着サイトが全く占有されておらずクリーンな場合を $\Theta = 0$，吸着分子ですべて覆われている場合を $\Theta = 1$ と定義すると，付着確率（付着係数ともいう）は，

$$s = \frac{k_a(1 - \Theta)}{\Gamma}$$

と表される．物理吸着や化学吸着されなかった分子は表面から離脱し気相に戻る．化学吸着により付着して基板のシリコン原子層と化学結合したものが新しく結晶格子を形成していく．

具体的な例として Γ の値がもっとも大きい SiH_3 で考える．シリコン結晶表面のシリコン原子の多くは，水素原子で終端されている．SiH_3 は表面上をマイグレーションしながらこの H に到達し，結合することで H を引き抜き，気体分子の SiH_4 となって気相に離脱する．H を引き抜かれたシリコン原子は未結合手 (dangling bond) を一つもつことになる．マイグレーションしている SiH_3 が二つ出合って結合すると Si_2H_6 になり，気体分子として気相に離脱しシリコンの格子形成には寄与しない．一方，表面の SiH_3 のうち，一部はシリコンの未結合手サイトに到達して，そこに結合することで付着しシリコンの新しい原子層を形成していく．その原子がもつ H は，前に述べた引き抜き反応により取り除かれ，そのサイトに新しい SiH_3 が結合する．これを繰り返して格子形成が進行していくわけである．一つ目の SiH_3 による H 引き抜き反応とそれに引き続く二つ目の SiH_3 の結合は，ほぼ同時におきると考えられている．

8.3.2 薄膜のエッチング

エッチングとは図 **8.11** に示すように，シリコンなどの被エッチング物質を，削りたい部分を残してマスクで覆い，化学的に活性な分子やイオンを照射して，被エッチ

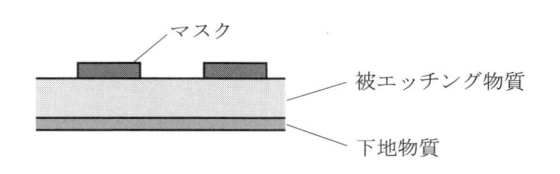

図 **8.11** エッチング

図 8.12　エッチングの様子

ング物質を気化性物質に変化させ，表面から取り去ることをいう．

　活性な分子としては，ハロゲンやハロゲン化合物のラジカルが用いられる．図 8.12 はプラズマ中にフッ素ガスを導入して F ラジカルを生成し，これをシリコン結晶表面に照射して，

$$Si + 4F \rightarrow SiF_4$$

の反応により，気化性の SiF_4 を生成して結晶からシリコン原子を 1 個切り取ったところを模式的に示している．

　中性の F ラジカルだけでこのようにエッチングが可能になるが，シリコン表面が削られてゆく速度（エッチング速度）は速くない．プラズマ中ではイオンも存在し，それがプラズマと被エッチング物質との間のシース中の電界によって加速され，ラジカルとともにシリコン表面に入射してくる．たとえば Ar プラズマに F_2 ガスを供給してシリコンをエッチングする場合，シリコン結晶表面に吸着した F ラジカルに Ar イオンが照射されることによってエネルギーを与える．これにより，活性化エネルギーに相当するエネルギーを得た F が，容易に Si と化学結合する．このような過程をイオンアシスト化学エッチングという．このイオンアシスト効果は，今例にあげた F によるシリコンエッチングの場合よりも Cl や Br によるシリコンエッチングの場合の方が大きい．

　図 8.13 に（a）ラジカルのみ，あるいは相対的にイオン入射が非常に少ない場合の化学エッチングと，（b）イオンアシスト化学エッチングとを比較したものを示す．（a）ではラジカルは方向性をもたずに入射するので，被エッチング物質はどの方向にも削られてゆき，本来削りたくないマスクのすぐ下の部分もエッチングされてしまう．これをアンダーカットという．一方（b）では，ラジカルは（a）と同様，いろいろな方向に入射するものの，イオンはシース電界の方向，すなわち被エッチング物質面に垂直に入射するので，両者がともに存在する場所でエッチング反応が進行し，垂直に深い溝を形成することができる．（a）を等方性エッチング，（b）を異方性エッチ

8.3 プラズマによるシリコン膜の微細加工　189

(a) 化学エッチング　　　　　(b) イオンアシスト化学エッチング

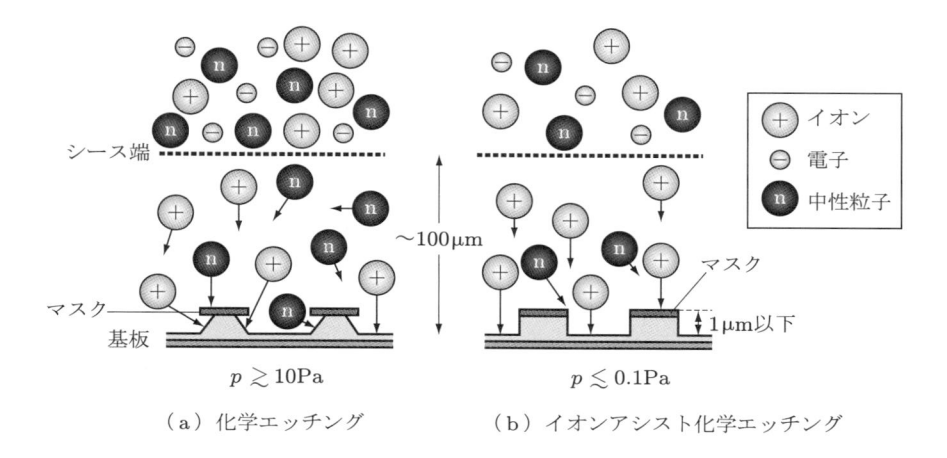

図 8.13　化学エッチングとイオンアシスト化学エッチングの比較

ングという．異方性エッチングでは，溝の底面のみエッチングされ，側壁は全くエッチングされないことが理想である．

イオンは，しかし，粒子間衝突や被エッチング物質の帯電などにより斜めに入射するものもあり，側壁に進入してエッチングが進行してしまう．そこで，適切なガスを添加し，重合膜が側壁に形成されるようにして，側壁を保護する．これにより側壁のエッチングを防止する．保護膜は底面にも形成されるが，そこはイオン衝撃が大きく膜は物理的に取り除かれるので，多少の速度低下はあるもののエッチングが進行する．このような例として，CF_4 ガスを用いて F ラジカルを生成し，Si をエッチングするときに，H_2 ガスを添加する場合がある．CF_4 のみの場合は，気相に F が非常に多く，結果的にアンダーカットが生じるが，H_2 を添加すると，気相で F が HF となって取り除かれ，相対的に CF や CF_2 が多くなる．これらが側壁や底面に供給され重合膜がつくられて側壁保護が実現する．

エッチングにおいて，もう一つ重要なことは，選択性である．図 8.11 において，被エッチング物質をエッチングしてゆくとやがて下地物質があらわになる．この下地物質までエッチングしてしまうと，設計通りのパターン形成ができない．そこで，エッチングでは物質が違うとエッチング速度が著しく異なるような手法，すなわち，高い選択性をもつエッチング法を採用する必要がある．

図 8.14 は，前項で述べた薄膜堆積と本項のエッチング技術を組み合わせて，シリコン基板上に電界効果トランジスタを形成する過程を説明したものである．

まずシリコン基板を洗浄し，その上に絶縁物である酸化膜，すなわち SiO_2 を堆積する．この場合，プラズマに材料ガスとして SiH_4 と O_2 を供給する．次にエッチング

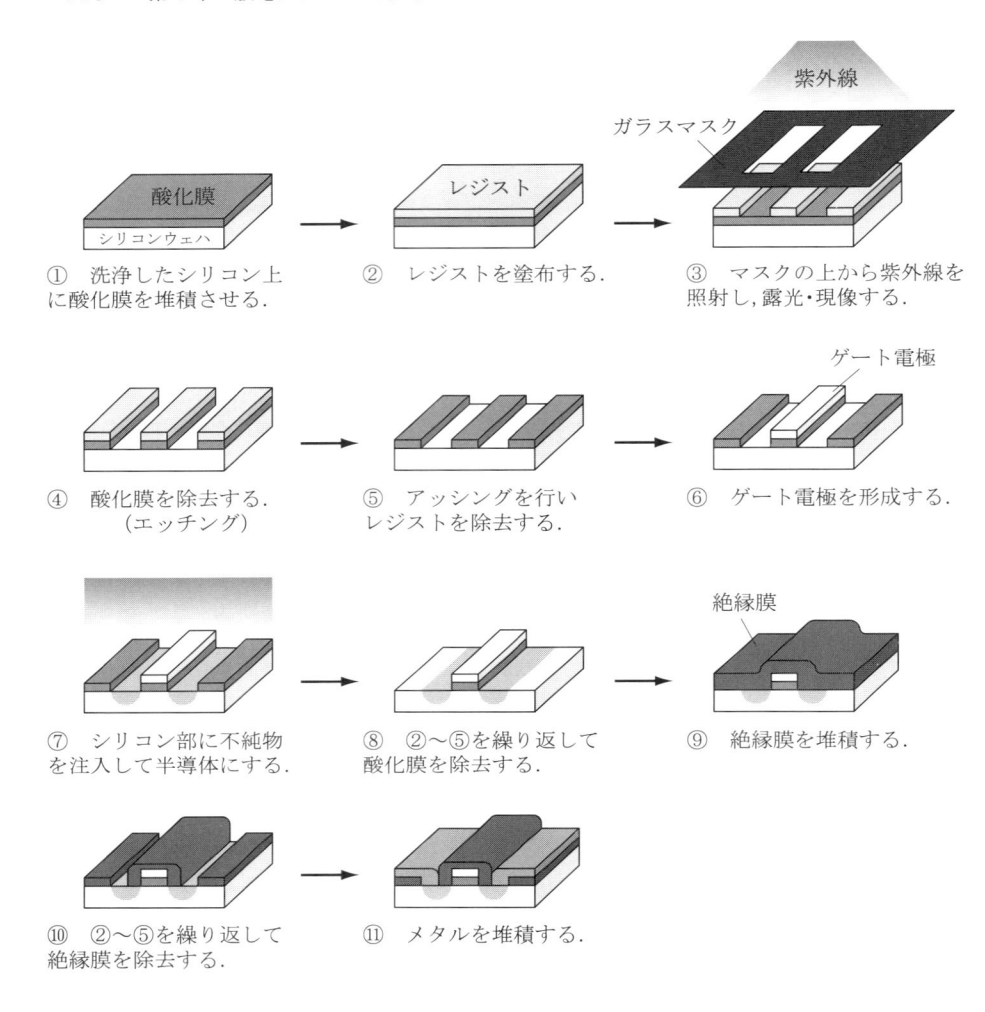

① 洗浄したシリコン上に酸化膜を堆積させる.
② レジストを塗布する.
③ マスクの上から紫外線を照射し,露光・現像する.
④ 酸化膜を除去する.（エッチング）
⑤ アッシングを行いレジストを除去する.
⑥ ゲート電極を形成する.
⑦ シリコン部に不純物を注入して半導体にする.
⑧ ②〜⑤を繰り返して酸化膜を除去する.
⑨ 絶縁膜を堆積する.
⑩ ②〜⑤を繰り返して絶縁膜を除去する.
⑪ メタルを堆積する.

図 8.14 FET の製造過程

をする部分を規定するためにマスクの形成を行う．全面にレジストとよばれる感光剤を塗布したあと，パターンを描いたガラスマスクを被せ，紫外線を照射すると，感光したところが軟化し現像により取り去られる．ここで，SiO_2 膜に対して下地の Si 層に達するまでハロゲン系ガスを用いたプラズマでエッチングを行う．次に有機物であるマスクを取り去るために O_2 ガスを導入したプラズマでアッシングを行う．微結晶性の Si を全面に堆積させ，次に必要な部分を残すためにマスクパターンを形成したあと，エッチングを行いゲート電極を作成する．また下地のシリコン層に不純物イオンを注入して p 型や n 型にする．その後，絶縁膜の堆積とエッチング，金属の堆積と

エッチングにより，ソース，ドレインに金属端子をもち，ゲートがポリシリコンでできたFETが完成する．

演習問題 8

1. プラズマディスプレイパネルについて説明せよ．
2. ガスレーザーにおけるエネルギー移乗とはなにか．
3. ラジカルとはなにか説明せよ．
4. プラズマによるエッチングにおける，異方性，選択性について説明せよ．

引用・参考文献

Yu. Aliev, H. Schlüter, A. Shivarova:「Guided-Wave-Produced Plasmas」, Springer, 2000 年.

H. Atwater:「Introduction to Microwave Theory」, McGraw-Hill, 1962 年.

F. Chen, (内田岱二郎訳):「プラズマ物理入門」, 丸善, 1977 年.

F. Chen:「Introduction to Plasma Physics and Controlled Fusion, Vol. 1: Plasma Physics」, Prenum Press, 1984 年.

A. Engel, (山本賢三訳):「プラズマ工学の基礎」, オーム社, 1985 年.

W. Heitler, (久保昌二, 木下達彦訳):「初等量子力学」, 共立出版, 1968 年.

M. Lieberman, A. Lichtenberg:「Principles of Plasma Discharges and Material Processing」, Wiley, 1994 年.

[1] National Institute of Standard and Technology (NIST):「Atomic Spectra Database」, http://physics.nist.gov/PhysRefData/ASD/index.html.

[2] P. Pearse and A. Gaydon:「The Identification of Molecular Spectra」, 3rd Edition, Chapman and Hall Ltd., 1963 年.

T. Stix:「Waves in Plasmas」, American Institute of Physics, 1992 年.

[3] Y. Yasaka *et al.*:「Development of a Slot-Excited Planar Microwave Discharge Device for Uniform Plasma Processing」, IEEE Trans. Plasma Science, Vol. 32, p. 101, 2004 年.

[4] Y. Yasaka and H. Hojo:「Enhanced Power Absorption in Planar Microwave Discharges」, Phys. Plasmas, Vol. 7, p. 1601, 2000 年.

[5] A. Zaidel', V. Prokof'ef, and S. Raiskii:「Tables of Spectrum Lines」, Pergamon Press, 1961 年.

[6] 阿座上孝, 岩澤宏, 久保宇市, 張吉夫, 西脇彰:「現代 レーザ工学」, オーム社, 1981 年.

卯本重郎:「電磁気学」, 昭晃堂, 1975 年.

鳳誠三郎, 関口忠, 河野照哉:「電離気体論」, 電気学会, 1969 年.

菅井秀郎:「プラズマエレクトロニクス」, オーム社, 2000 年.

[7] 高村秀一:「プラズマ理工学入門」, 森北出版, 1997 年.

寺沢寛一:「解析概論 (改訂第 3 版)」, 岩波書店, 1983 年.

電気学会・マイクロ波プラズマ調査専門委員会編:「マイクロ波プラズマの技術」, オーム社, 2003 年.

林泉, 石井彰三, 堀田栄喜, 日高邦彦:「プラズマ工学演習」, 朝倉書店, 1988 年.

林泉:「高電圧プラズマ工学」, 丸善, 1996 年.

[8] 藤田順治:「座談会「人類とプラズマ/プラズマ生成について」」, プラズマ・核融合学会誌, 1993 年.

森口繁一, 宇田川銈久, 一松信:「数学公式 III」, 岩波書店, 1959 年.

山口次郎, 前田憲一, 平井平八郎:「大学課程 電気電子計測」, オーム社, 1990 年.

山本賢三, 長谷部堅陸:「電子管工学 III」, コロナ社, 1966 年.

演習問題解答

演習問題1

1 $\quad A \cdot B = 1 \cdot 2 + 1 \cdot 2 + 1 \cdot (-2) = 2 \quad A \times B = -4i + 4j + 0k$

$$\cos\theta = \frac{A \cdot B}{|A| \cdot |B|} = \frac{2}{\sqrt{3}\sqrt{4+4+4}} = \frac{1}{3}$$

2

(1) $\nabla r = i\dfrac{\partial}{\partial x}r + j\dfrac{\partial}{\partial y}r + k\dfrac{\partial}{\partial z}r$ ここで，

$$\frac{\partial r}{\partial x} = 2x \cdot \frac{1}{2\sqrt{x^2+y^2+z^2}} = \frac{x}{r}$$

であるから，他の成分も同様に計算して，

$$\nabla r = i\frac{x}{r} + j\frac{y}{r}r + k\frac{z}{r} = \frac{r}{r}$$

となる．

(2) $\nabla \cdot r = \left(i\dfrac{\partial}{\partial x} + j\dfrac{\partial}{\partial y} + k\dfrac{\partial}{\partial z}\right) \cdot (ix + jy + kz) = \dfrac{\partial x}{\partial x} + \dfrac{\partial y}{\partial y} + \dfrac{\partial z}{\partial z} = 3$

(3) $\nabla \times r = \begin{vmatrix} i & j & k \\ \dfrac{\partial}{\partial x} & \dfrac{\partial}{\partial y} & \dfrac{\partial}{\partial z} \\ x & y & z \end{vmatrix} = i\left(\dfrac{\partial z}{\partial y} - \dfrac{\partial y}{\partial z}\right) + \cdots = 0$

(4) $\nabla \cdot \left(\dfrac{r}{r}\right) = \dfrac{\partial}{\partial x}\left(\dfrac{x}{r}\right) + \dfrac{\partial}{\partial y}\left(\dfrac{y}{r}\right) + \dfrac{\partial}{\partial z}\left(\dfrac{z}{r}\right)$ ここで，

$$\frac{\partial}{\partial x}\left(\frac{x}{r}\right) = \frac{1 \cdot r - x\dfrac{\partial r}{\partial x}}{r^2} = \frac{r - \dfrac{x^2}{r}}{r^2} = \frac{1}{r} - \frac{x^2}{r^3}$$

であるから，他の項も同様に計算してまとめると，$\nabla \cdot \left(\dfrac{r}{r}\right) = \dfrac{2}{r}$

3 解図 1.1 のように，面 S をつらぬく磁束は，$\varPhi = \displaystyle\int_S B \cdot dS$ である．

電磁誘導の法則に，この式を代入すると

$$e = -\frac{d\varPhi}{dt} = -\frac{d}{dt}\int_S B \cdot dS = -\int_S \frac{\partial B}{\partial t} \cdot dS \tag{i}$$

となる．

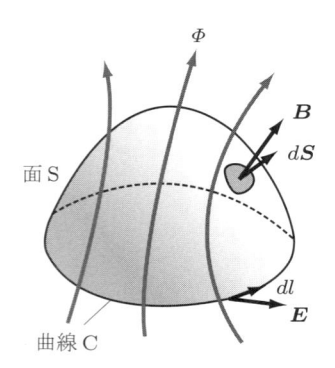

解図 1.1

一方，起電力は図の曲線 C に沿って電界を線積分したものであり，それに Stokes の定理を適用すると，
$$e = \oint_C \boldsymbol{E} \cdot d\boldsymbol{l} = \int_S \boldsymbol{\nabla} \times \boldsymbol{E} \cdot d\boldsymbol{S} \tag{ii}$$
(i), (ii) 式より $\int_S \left(\dfrac{\partial \boldsymbol{B}}{\partial t} + \boldsymbol{\nabla} \times \boldsymbol{E} \right) \cdot d\boldsymbol{S} = 0$ であり，この式は面 S のとり方によらないので，$\boldsymbol{\nabla} \times \boldsymbol{E} = -\dfrac{\partial \boldsymbol{B}}{\partial t}$ が成り立つ．

4 電子サイクロトロン角周波数は $\omega_c = eB/m_e$ で与えられる．必要な磁束密度は
$$B = \frac{m_e}{e} 2\pi f = \frac{9.109 \times 10^{-31} \times 2\pi \times 2.45 \times 10^9}{1.602 \times 10^{-19}} \simeq 8.75 \times 10^{-2} \text{ T}$$
となる．

演習問題 2

1 ある単位面積 (y-z 面内とする) を単位時間に通過する粒子のエネルギーフラックスは，Maxwell 分布を用いて計算すると，
$$\begin{aligned}
\varGamma_E &= \int_0^\infty \int_{-\infty}^\infty \int_{-\infty}^\infty \frac{1}{2} m \left(v_x{}^2 + v_y{}^2 + v_z{}^2 \right) v_x f(v_x, v_y, v_z) \, dv_x \, dv_y \, dv_z \\
&= \int_0^\infty \int_{-\infty}^\infty \int_{-\infty}^\infty \frac{1}{2} m \left(v_x{}^2 + v_y{}^2 + v_z{}^2 \right) v_x n \left(\frac{m}{2\pi k_B T} \right)^{\frac{3}{2}} \\
&\quad \times \exp \left\{ -\frac{m}{2k_B T} \left(v_x{}^2 + v_y{}^2 + v_z{}^2 \right) \right\} dv_x \, dv_y \, dv_z \\
&= \frac{1}{2} m n \left(\frac{m}{2\pi k_B T} \right)^{\frac{3}{2}}
\end{aligned}$$

$$\times \int_{-\infty}^{\infty} \int_{-\infty}^{\infty} \left[\exp\left\{-\frac{m}{2k_B T}\left(v_y{}^2 + v_z{}^2\right)\right\} \int_0^{\infty} v_x{}^3 \exp\left(-\frac{m}{2k_B T} v_x{}^2\right) dx \right.$$

$$+ \left(v_y{}^2 + v_z{}^2\right) \exp\left\{-\frac{m}{2k_B T}\left(v_y{}^2 + v_z{}^2\right)\right\}$$

$$\left. \times \int_0^{\infty} v_x \exp\left(-\frac{m}{2k_B T} v_x\right) dv_x \right] dv_y\, dv_z$$

$$= \frac{1}{2} mn \left(\frac{m}{2\pi k_B T}\right)^{\frac{3}{2}}$$

$$\times \int_{-\infty}^{\infty} \int_{-\infty}^{\infty} \left[\frac{1}{2}\left(\frac{2k_B T}{m}\right)^2 \exp\left\{-\frac{m}{2k_B T}\left(v_y{}^2 + v_z{}^2\right)\right\} dv_y\, dv_z \right.$$

$$\left. + \frac{k_B T}{m}\left(v_y{}^2 + v_z{}^2\right) \exp\left\{-\frac{m}{2k_B T}\left(v_y{}^2 + v_z{}^2\right)\right\} dv_y\, dv_z \right]$$

$$= \frac{1}{2} mn \left(\frac{m}{2\pi k_B T}\right)^{\frac{3}{2}} \left\{ \frac{1}{2}\left(\frac{2k_B T}{m}\right)^2 \frac{2k_B T}{m}\pi + \frac{k_B T}{m}\left(\frac{2k_B T}{m}\right)^2 \pi \right\}$$

$$= 2k_B T \cdot \frac{1}{4} n \left(\frac{8k_B T}{\pi m}\right)^{\frac{1}{2}}$$

$$= 2k_B T \cdot \frac{1}{4} n \bar{v}$$

2 電子と中性粒子の弾性衝突を剛体球モデルで考えると,衝突断面積は

$$\sigma = \frac{1}{4}\pi D^2 = \frac{1}{4} \times 3.14 \times \left(0.15 \times 10^{-9}\right)^2 \simeq 1.77 \times 10^{-20}\,\mathrm{m}^2$$

となる.また,$p = nkT$ より,Ar の密度は,

$$n = \frac{p}{k_B T} = \frac{0.2}{1.38 \times 10^{-23} \times 273} \simeq 5.31 \times 10^{19}\,\mathrm{m}^{-3}$$

である.よって,平均自由行程は,

$$\lambda = \frac{1}{n\sigma} = \frac{1}{5.31 \times 10^{19} \times 1.77 \times 10^{-20}} \simeq 1.1\,\mathrm{m}$$

となる.次に,電子が $10\,\mathrm{eV}$ のエネルギーをもっているとすれば,$E = \frac{1}{2}mv^2$ より,

$$v = \sqrt{\frac{2E}{m}} = \sqrt{\frac{2 \times 1.602 \times 10^{-19} \times 10}{9.109 \times 10^{-31}}} \simeq 1.88 \times 10^6\,\mathrm{m/s}$$

である.よって,この状態における Ar 原子と電子の衝突周波数は,

$$\nu = \frac{v}{\lambda} = \frac{1.88 \times 10^6}{1.06} \simeq 1.8 \times 10^6\,\mathrm{s}^{-1}$$

となる.

3 原子や分子内の最外殻電子は電離電圧 V_i で捕捉されている.これに光を当てると,光子は $E = h\nu$ のエネルギーを電子に与えうる.そして,光子のエネルギーが $h\nu > eV_i$ を満たすとき,原子や分子から電子が飛び出す.これを光電離という.

4 アルゴン (Ar), クリプトン (Kr), キセノン (Xe) などは, 低エネルギーで断面積が極小値をもつ特性を示し, これを Ramsauer 効果という. これは電子の波動性を考えることで初めて理解できる現象である. 電子の波動すなわちド・ブロイ (de Broglie) 波の波長 Λ は $h/(m_e v)$ で与えられるので, エネルギー E [eV] をもつ電子の波長は,

$$\Lambda\,[\mathrm{nm}] = \frac{h}{mv} = \sqrt{\frac{1.5}{E\,[\mathrm{eV}]}}$$

で与えられる. これからわかるように, $E = 1.5\,\mathrm{eV}$ で $\Lambda = 1\,\mathrm{nm}$, $E = 150\,\mathrm{eV}$ で $\Lambda = 0.1\,\mathrm{nm}$ となる. 原子・分子の直径は $0.2 \sim 0.5\,\mathrm{nm}$ 程度であるので, 低エネルギーの波長は容易に原子・分子の直径程度に長くなる. したがって, 波動性が衝突現象を支配するようになり, 電子波の回折の位相によっては, 原子・分子を通りぬけることになる. これに対して, 電子のエネルギーが高くなると, Λ は原子・分子の直径よりも小さくなるので, 波動性の影響は小さくなり, σ は一定値に落ち着くか, あるいはゆっくりと減少する傾向にある.

演習問題 3

1 電子とある原子 (分子) の衝突を考える. 電子が距離 d だけ進む間に電離に必要なエネルギー eV_i に相当するエネルギーを得て電離衝突を起こすとする. このとき, 電界を E とすれば,

$$Ed = V_i$$

を満たす必要がある. 一方, ある衝突から次の衝突までに電子が走る距離 (自由行程) は統計的にある分布に従っている. これを用いると, 平均自由行程を λ とするとき, 自由行程が d より長い電子の数 n は,

$$n = N \exp\left(-\frac{d}{\lambda}\right)$$

となる. ここで, N は電子の総数とした. これより, 自由行程が d より長い電子の割合は n/N で与えられるので, 1 個の電子が単位長さ進む間の電離回数 α は,

$$\alpha = \frac{n}{N}\frac{1}{\lambda} = \frac{1}{\lambda}\exp\left(-\frac{d}{\lambda}\right)$$

となる. ここで, 上式の両辺を圧力 p で割り, 指数関数の中について式変形を行うと,

$$\frac{\alpha}{p} = \frac{1}{p\lambda}\exp\left(-\frac{Ed}{E\lambda}\right) = \frac{1}{p\lambda}\exp\left(-\frac{V_i}{E\lambda}\right) = \frac{1}{p\lambda}\exp\left(-\frac{V_i}{\lambda p}\frac{p}{E}\right)$$
$$\equiv A\exp\left(-B\frac{p}{E}\right)$$

となる.

2 金属表面に正イオンが近づくと, 金属内の束縛電子から見た接近イオンの位置のポテンシャルが大きく低下し, トンネル効果により, 束縛電子が金属外へ飛び出す. これをイオン衝突による 2 次電子放出, またはポテンシャル放出といい, γ 作用そのものである. 図にモリブデン (Mo) に各種イオンが横軸のエネルギーで入射したときの 2 次電子放出係数 (1 個のイオンの入射に対して何個の電子が放出されるか) を示した.

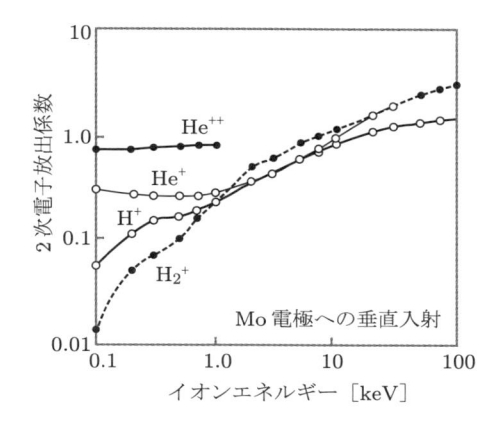

解図 3.1 モリブデン表面からの2次電子放出係数の各種イオンのエネルギー依存性[7]

また，金属に電子が入射して2次電子が放出される現象もある．入射した電子は，金属原子の格子に弾性衝突してはね返されるか，束縛電子にエネルギーを与え，低エネルギーで金属外へ放出させる．放出電子のエネルギーは高々20 eV 程度である．普通，この低エネルギー電子のみを2次電子とよぶ．2次電子放出係数は金属の種類と入射電子のエネルギーによって異なり，モリブデン（Mo）の場合は 400 eV で最大値 1.25 をとる．

3 ストリーマ理論は，基本的に γ 作用を全く必要とせず α 作用と光電離作用および空間電荷電界を考慮した理論である．すなわち偶存電子をタネとして，α 作用によって1本の電子なだれが陽極に向かって伸びる．この電界が，電子なだれのまわりに空間電荷にもとづく α 作用や光電離で生じた電子を加速して，多くの小さな電子なだれをつくる．この2次的ななだれで生じた電子が，1次なだれの残留イオンの中に吸収されてプラズマ柱（ストリーマ）を形成し，これが進展していき陰極に到達したときに放電が起こる．

4 高周波電界を $E(x,t) = E_0 \sin\omega t$ とする．$x=0$ から出発した電子の位置は，

$$x(t) = \frac{eE_0}{m_e\omega}\left(t - \frac{\sin\omega t}{\omega}\right)$$

である．電極間距離 d を進む時間が，周波数 $f = \omega/2\pi$ の高周波電界の半周期の時間に等しいとおくと，

$$E_0 = 4\pi\frac{m_e f^2 d}{e}$$

これが条件である．

演習問題 4

1 送配電系統は常に商用周波数の交流電圧で運転されている．しかし，雷や開閉器の開閉によってサージとよばれる過渡的に生じる急峻な高電圧が発生する．雷が原因で発生するサージを雷サージとよび，雷の直撃による直撃雷サージ，雷の誘導現象による誘導雷サージ，接地電位の上昇による逆流雷サージがある．また，開閉器の開閉が原因で発生するサー

ジを開閉サージとよび，これは発変電所で送電線に電気を送ろうと遮断器を閉じたり，送電線に送っていた電気を止めようと遮断器を開いたりするときに瞬間的に発生するものである．

サージによる絶縁破壊を未然に防ぐために，系統で使用する電力機器などに対しては，サージに対する絶縁破壊強度が十分であることを実証するために試験が行われる．試験にはサージを模擬した電圧波形が用いられ，これを雷インパルス電圧，開閉インパルス電圧とよぶ．

解図 4.1（a）に雷インパルス電圧を示す．電圧の最大値 P を波高値といい，その 30% と 90% の電圧値を通る直線と時間軸の交点 O_1 を規約原点という．規約原点を用いる理由は観測波形に高周波振動が重畳し，原点付近の波形が明確にならないためである．また，図（a）の T_1，T_2 をそれぞれ規約波頭長，規約波尾長という．

図（b）に開閉インパルス電圧を示す．雷インパルス同様に，P，T_1，T_2 をそれぞれ波高値，規約波頭長，規約波尾長という．また，開閉インパルス電圧には，電圧が 90% に達してから 90% を下回るまでの時間である 90% 継続時間 T_d が定義されている．

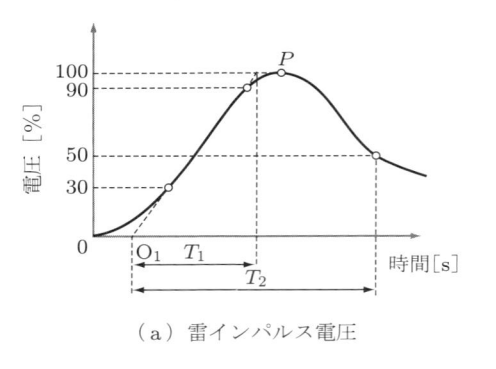

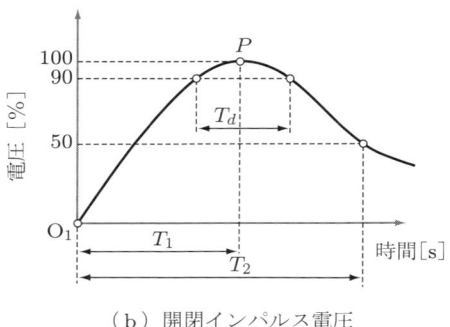

（a）雷インパルス電圧　　　（b）開閉インパルス電圧

解図 4.1

2　以下単位長さあたりを考える．

各導体に仮想的に電荷 $\pm Q$ を与えたとき，半径 r における電界は，Gauss の定理より，

$$E = \frac{Q}{2\pi\varepsilon_0\varepsilon_r}\frac{1}{r}$$

である．よって，

$$V = \frac{Q}{2\pi\varepsilon_0\varepsilon_r}\int_a^b \frac{1}{r}dr = \frac{Q}{2\pi\varepsilon_0\varepsilon_r}\ln\frac{b}{a}$$

これから，

$$C = \frac{Q}{V} = 2\pi\varepsilon_0\varepsilon_r/\ln(b/a)$$

各導体に仮想的に電流 $\pm I$ を流したとき，半径 r における磁界は，アンペア (Ampere) の周回積分の法則より，

$$H = \frac{I}{2\pi}\frac{1}{r}$$

である．よって，

$$\Phi = \int_a^b \mu_0 H \, dr = \frac{\mu_0 I}{2\pi}\ln\frac{b}{a}$$

これから，

$$L = \frac{\Phi}{I} = \frac{\mu_0}{2\pi}\ln(b/a)$$

よって，

$$Z = \sqrt{\frac{L}{C}} = \sqrt{\frac{\mu_0}{\varepsilon_0 \varepsilon_r}}\ln\frac{b}{a} = \frac{c\mu_0}{\sqrt{\varepsilon_r}}\ln\frac{b}{a}$$

3 図 4.18 の説明より，$Z_{\max} = \rho Z_0$，すなわち $z_{\max} = \rho$ である．Smith 図表上で，$z_{\max}$ は OB 線であるから，この線上で $r = 4$ の点を通る円を描く．次に電圧最小は $z_{\min}$ に対応し，それは OA 線である．負荷はその線から負荷方向，すなわち反時計回り方向に 0.3λ のところにあるので，右図の動径が描ける．これと先ほどの円の交点が求める負荷の規格化インピーダンスを与える点である．

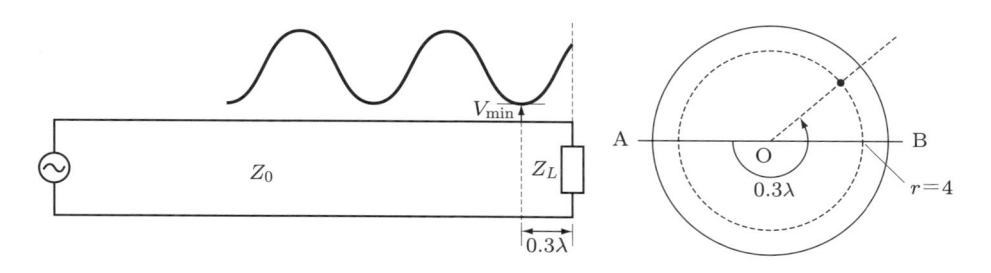

解図 4.2

解図 4.3

4 マイクロ波の電力を負荷に効率よく供給するためには，線路のインピーダンスと負荷のインピーダンスの整合をとらなければならない．整合器の例として 3 スタブチューナがある．3 スタブチューナは線路に $\lambda_g/4$ 間隔で 3 個の可変サセプタンスを並列に入れて整合をとる方法である．可変サセプタンスの具体的な例としては，方形導波管内の電界に対して平行に金属丸棒スタブを入れると，共振長以下の長さの場合には容量性，それ以上の場合には誘導性のサセプタンスとして働くことを利用する方法がある．また，Smith 図表の全領域が整合可能となるためにはサセプタンスが $0 \sim j\infty$ の範囲で変化できるようにすればよい．さらに，3 個のサセプタンス間隔が $\lambda_g/8$ である場合も Smith 図表の全領域での整合が可能である．

スタブを電動で出し入れができるようにし，反射波電圧が最小になるようにスタブ位置をフィードバック制御するものが自動整合器である．

演習問題 5

1 (1) 式の右辺を 0 とし，全速度にわたり積分すると，

$$\int \frac{\partial f_s}{\partial t} dv + \int v \cdot \nabla f_s \, dv + \frac{q_s}{m_s} \int (E + v \times B) \cdot \frac{\partial f_s}{\partial v} dv = 0 \qquad (i)$$

となる．(i) 式の第 1 項は，

$$\int \frac{\partial f_s}{\partial t} dv = \frac{\partial}{\partial t} \int f_s \, dv = \frac{\partial n_s}{\partial t} \qquad (ii)$$

となり，第 2 項は，

$$\int v \cdot \nabla f_s \, dv = \nabla \cdot \int v f_s \, dv = \nabla \cdot (n_s u_s) \qquad (iii)$$

となる．(i) 式の第 3 項の積分については，

$$\int E \cdot \frac{\partial f_s}{\partial v} dv = \int \frac{\partial}{\partial v} \cdot (f_s E) \, dv = \int_{S_\infty} f_s E \cdot dS \qquad (iv)$$

$$\int (v \times B) \cdot \frac{\partial f_s}{\partial v} dv = \int \frac{\partial}{\partial v} \cdot (f_s v \times B) \, dv - \int f_s \frac{\partial}{\partial v} \cdot (v \times B) \, dv$$

$$= \int_{S_\infty} (f_s v \times B) \cdot dS - \int f_s \frac{\partial}{\partial v} \cdot (v \times B) \, dv \qquad (v)$$

となる．(iv) 式は $v \to \infty$ とした S_∞ 平面における積分を表しており，$f_s \propto \exp(-v^2)$ および $S \propto v^2$ なので 0 になる．同様の理由で，(v) 式の第 1 項についても 0 となる．(v) 式の第 2 項については $\frac{\partial}{\partial v} \perp (v \times B)$ よりその内積は 0 である．これらより，

$$\frac{\partial n_s}{\partial t} + \nabla \cdot (n_s u_s) = 0$$

が導かれ，(5.8) 式の連続の式を得る．

参考：(1) 式の両辺に mv をかけて，同様に積分することにより (5.9) 式の運動量保存式を導くことができる．

2 (5.9) 式において，定常状態かつ u は小さいとして左辺を 0 とおくと，

$$-\nabla p_s + n_s q_s (E + u_s \times B_0) - m_s n_s \nu_{ms} u_s = 0$$

である．B_0 を z 方向にとる．

磁場に平行方向成分は，

$$-k_B T_s \nabla_\parallel n_s + n_s q_s E_\parallel - m_s n_s \nu_{ms} u_{\parallel s} = 0$$

となり，(5.12) 式に一致する．すなわち，磁場に平行方向の輸送係数は磁場がないときのそれに等しく，

$$\mu_{\parallel s} = \mu_s, \quad D_{\parallel s} = D_s$$

ここで，μ_s, D_s は (5.13) 式で与えられている．

次に，磁場に垂直な方向成分は，

$-k_B T_s \boldsymbol{\nabla} n_s + n_s q_s (\boldsymbol{E}_\perp + \boldsymbol{u}_{\perp s} \times \boldsymbol{B}_0) - m_s n_s \nu_{ms} \boldsymbol{u}_{\perp s} = 0$ から,

$$u_{xs} = \pm \mu_s E_x - \frac{D_s}{n_s}\frac{\partial n_s}{\partial x} + \frac{\omega_{cs}}{\nu_{ms}} u_{ys}$$

$$u_{ys} = \pm \mu_s E_y - \frac{D_s}{n_s}\frac{\partial n_s}{\partial y} - \frac{\omega_{cs}}{\nu_{ms}} u_{xs}$$

変形して,

$$u_{xs}\left(1 + \frac{\omega_{cs}{}^2}{\nu_{ms}{}^2}\right) = \pm \mu_s E_x - \frac{D_s}{n_s}\frac{\partial n_s}{\partial x} + \frac{\omega_{cs}{}^2}{\nu_{ms}{}^2}\frac{E_y}{B_0} \mp \frac{\omega_{cs}{}^2}{\nu_{ms}{}^2}\frac{k_B T_s}{eB_0}\frac{1}{n_s}\frac{\partial n_s}{\partial y}$$

$$u_{ys}\left(1 + \frac{\omega_{cs}{}^2}{\nu_{ms}{}^2}\right) = \pm \mu_s E_y - \frac{D_s}{n_s}\frac{\partial n_s}{\partial y} - \frac{\omega_{cs}{}^2}{\nu_{ms}{}^2}\frac{E_x}{B_0} \pm \frac{\omega_{cs}{}^2}{\nu_{ms}{}^2}\frac{k_B T_s}{eB_0}\frac{1}{n_s}\frac{\partial n_s}{\partial x}$$

を得る. 右辺第 3 項は $E \times B$ ドリフトであり, 最後の項は反磁性ドリフトに対応する. 今は, 右辺の最初の 2 項だけに着目すればよい. それらより,

$$\mu_{\perp s} = \frac{\mu_s}{1 + \omega_{cs}{}^2/\nu_{ms}{}^2}, \quad D_{\perp s} = \frac{D_s}{1 + \omega_{cs}{}^2/\nu_{ms}{}^2}$$

が求まる. 通常 $\omega_{cs}{}^2/\nu_{ms}{}^2 \gg 1$ であるので, 磁場と垂直方向には, 平行方向あるいは磁場がない場合に比べて移動度, 拡散係数が非常に小さくなる.

外部磁場のある場合の両極性拡散係数は, 平行方向については, $D_{a\parallel} = D_a$ [(5.16) 式], 垂直方向については, $D_{a\perp} = \dfrac{\mu_{\perp i} D_{\perp e} + \mu_{\perp e} D_{\perp i}}{\mu_{\perp i} + \mu_{\perp e}}$ と書ける. ただし, $D_{a\perp}$ についてこの表式が成り立つのは垂直方向の拡散が平行方向よりきわめて大きい場合であって, 他の場合は異なる式になる.

3 (2) 式を整理し, 積分すると,

$$\int \frac{1}{n^2} dn = -\beta \int dt + C \quad \therefore \quad -\frac{1}{n} = -\beta t + C \tag{vi}$$

となる. (vi) 式に初期条件 $n\,(t=0) = n_0$ を用いると, $C = -\dfrac{1}{n_0}$ となる. よって, $\dfrac{1}{n} = \dfrac{1}{n_0} + \beta t$ であり,

$$n = \frac{1}{\beta\left(t + \dfrac{1}{\beta n_0}\right)} \tag{vii}$$

を得る. (vii) 式のグラフは**解図 5.1** のようになる.

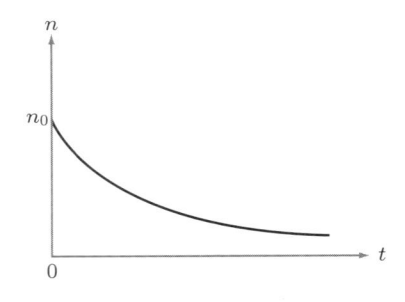

解図 5.1

4 (5.44) 式において右辺第 1 項を 0 として積分し，電子密度を 0 とみなす ξ の位置（壁から距離 d とする）において $\xi = 0$，$\chi = 0$ と座標を再定義すると，$\chi' = 2^{3/4} \Pi^{1/2} \chi^{1/4}$ となる．ただし，$\chi'|_{\xi=0}$ を χ' に対して無視している．これを $\xi = 0$ から壁の位置まで積分して，

$$J = e n_B u_B = \frac{4}{9} \varepsilon_0 \left(\frac{2e}{m_i}\right)^{\frac{1}{2}} \frac{\phi_f^{\frac{3}{2}}}{d^2}$$

なる Child-Langmuir の式を得る

演習問題 6

1 電波伝搬は周波数によって大きく異なり，さまざまな自然現象の影響も受ける．電波伝搬をその形式で大別すると，地上波，電離層反射波，対流圏波に分けられるが，数千～数万 km といった遠距離の伝搬には電離層反射波が重要となる．

電離層は太陽の紫外線などの影響で大気が電離して発生した荷電粒子層であり，地上から約 60～400 km に存在している．また，電離層は電子密度の高い領域が層構造になっており，地表から 60～80 km を D 層，100～130 km を E 層，150～200 km を F1 層，250～400 km を F2 層とよぶ．これらの層は常に存在しているのではなく，時間帯や季節によっても変化する．たとえば，昼間や夏季には電離層の電子密度が高くなるためにそれぞれの層がはっきりと存在しているが，夜間や冬季には電離層の電子密度が低くなるために D 層や F1 層は非常に弱くなるか消滅する．

短波放送とは 3～30 MHz の周波数帯の電磁波を利用して音声やその他の音響を送る放送を指すが，この周波数帯の電磁波を反射させるのは F 層である．よって，海外のラジオの短波放送が日本で聞こえる理由は電離層（F 層）での反射と地上での反射によるものであり，これらを繰り返すことで遠距離まで電磁波を伝搬させることができる．また，30 MHz の周波数をもつ電磁波を反射するという事実より，F 層の電子密度は 10^{13} m^{-3} と見積もれる．

一方，FM 放送とは超短波（30～300 MHz の周波数帯）を利用したラジオ放送であり，日本では 79～90 MHz，諸外国では 85.7～108 MHz の周波数帯がそれぞれ用いられている．一般に，上述の電離層（D, E, F 層）では超短波の電磁波は反射せず，減衰しながら通過

する．したがって，通常は海外のFM放送は日本では聞こえない．しかし，春季から夏季の日中に，スポラディックE層とよばれる電子密度の高い層がE層近傍に存在することがある．非常に電子密度が高いスポラディックE層が発生した場合は144 MHz帯の電磁波までも反射することがあり，このような場合には例外的に海外のFM放送が聞こえる場合がある．さらに，地球に向かって進入する流星の経路に沿って，数秒間という短時間だけだが地上80〜120 kmに電離気体（流星バースト）が発生し，その反射によって通信が可能となる流星バースト通信というものがある．流星バースト通信では，40〜50 MHzの周波数帯の電磁波を用いて1600 km程度はなれた2地点間を通信することが可能となる．

2 $\boldsymbol{u}_1 = (u_{1x}, u_{1y}, u_{1z})$, $\boldsymbol{E}_1 = (E_{1x}, E_{1y}, 0)$, $\boldsymbol{B}_0 = (0, 0, B_0)$ とすると運動量保存則の外積部分は

$$\boldsymbol{u}_1 \times \boldsymbol{B}_0 = \begin{vmatrix} \hat{\boldsymbol{x}} & \hat{\boldsymbol{y}} & \hat{\boldsymbol{z}} \\ u_{1x} & u_{1y} & u_{1z} \\ 0 & 0 & B_0 \end{vmatrix} = (B_0 u_{1y}, -B_0 u_{1x}, 0) \quad (i)$$

となる．$\omega_c = \dfrac{eB_0}{m_e}$ を用いて，$-i\omega m_e \boldsymbol{u}_1 = -e(\boldsymbol{E}_1 + \boldsymbol{u}_1 \times \boldsymbol{B}_0)$ を各成分に分けてまとめると，

$$-i\omega m_e u_{1x} = -e(E_{1x} + B_0 u_{1y}) \quad \therefore \quad -i\omega u_{1x} + \omega_c u_{1y} = -\frac{e}{m_e} E_{1x} \quad (ii)$$

$$-i\omega m_e u_{1y} = -e(E_{1y} - B_0 u_{1x}) \quad \therefore \quad \omega_c u_{1x} + i\omega\omega_c u_{1y} = \frac{e}{m_e} E_{1y} \quad (iii)$$

$$-i\omega m_e u_{1z} = 0 \quad \therefore \quad u_{1z} = 0 \quad (iv)$$

となる．(ii), (iii) 式を解くと，

$$\begin{pmatrix} -i\omega & \omega_c \\ \omega_c & i\omega \end{pmatrix} \begin{pmatrix} u_{1x} \\ u_{1y} \end{pmatrix} = \frac{e}{m_e} \begin{pmatrix} -E_{1x} \\ E_{1y} \end{pmatrix}$$

$$\begin{pmatrix} u_{1x} \\ u_{1y} \end{pmatrix} = \frac{e}{m_e} \begin{pmatrix} -i\omega & \omega_c \\ \omega_c & i\omega \end{pmatrix}^{-1} \begin{pmatrix} -E_{1x} \\ E_{1y} \end{pmatrix}$$

$$= \frac{e}{m_e} \frac{1}{\omega^2 - \omega_c^2} \begin{pmatrix} i\omega & -\omega_c \\ -\omega_c & -i\omega \end{pmatrix} \begin{pmatrix} -E_{1x} \\ E_{1y} \end{pmatrix} \quad (v)$$

$$= \frac{e}{m_e \omega} \frac{1}{1 - \dfrac{\omega_c^2}{\omega^2}} \begin{pmatrix} -iE_{1x} - \dfrac{\omega_c}{\omega} E_{1y} \\ \dfrac{\omega_c}{\omega} E_{1x} - iE_{1y} \end{pmatrix}$$

となる．(v) 式を各成分に分けると (6.23) 式を得る．

3 R波の分散関係式は (6.26) 式で与えられる．屈折率の定義より，

$$\tilde{n}^2 = \frac{c^2 k^2}{\omega^2} = \frac{c^2}{v_\phi^2} \quad (vi)$$

であるので，(6.26) 式と (vi) 式を用いるとR波の位相速度 v_ϕ は，

$$v_\phi = \frac{c^2}{\sqrt{1 - \dfrac{\omega_p{}^2}{\omega(\omega - \omega_c)}}} \qquad (vii)$$

となる．(vii) 式の極大値を求めることは (vii) 式の右辺の分母の極小値を求めることと等価である．ここで，関数 g を

$$g \equiv 1 - \frac{\omega_p{}^2}{\omega(\omega - \omega_c)} \qquad (viii)$$

と決める．(viii) 式を ω について微分すると，

$$\frac{dg}{d\omega} = \omega_p{}^2 \frac{2\omega - \omega_c}{\omega^2(\omega - \omega_c)^2} \qquad (ix)$$

となる．(ix) 式より $\dfrac{dg}{d\omega} = 0$ となるのは $\omega = \dfrac{\omega_c}{2}$ のときである．また，$\omega < \dfrac{\omega_c}{2}$ のとき $\dfrac{dg}{d\omega} < 0$，$\omega > \dfrac{\omega_c}{2}$ のとき $\dfrac{dg}{d\omega} > 0$ であるので，(viii) 式は $\omega = \dfrac{\omega_c}{2}$ で極小値をとる．したがって，(vii) 式は $\omega = \dfrac{\omega_c}{2}$ で極大値をとる．

4 電離層から伝わる電波の研究者は可聴周波数領域にさまざまな口笛（ホイッスル）のような音を聞いた．これは，南半球で発生した雷によって起こるノイズの電波が原因である．電離層と磁気圏のプラズマ中に発生する波のうちで，R 波は地球の磁場に沿って伝搬する．これらの波は磁力線に沿って北半球で観測されるが，周波数が異なれば到着する時間も異なる．これは，問題 **3** より，$\omega < \omega_c/2$ において位相速度が周波数とともに増加するということからもわかる．また，群速度も周波数とともに増加する．このように，低周波は目的地に遅れて到着し，高い周波数に対応する音が先に聞こえ，低い音があとに残るため，音程がしだいに下がる口笛のように感じる．これをホイッスラー波とよぶ．

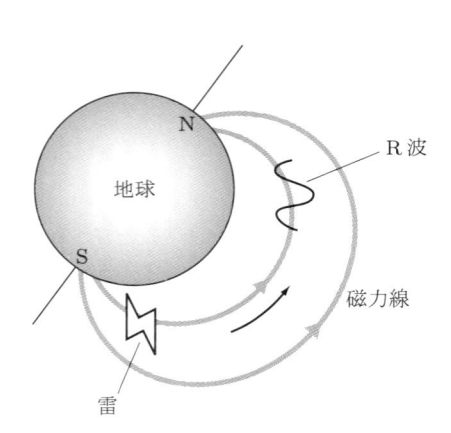

解図 6.1

演習問題 7

1 マイクロ波電界を磁場に対して垂直方向の成分 $E_\perp$ と平行方向の成分 $E_\parallel$ に分け，さらに $E_\perp$ を右回り成分 E_R と左回り成分 E_L に分ける．$E_\parallel$ を z 方向とすると，

$$\begin{aligned}
\boldsymbol{E} &= E_R \frac{\hat{\boldsymbol{x}} + i\hat{\boldsymbol{y}}}{\sqrt{2}} + E_L \frac{\hat{\boldsymbol{x}} - i\hat{\boldsymbol{y}}}{\sqrt{2}} + E_\parallel \hat{\boldsymbol{z}} \\
&= \frac{1}{\sqrt{2}}(E_R + E_L)\hat{\boldsymbol{x}} + \frac{i}{\sqrt{2}}(E_R - E_L)\hat{\boldsymbol{y}} + E_\parallel \hat{\boldsymbol{z}} \quad (i)
\end{aligned}$$

と書ける．速度 $\boldsymbol{u}$ については運動量保存則

$$\frac{d\boldsymbol{u}}{dt} = -\frac{e}{m_e}(\boldsymbol{E} + \boldsymbol{u} \times \boldsymbol{B}_0) - \nu_m \boldsymbol{u} \quad (ii)$$

を解いて求めた $\boldsymbol{u} = (u_x, u_y, u_z)$ を代入して計算してもよいが面倒である．そこで (i) 式と同様に速度 $\boldsymbol{u}$ を

$$\begin{aligned}
\boldsymbol{u} &= u_R \frac{\hat{\boldsymbol{x}} + i\hat{\boldsymbol{y}}}{\sqrt{2}} + u_L \frac{\hat{\boldsymbol{x}} - i\hat{\boldsymbol{y}}}{\sqrt{2}} + u_\parallel \hat{\boldsymbol{z}} \\
&= \frac{1}{\sqrt{2}}(u_R + u_L)\hat{\boldsymbol{x}} + \frac{i}{\sqrt{2}}(u_R - u_L)\hat{\boldsymbol{y}} + u_\parallel \hat{\boldsymbol{z}} \quad (iii)
\end{aligned}$$

と表す．$\boldsymbol{u} \propto \exp(-i\omega t)$，$\boldsymbol{B}_0 = (0, 0, B_0)$，$\boldsymbol{u} \times \boldsymbol{B}_0 = (u_y B_0, -u_x B_0, 0)$，$\omega_c = \dfrac{eB_0}{m_e}$ を用いて，(ii) 式を成分ごとに表すと

$$-i\omega(u_R + u_L) = -\frac{e}{m_e}(E_R + E_L) - i\omega_c(u_R - u_L) - \nu_m(u_R + u_L) \quad (iv)$$

$$\omega(u_R - u_L) = -i\frac{e}{m_e}(E_R - E_L) + \omega_c(u_R + u_L) - i\nu_m(u_R - u_L) \quad (v)$$

$$-i\omega u_\parallel = -\frac{e}{m_e} E_\parallel - \nu_m u_\parallel \quad \therefore \quad u_\parallel = \frac{e}{m_e}\frac{1}{i\omega - \nu_m} E_\parallel \quad (vi)$$

となる．$(iv) \pm i \times (v)$ を計算すると

$$\begin{pmatrix} u_R \\ u_L \end{pmatrix} = \frac{e}{m_e}\frac{1}{i(\omega \mp \omega_c) - \nu_m} \begin{pmatrix} E_R \\ E_L \end{pmatrix} \quad (vii)$$

となる．よって，単位体積あたりの吸収電力を計算すると

$$\begin{aligned}
P_{abs} &= \frac{1}{2}\,\mathrm{Re}\,(\boldsymbol{J} \cdot \boldsymbol{E}^*) = \frac{1}{2}\,\mathrm{Re}\,(-en_e \boldsymbol{u} \cdot \boldsymbol{E}^*) \\
&= -\frac{en_e}{2}\,\mathrm{Re}\bigg\{\bigg(\frac{1}{\sqrt{2}}(u_R + u_L),\ \frac{i}{\sqrt{2}}(u_R - u_L),\ u_\parallel\bigg) \\
&\qquad\qquad \cdot \bigg(\frac{1}{\sqrt{2}}(E_R + E_L),\ \frac{-i}{\sqrt{2}}(E_R - E_L),\ E_\parallel\bigg)\bigg\} \\
&= -\frac{en_e}{2}\,\mathrm{Re}\,(u_R E_R + u_L E_L + u_\parallel E_\parallel)
\end{aligned}$$

$$= n_e \frac{e^2 \nu_m}{2m_e} \left\{ \frac{E_R{}^2}{(\omega - \omega_c)^2 + \nu_m{}^2} + \frac{E_L{}^2}{(\omega + \omega_c)^2 + \nu_m{}^2} + \frac{E_\parallel{}^2}{\omega^2 + \nu_m{}^2} \right\}$$

となり (7.23) 式を得る.

2 プラズマ中の Maxwell 方程式は

$$\nabla \times \boldsymbol{E} = i\omega\mu_0 \boldsymbol{H} \qquad \text{(viii)}$$

$$\nabla \times \boldsymbol{H} = -i\omega\varepsilon_0 \varepsilon_p \boldsymbol{E} \qquad \text{(ix)}$$

となる. (viii), (ix) 式より,

$$\nabla \times \nabla \times \boldsymbol{E} = i\omega\mu_0 \left(-i\omega\varepsilon_0 \varepsilon_p \boldsymbol{E}\right)$$

$$\nabla (\nabla \cdot \boldsymbol{E}) - \nabla^2 \boldsymbol{E} = \frac{\omega^2}{c^2} \varepsilon_p \boldsymbol{E} \qquad \text{(x)}$$

となる. ここで, $c^2 = \dfrac{1}{\mu_0 \varepsilon_0}$ を用いた. さらに, $\boldsymbol{E} = (E_x, 0, E_z)$, $\boldsymbol{\nabla} = \left(\dfrac{\partial}{\partial x}, \dfrac{\partial}{\partial y}, \dfrac{\partial}{\partial z}\right) = \left(ik_x, 0, \dfrac{\partial}{\partial z}\right)$, $k_0{}^2 = \dfrac{\omega^2}{c^2}$ を用いると, (x) 式の x 成分, z 成分はそれぞれ

$$ik_x \left(ik_x E_x + \frac{\partial E_z}{\partial z}\right) - \left(-k_x{}^2 E_x + \frac{\partial^2 E_x}{\partial z^2}\right) = k_0{}^2 \varepsilon_p E_x$$

$$\therefore \quad ik_x \frac{\partial E_z}{\partial z} - \frac{\partial^2 E_x}{\partial z^2} - k_0{}^2 \varepsilon_p E_z = 0 \qquad \text{(xi)}$$

$$\frac{\partial}{\partial z} \left(ik_x E_x + \frac{\partial E_z}{\partial z}\right) - \left(-k_x{}^2 E_z + \frac{\partial^2 E_z}{\partial z^2}\right) = k_0{}^2 \varepsilon_p E_z$$

$$\therefore \quad ik_x \frac{\partial E_x}{\partial z} + \left(k_x{}^2 - k_0{}^2 \varepsilon_p\right) E_z = 0 \qquad \text{(xii)}$$

となり, (7.24) 式を得る. また, Maxwell 第 2 式より,

$$\nabla \cdot (\varepsilon_p(z) \boldsymbol{E}) = 0$$

$$\left(ik_x, 0, \frac{\partial}{\partial z}\right) \cdot (\varepsilon_p E_x, 0, \varepsilon_p E_z) = 0$$

$$ik_x \varepsilon_p E_x + E_z \frac{\partial \varepsilon_p}{\partial z} + \varepsilon_p \frac{\partial E_z}{\partial z} = 0 \qquad \text{(xiii)}$$

となる. (xiii) 式を ε_p で割って z で微分すると,

$$ik_x \frac{\partial E_x}{\partial z} + \frac{\partial}{\partial z}\left(E_z \frac{\partial \ln \varepsilon_p}{\partial z}\right) + \frac{\partial^2 E_z}{\partial z^2} = 0 \qquad \text{(xiv)}$$

となる. (xiv) 式に (xii) 式を代入すると,

$$-\left(k_x{}^2 - k_0{}^2 \varepsilon_p\right) E_z + \frac{\partial}{\partial z}\left(E_z \frac{\partial \ln \varepsilon_p}{\partial z}\right) + \frac{\partial^2 E_z}{\partial z^2} = 0 \qquad \text{(xv)}$$

となり, (7.25) 式を得る.

3 (7.11) 式より,

$$P_J \simeq \frac{n_e e^2}{2 m_e \nu_m} E^2 A d \quad (\because \quad \omega \ll \nu_m)$$

$$\equiv \frac{1}{2} \sigma_p E^2 A d \quad (\sigma_p \text{ は導電率})$$

$$= \frac{1}{2} \frac{J_p{}^2}{\sigma_p} A d \quad (J_p \text{ は電極を流れる電流密度で } J_p = \sigma_p E)$$

$$= \frac{m_e \nu_m}{2 n_e e^2} J_p{}^2 A d \qquad \qquad (xvi)$$

である.また,(7.14) 式より,

$$P_C = m_e u_0{}^2 n_e \bar{v} A = m_e \left(\frac{J_p}{e n_e}\right)^2 n_e \bar{v} A$$

$$= \frac{m_e \bar{v}}{n_e e^2} J_p{}^2 A \quad (\because \quad J_p = e n_e u_0) \qquad (xvii)$$

となる.(xvi) 式を見ると,気体の圧力が低下し ν_m が減少すると,それに比例して吸収電力が減少し,Joule 加熱が低下することがわかる.一方,(xvii) 式では $\bar{v}$ の圧力依存性は小さいので,圧力が低下しても統計加熱は維持される.このように高圧力では Joule 加熱,低圧力では統計加熱が重要な加熱機構になる.

4 インピーダンス Z を規格化すると,

$$z = 0.1 + j0.6$$

となるので Smith 図表(**解図 7.1**)の A 点にプロットする.整合をとるためには円上を移動し,原点にいき着くことを考えればよい.まず,キャパシタ C_1 は Z に対して並列に接続されているので,z の規格化アドミタンスを求める.z の規格化アドミタンスは原点 O に対して点対称の位置にあるので定規等を用いて B 点にプロットする.このとき正確な規格化アドミタンスの値は,

$$y = 0.27 - j1.62$$

であるが,Smith 図表の目盛の精度から考えると B 点は $y \equiv g + jb = 0.3 - j1.6$ となる.そして,$g = 0.3$ の円上(形式的には $r = 0.3$ の円上)を B 点から時計回りの位置にある C 点と $r = 1.0$ の円上にある D 点が原点 O を基準に点対称になるように決定する.もし,コンパスがある場合は,$r = 1.0$ の円と同サイズの円を原点 O を基準として対称の位置に描く.そして,B 点から $g = 0.3$ の円上を時計回りに移動し C 点を決める.ここで,交点は C 点以外にもう一点存在するが問題の回路構成では C 点以外はとれない.C 点のインピーダンスを求めるために,原点 O に対して点対称の位置に D 点をプロットする.最後に,D 点から $r = 1.0$ の円上を反時計回りに移動すれば原点にいき着くことができ,整合がとれる.

また,Smith 図表より,B 点から C 点までの規格化サセプタンスの変化量は $\Delta b = 1.6 - 0.46 = 1.14$,D 点から O 点までの規格化リアクタンスの変化量は 1.5 と読み取れる.これらより,特性インピーダンスを考慮すれば,

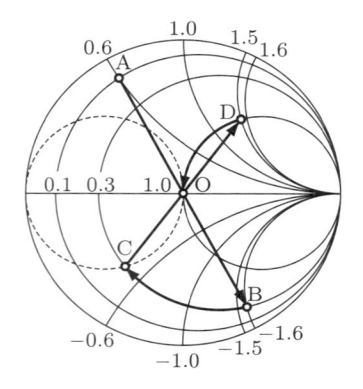

解図 **7.1**

$$\omega C_1 = \frac{1.14}{Z_0} \quad \therefore \quad C_1 = \frac{1.14}{\omega Z_0} = \frac{1.14}{2\pi \times 10^7 \times 50} \simeq 360\,\mathrm{pF}$$

$$\frac{1}{\omega C_2} = 1.5 Z_0 \quad \therefore \quad C_2 = \frac{1}{1.5\omega Z_0} = \frac{1}{1.5 \times 2\pi \times 10^7 \times 50} \simeq 210\,\mathrm{pF}$$

となる.また,Smith 図表を用いずに計算した値は,$C_1 = 375\,\mathrm{pF}$,$C_2 = 194\,\mathrm{pF}$ である.

5 電子電流対プローブ電圧特性と電子温度 $T_e[\mathrm{K}]$ の間には

$$\frac{d(\ln I_e)}{dV_p} = \frac{e}{kT_e}$$

の関係がある.ただし,このときの T_e の単位は K であり,T_e の単位が eV となるように換算すると,

$$\frac{d(\ln I_e)}{dV_p} = \frac{1}{T_e}$$

となる.また,図より,たとえば A 点と B 点の 2 点を選ぶと,A 点は $V_P = 1\,\mathrm{V}$ のとき $I_P = 1\,\mathrm{mA} = 10^{-3}\,\mathrm{A}$,B 点は $V_P = 5\,\mathrm{V}$ のとき $I_P = 10^2\,\mathrm{mA} = 10^{-1}\,\mathrm{A}$ と読める.これらを用いると

$$\frac{1}{T_e} = \frac{\ln 10^{-1} - \ln 10^{-3}}{5 - 1} = \frac{-\ln 10 + 3\ln 10}{4} = \frac{1}{2}\frac{\log_{10} 10}{\log_{10} e} = \frac{1}{2\log_{10} e}$$

$$\therefore \quad T_e = 2\log_{10} e \simeq 0.87\,\mathrm{eV}$$

となる.

6 発光励起種が衝突によって生成される場合,単位時間・体積あたりの生成数 R は

$$R = K n_e N$$

となる.ここで,n_e は電子密度,N は基底状態の活性種密度,K は励起速度係数である.(2.30) 式に示されるように,K は励起断面積 $\sigma(E)$,電子エネルギー E,電子の質量 m_e,電子の規格化エネルギー分布関数 $\hat{f}_E(E)$ を用いて

の積分形式で表される.

$$K = \overline{\sigma v} = \int_0^\infty \sigma(E) \hat{f}_E(E) \sqrt{\frac{2E}{m_e}} \, dE$$

の積分形式で表される.この積分に主に寄与するのは励起のしきい値エネルギー eV_e 近傍の σ の立ち上がりである.(5.36) 式の導出方法と同様に

$$\sigma = \begin{cases} 0 & E < eV_e \\ C(E - eV_e) & E \geq eV_e \end{cases}$$

で線形近似し,かつ電子が温度 T_e の Maxwell 分布をとると仮定すれば,

$$K = C\left(eV_e + 2k_B T_e\right) \sqrt{\frac{8 k_B T_e}{\pi m_e}} \exp\left(-\frac{eV_e}{k_B T_e}\right)$$

となる.発光励起種の密度は励起と脱励起のバランスによって決まる.通常のプラズマプロセスは低気圧で行われるので,励起種の脱励起が主に放射によると仮定すると平衡時には $R = N_e/\tau_{\rm rad}$ が成立し(コロナ平衡),励起種の密度 N_e は $\tau_{\rm rad} R$ となる.$\tau_{\rm rad}$ は励起準位の放射寿命である.したがって,観測される発光強度は

$$I = \eta h \nu A_{ij} \tau_{\rm rad} R$$

となる.ただし,A_{ij} は観測している遷移の A 係数,$h\nu$ は遷移によって放出される光子のエネルギー,η は観測系によって決まる定数である.二つの遷移線 1,2 の発光強度の強度比 I_1/I_2 は,

$$\frac{I_1}{I_2} \propto \frac{R_1}{R_2} = \frac{K_1 N_1}{K_2 N_2} = \frac{N_1 C_1 \left(eV_1 + 2k_B T_e\right)}{N_2 C_2 \left(eV_2 + 2k_B T_e\right)} \exp\left\{\frac{e(V_2 - V_1)}{k_B T_e}\right\} \quad \text{(xviii)}$$

となる.添え字 1,2 は遷移線 1,2 に対応する諸量を表す.ここで,観測している遷移線が同一原子・分子のものであるならば $N_1 = N_2$ となる.$V_1, V_2 \gg k_B T_e$ ならば (xviii) 式はさらに単純な式に近似でき,

$$\frac{I_1}{I_2} \propto \exp\left\{\frac{e(V_2 - V_1)}{k_B T_e}\right\}$$

となる.これから,I_1/I_2 によって電子温度 T_e を推定できることがわかる.

演習問題 8

1 8.1 節参照
2 8.2 節参照
3 8.3.1 項参照
4 8.3.2 項参照

さくいん

■英数字

- α 作用　59
- γ 作用　60
- 2次電子放出　60
- Bessel 関数　21
- Bohm のシース条件　118
- Boltzmann 定数　30
- Boltzmann の関係式　106
- Cockcroft-Walton 回路　77
- divergence　12
- $E \times B$ ドリフト　18
- ECR プラズマ　152, 156
- Einstein の A 係数　167
- Frank-Condon の原理　53
- Gauss の定理　14
- gradient　12
- helicon 波　131
- He-Ne レーザー　180
- hollow 陰極　137
- Joule 加熱　72
- Laplacian　12
- Lorentz 力　17
- L 波　130
- Mathieu の（微分）方程式　22, 173
- Maxwell の方程式　19
- Maxwell 分布　30
- Paschen の法則　62
- probe 測定　163
- Ramsauer 効果　38
- resonant absorption　154
- R 波　130
- SI 単位系　24
- Smith 図表　93
- Stokes の定理　15
- streamer 理論　65
- Townsend の電離係数　59
- van de Graaff 発電機　77
- velocity distribution function　29
- whistler 波　131

■あ　行

- アインシュタインの A 係数　167
- アーク放電　67
- アッシング　190
- イオン飽和電流　164
- 異常グロー放電　67
- 位相速度　125
- 移動度　105
- 異方性エッチング　188
- 運動量保存則　104
- エッチング　187
- エネルギー分布関数　35

■か　行

- 外積　10
- 回転励起準位　51
- 解離　51
- ガウスの定理　14
- 拡散係数　105
- カットオフ　125
- 荷電交換　45
- 規格化速度分布関数　32
- 強電離プラズマ　28
- 共鳴　131
- 共鳴吸収　154
- 遇存電子　59
- 屈折率　125
- グラディエント　12
- グロー放電　66
- クーロン衝突　55
- 群速度　126
- 勾配　12
- コッククロフト-ウォルトン回路　77
- 固有モード　135
- コロナ平衡モデル　169

■さ　行

- サイクロトロン（角）周波数　18

再結合　43
自己バイアス　142
シース　115
シース端　116
持続放電の開始条件　60
質量分析　173
弱電離プラズマ　28
遮　断　125
ジュール加熱　72
準安定状態　41
衝　突　36
衝突周波数　38
衝突断面積　36
振動励起準位　51
ストークスの定理　15
ストリーマ理論　65
スミス図表　93
正常グロー放電　67
静電電圧計　89
絶縁破壊の条件　60
摂動量　122
遷移の選択則　49
線スペクトル　167
選択性　189
速度定数　55
速度分布関数　29

■た 行
帯スペクトル　169
堆　積　184
ダイバージェンス　12
タウンゼントの電離係数　59
多重度　47
多段式インパルスジェネレータ　79
炭酸ガスレーザー　181
弾性衝突　36
直流放電　58
通過形電力計　95
冷たいプラズマ　121
デバイ遮へい　107
デバイ長　99
電圧定在波比　93
電圧反射係数　92
電子サイクロトロン共鳴　131, 152
電子サイクロトロン波共鳴プラズマ　155
電子親和力　44

電子なだれ　59
電磁波干渉計測　171
電子飽和電流　165
電子励起準位　40
電離衝突　39
統計加熱　142
特性インピーダンス　81

■な 行
内　積　9

■は 行
波数ベクトル　123
発　散　12
パッシェンの法則　62
バリア放電　73
パルスフォーミングライン　80
パワーバランス　161
非弾性衝突　36
火花条件　60
表皮厚さ　126
表面再結合　44
表面波　132
表面波プラズマ　152
ファンデグラーフ発電機　77
付　着　44
浮遊電位　119
プラズマ　99
プラズマ（角）周波数　101
プラズマ振動　100, 123
プラズマディスプレイパネル　177
プラズマ電位　118
プラズマの比誘電率　124
フランク-コンドンの原理　53
プレシース　116
ブロッキングキャパシタ　142
プローブ測定　163
分光記号　48
分光測定　166
分散関係式　125
分散式　125
平均自由行程　37
平衡量　122
ベクトル　9
ベッセル関数　21

212　さくいん

ペニング効果　42
ヘリウム-ネオンレーザー　180
ヘリコン波　131
ヘリコン波の固有モード　149
ヘリコン波プラズマ　149
ホイッスラー波　131
方向性結合器　96
放電維持電圧　66
放電開始電圧　66
ボームのシース条件　118
ボルツマン定数　30
ボルツマンの関係式　106
ホロー陰極　137

■ま　行
マイグレーション　186
マイクロ波放電　150
マグネトロン　86
マシューの（微分）方程式　22, 173
マックスウェルの方程式　19
マックスウェル分布　30

マルクスジェネレータ　79
マルチパクター効果　71
メモリ効果　74

■や　行
誘導結合プラズマ　73, 145
輸送係数　105
容量結合プラズマ　73, 138

■ら　行
ラプラシアン　12
ラムザウアー効果　38
粒子束　34, 102
粒子バランス　162
粒子フラックス　34
両極性拡散係数　105
累積電離　42
励起衝突　40
連続の式　103
ローレンツ力　17

著者略歴

八坂　保能（やさか・やすよし）
　1972 年　京都大学工学部電気工学第二学科卒業
　1974 年　京都大学大学院工学研究科電気工学専攻修士課程修了
　1984 年　工学博士（京都大学）
　現　在　神戸大学名誉教授

放電プラズマ工学　　　　　　　　　　　　Ⓒ 八坂保能　2007

2007 年 10 月 15 日　第 1 版第 1 刷発行　【本書の無断転載を禁ず】
2023 年 3 月 15 日　第 1 版第 5 刷発行

著　者　八坂保能
発行者　森北博巳
発行所　森北出版株式会社
　　　　東京都千代田区富士見 1-4-11（〒102-0071）
　　　　電話 03-3265-8341 ／ FAX 03-3264-8709
　　　　https://www.morikita.co.jp/
　　　　日本書籍出版協会・自然科学書協会　会員
　　　　JCOPY ＜（一社）出版者著作権管理機構　委託出版物＞

落丁・乱丁本はお取替えいたします。　印刷/エーヴィスシステムズ・製本/協栄製本
　　　　　　　　　　　　　　　　　TEX 組版処理/プレイン

Printed in Japan ／ ISBN978-4-627-74281-9

MEMO